土木技術者のための原価管理 2020年改訂版

土木学会

Principal Cost Management for Civil Engineers

2020 Revised Edition

March, 2020

Japan Society of Civil Engineers

はじめに

　「土木技術者のための原価管理」は2001年9月に初版を発刊して以来、2011年には改訂版を発刊し、建設会社の若手講習会のテキストとして使用されるなど、多くの読者を獲得してきました。

　前回の改訂版発刊時においては、建設投資の急激な減少や競争の激化により建設業の経営を取り巻く環境が悪化し、ダンピング受注等による建設企業の疲弊や下請企業へのしわ寄せを招き、結果として建設業の従事者が減少する事態となっていました。ところが前回の発刊から9年が経過し、建設業は東日本大震災に係る復興事業や防災・減災、老朽化対策、耐震化、インフラの維持管理などの担い手として、その果たすべき役割はますます増大しており、現場の技能労働者の高齢化や若年入職者の減少といった構造的な問題も生じ、中長期的には建設工事の担い手が不足することが懸念されています。また、維持管理・更新に関する工事の増加に伴い、これらの工事の適正な施工の確保を徹底する必要性も高まっています。

　これらの課題に対応し、各種制度の改正（担い手3法、社会保険加入促進、働き方改革）、国土交通省を中心とした入開札制度・積算手法の改定等が行われ、前回の改訂版に記載した内容は古い情報になってしまいました。そのため、これらの社会情勢の変化等を踏まえ、最新の情報を以て全面的に内容を見直すこととしました。

　本書は主として、これから原価管理を始める建設会社の若手職員を読者として想定していますが、本の内容としては、工事受注後の原価管理だけではなく、受注活動時の積算業務についても詳細に記述していますので、受注活動に携わる営業担当者や積算担当者、工事に携わる施工技術者、工事の発注者、研究者・学生に至るまで、それぞれの方のレベルに応じて、知見が得られるはずです。

　本の構成は、「第1章　建設プロジェクトとコスト」・「第2章　原価とは何か」では、建設業の原価にかかわる理論的なことを述べ、「第3章　土木工事の価格構造」から「第5章　原価管理の考え方」では積算・受注・施工・完了といった各段階で、必要となる知識を体系的に述べています。「第6章　原価管理の実践編」・「第7章　設計変更と原価管理」では工事の実例を示し、演習形式で説明し、実務で役立つ知識の獲得ができるようにしました。各章それぞれ独立していますので、順番にこだわらず、興味のある所から読むことが可能となっており、講習会テキストに用いるだけでなく、独習も可能な本として、演習の部分も充実させてあります。

　編集活動は、土木学会建設マネジメント委員会原価管理研究小委員会に所属するメンバーによって行われました。建設会社勤務のメンバーが多くを占めますが、官庁や大学の方も加わり、幅広い議論がされました。各々の得意とする分野から知識を持ち寄り、一冊の本として密度の濃い本になったと思います。最後に土木分野で活躍される多くの方々が、原価管理業務を遂行するうえで本書を大いに役立てていただければ幸いです。

2020年1月

公益社団法人　土木学会
建設マネジメント委員会
原価管理研究小委員会
委員長　曽我典仁

土木学会　建設マネジメント委員会

原価管理研究小委員会　執筆者一覧

◎　曽我　典仁　　（株）奥村組

○　小野　啓志　　西武建設（株）

　　伊沢　友宏　　国土交通省
　　　　　　　　　国土技術政策総合研究所

　　植田　堅朗　　大成建設（株）

　　梶谷　修蔵　　佐藤工業（株）

　　黒岩　貴志　　前田建設工業（株）

　　竹屋　宏樹　　国土交通省
　　　　　　　　　国土技術政策総合研究所

　　富岡　良光　　みらい建設工業（株）

　　冨永　正　　　大成建設（株）

　　豊福　俊泰　　九州産業大学

　　中木　靖　　　佐藤工業（株）

　　長谷川　宏　　（株）大林組

　　原田　邦裕　　（一財）建設物価調査会

　　船田　誠　　　（一財）建設物価調査会

　　吉川　知行　　みらい建設工業（株）

　　　　　　　　　（五十音順、敬称略）

　　　　　　◎　委員長、○　副委員長

目　次

第1章　建設プロジェクトとコスト

1.1 建設プロジェクトの流れ

　建設プロジェクトとは、河川、道路、鉄道、上下水道などの社会基盤の整備にかかわる事業を一般に意味する。建設プロジェクトは国際空港や高速幹線鉄道などの大規模なものから、日々の暮らしに密着した生活道路や小規模公園まで多岐にわたっている。通常、これらの建設プロジェクトの流れは、一定のパターンがあり、まず、プロジェクトが計画され、調査、設計、積算・契約の後に、工事が実施され、構造物が完成し、供用される。その後、構造物は、長期にわたり維持管理されるが、何度かの更新を経て、いずれは廃棄される（**図 1.1** 参照）。

　図 1.2 に、建設プロジェクトの実施手順を、段階別に整理して示す。次に、建設プロジェクトの流れを、各段階における要点とともに述べる[1), 2)]。

(1)　計画

　プロジェクト開始の段階では、そのニーズを明らかにしたうえで、どのように目的を達成するかという基本構想が練られる。構想の段階で大切なことはプロジェクトの対象となる構造物は長期間使用されるので、計画時の一時的な条件や情勢にとらわれず、将来の社会構造の変容や環境問題を含め価値観の変化をも考慮した構想を打ち立て、代替案とともに評価をしっかり行っておくことである。それにより、事業地の近隣住民へ理解度を深め協力を得ることができるとともに、環境が変化し計画を見直す際にその内容が役立つこととなる。

構造物は、企画、建設、供用・維持管理を経て、やがて解体・撤去される！

図 1.1　建設プロジェクトの流れ

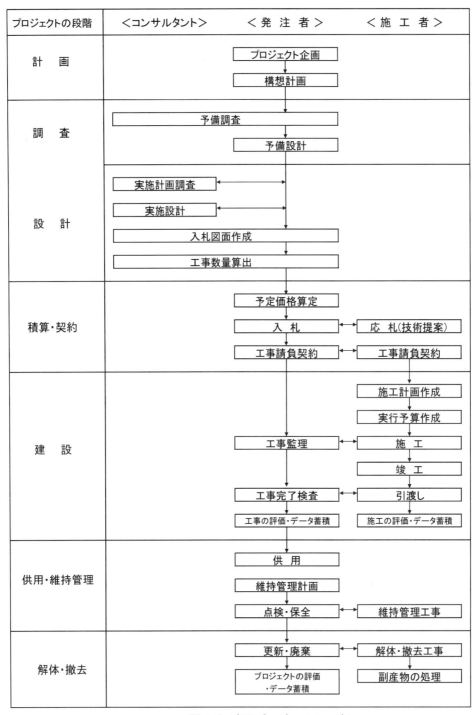

図 1.2 建設プロジェクトの流れ

(2)　調査

　プロジェクトの必要性が明確になり構想がまとまると、次の段階では各種の調査が行われる。調査はプロジェクトを実施するにあたって、不確定な要素を明らかにするのが目的であり、その内容はプロジェクトの中身によってさまざまである。一般に調査では、前半はプロジェクトの目標を明らかにし評価するための基礎資料を収集する予備調査、後半はプロジェクトの実施決定後に行われる詳細な実施計画調査である。調査で得られた各種データは、その後のプロジ

ェクトにおいて前提条件となり、多大な影響をおよぼすことになるので、調査項目の選定、方法、結果の吟味にあたっては細心の注意を払う必要がある。

(3)　設計

設計段階では、調査の段階で得られた各種データや条件をベースとして作業が進められる。事業実施決定の前は基本設計、予備設計が行われ、決定後には実施設計が行われる。設計は、地形・地質・環境などの調査結果を条件として、各種の指針、要綱、基準などにそって行われ、その後実施設計に基づき入札図面の作成、工事数量の算出に移行する。設計段階では、プロジェクトに関係する諸条件を綿密に検討し、最善の施工方法を選択することが重要である。なお、調査と設計は実際にはオーバーラップしながら進められる。これらの作業をコンサルタントに委託している場合が多い。

(4)　積算・契約

設計が済むと、それに基づいて契約項目となる数量の算出、工事価格の算出、入札書類の作成など、施工者を決めるための準備がなされる。公共工事は一般競争による入札が原則とされている。その方式には一般競争、公募型指名競争、工事希望型指名競争、技術提案総合評価などがある。入札では、発注者側の積算基準に従い算定される予定価格と、ダンピングなどを防止するため設定される最低価格の範囲内で、最も低い金額を入札した者が落札者となる。総合評価の場合は、技術提案等が加味されて落札者が決められる。その後、発注者と落札者の間で工事請負契約が締結され、その証として契約書が取り交わされる。

(5)　建設

工事請負契約が成立すると、施工者は契約条件に従い、所定の機能、品質を満たした構造物を工期中に完成させるための作業に入る。まず契約図書に定められた諸条件に基づいて施工計画を作成し、発注者の承認を得て建設工事に着手する。また、その施工計画をもとに実行予算を作成し、施工にあたって金額面での指針として原価管理活動の基礎データとする。施工者は品質管理、工程管理、原価管理、安全管理をはじめとする専門的な管理活動（施工管理）を行いつつ、計画にそって施工を進める。工事監理については、通常公共事業の場合は発注者である官公庁の担当者が行う。監理者は、施工者が製作する構造物の品質・出来形・数量などの監理を仕様書に基づいて行い、竣工時には工事完了検査を行い建設工事が完成する。

(6)　維持管理

維持管理は、建設工事が完成してから構造物が廃棄されるまでの期間において、プロジェクトの目的をまさに達成した段階である[2), 3)]。完成した構造物を維持管理するのは一般的には発注者である。維持管理者はその構造物が所定の機能を発揮し、長期間の供用に耐えるように活動を行う。

日常的な点検、保全を行い、経年劣化が著しくなった場合は維持管理・更新計画を立て、性能回復または性能向上のための維持管理工事を行う。この段階で重要なことは、プロジェクトが当初計画した通りの目的を果たしているかどうかの評価であり、もし計画と異なる場合はその対策を立てなければならない。

(7) 解体・撤去

　建設された構造物が、老朽化・陳腐化などにより機能が低下し、所定の機能を果たし得なくなった場合には、解体・撤去し、更新または廃棄される。一般に土木工事では、主要材料であるコンクリート、鋼材などの耐用年数や構造物自体の機能の老朽化・陳腐化から、プロジェクトの長さ（設計期間）は10年から100年程度とされている（アスファルト舗装：10年、コンクリート舗装：20年、国道：20年、高速自動車国道：40年、道路橋：100年を目安など）[2]。解体・撤去の判断に際し、とりわけ社会基盤や都市基盤施設においては、社会的影響が大きいことからより慎重な対応が望まれる。

　ところで、プロジェクトの発足から解体・撤去されるまでの間に生じた諸々の費用はライフサイクルコストと呼ばれる。プロジェクトの最終段階で、財務評価としてのライフサイクルコストを算定することは極めて重要であり、該当構造物の更新をはじめ他プロジェクトの検討でも有効なデータとなる。

1.2 建設プロジェクトにおけるコスト

1.2.1　ライフサイクルコスト

　前述のように、公共工事などの社会資本整備について、建設プロジェクトの計画から解体・撤去までの各段階で発生するコストをライフサイクルコストと呼んでいる[2,3,4,5]。近年において、社会資本ストックの増大と老朽化、国および地方自治体の財政状況のひっ迫、地球環境保全への社会的要請、自然災害の頻発化・激甚化など、社会資本整備に関する環境は以前にも増して厳しくなっている。そこで社会資本を評価する場合、初期の建設費のみを注目するのではなく、その後の運用を含めたライフサイクルコストを十分考慮しなければならない。すなわち、初期投資費用が若干増えたとしても、維持管理の費用が減ったり、構造物の寿命が延びればライフサイクルコストの視点からみれば経済的と考えられる。これらの費用の内訳は、社会資本の整備が進むにつれ構成に変化が見られ、今後、高度成長期以降に整備された道路橋、トンネル、河川、下水道、港湾等について、建設後 50 年以上経過する施設の割合が加速度的に高くなり、初期投資より維持管理および解体・撤去のほうにウエイトがかかっていくと予想されている。

　国土交通省策定の「建設産業政策大綱」では、ライフサイクルコストについて、**表 1.1** のように述べている。建設プロジェクトのコストには、プロジェクトが直接負担することとなっている内部コスト（**表 1.2** 参照）と、それ以外の外部コスト（または外部不経済ということもある。**表 1.3** 参照）が存在する。外部コストは騒音のように身近なものから、地球温暖化のように大規模なものまで幅広く存在する。

　政府は 2000 年度以降、新たに「公共工事コスト縮減対策に関する新行動指針」および「新行動計画」を策定することとした。その指針では、これまでの直接的な工事コストの低減に加え、ライフサイクルコスト、外部コストに代表される社会的コストなど総合的なコストの低減を目指している。また、道路法に基づく技術基準である「舗装設計施工指針（平成 18 年版）」では、ライフサイクルコストの算定に用いる一般的な費用項目を、道路管理者費用、道路利用者費用ならびに沿道および地域社会の費用としている（**表 1.4** 参照）。

表 1.1 ライフサイクルコストの定義 (建設産業政策大綱、1995年4月)

　建設生産物の価額を考える際、建設生産が企画・設計から施工までの複雑なプロセスを持つこと、さらには、生産物の寿命が長いことから、当初建設費に加え維持・修繕のコストや更新・廃棄のコストの大きさがポイントになる。そこで、建設産業界が建設サービスを提供するに当たっては施工費のみならず、企画・設計に要する費用、維持、修繕、更新の費用まで含めたトータルコスト（ライサイクルコスト）で安くなければ価値がないことになる。

　言い換えれば、企画や設計に費用をかけても価値がある建設生産物を作る必要があること、当初の企画・施工のやり方によっては維持・管理・修繕の費用の方が高くなることもあるなど建設産業界全体がトータルコストの観点から、国民に「良いものを安く」提供するように努力していく必要があることをここでは強く示した。

表1.2 ライフサイクルコスト（内部コスト）

区　　　分	内　　　　　容
(1)初期投資コスト	建設費にあたる初期投資費用をいい、企画設計コストと建設コストに大別できる。前者には企画、現地調査、測量、用地交渉・取得、設計、積算などのコストが、後者には工事契約、建設工事、工事監理などのコストが該当する
(2)維持管理コスト	建造物を有効に利用できる状態を保つための費用で、運用管理、保全、改修工事コストなどに細分できる
(3)廃棄コスト	建造物は年月の経過により物理的もしくは機能的に陳腐化し、廃棄の段階を迎える。そのための解体、撤去、処分などのコストがこれにあたる

表1.3 外部コスト

区　　　分	内　　　　　容
(1)周辺環境への影響	騒音、振動、悪臭、水質汚濁、大気汚染、塵芥、交通渋滞、日照、景観、生態系への影響
(2)建設副産物による影響	森林の減少、廃棄物・残土の発生、最終処分場の枯渇、不法投棄、土壌汚染
(3)二酸化炭素排出による地球温暖化	海面上昇・陸地消失、種や生態系の損失、農林水産業への影響
(4)その他	天然資源・エネルギーの枯渇、野生生物の減少、酸性雨、砂漠化

表1.4 舗装のライフサイクルコストの費用項目例（日本道路協会「舗装設計施工指針（平成18年版）」）[2,5]

分　　類	項　　目	詳　細　項　目　例
道路管理者費用 （内部コスト）	調査・計画費用	調査費, 設計費
	建設費用	建設費, 現場管理費
	維持管理費用	維持費, 除雪費
	補修費用, 更新費用	補修・更新費, 廃棄処分費, 現場管理費
	関連行政費用	広報費
道路利用者費用 （外部コスト）	車両走行費用	燃料費, 車両損耗費の増加
	時間損失費用	工事車線規制や迂回による時間損失費用
	その他費用	事故費用, 心理的負担（乗り心地の不快感, 渋滞の不快感などの）費用
沿道および地域社会の費用 （外部コスト）	環境費用	騒音, 振動等による沿道地域等への影響
	その他費用	工事による沿道住民の心理的負担, 沿道事業者の経済損失

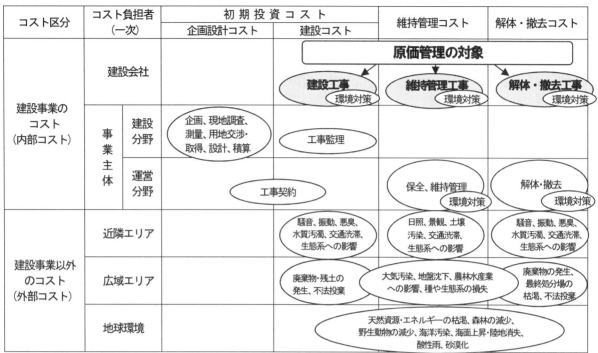

コスト区分	コスト負担者 (一次)		初 期 投 資 コ ス ト		維持管理コスト	解体・撤去コスト
			企画設計コスト	建設コスト		
建設事業の コスト (内部コスト)	建設会社			**原価管理の対象** 建設工事 (環境対策)	維持管理工事 (環境対策)	解体・撤去工事 (環境対策)
	事業主体	建設分野	企画、現地調査、測量、用地交渉・取得、設計、積算	工事監理		
		運営分野	工事契約		保全、維持管理 (環境対策)	解体・撤去 (環境対策)
建設事業以外 のコスト (外部コスト)	近隣エリア		騒音、振動、悪臭、水質汚濁、交通渋滞、生態系への影響		日照、景観、土壌汚染、交通渋滞、生態系への影響	騒音、振動、悪臭、水質汚濁、交通渋滞、生態系への影響
	広域エリア		廃棄物・残土の発生、不法投棄	大気汚染、地盤沈下、農林水産業への影響、種や生態系の損失		廃棄物の発生、最終処分場の枯渇、不法投棄
	地球環境		天然資源・エネルギーの枯渇、森林の減少、野生動物の減少、海洋汚染、海面上昇・陸地消失、酸性雨、砂漠化			

図1.3　建設プロジェクトに関連するコスト

　建設プロジェクトにおけるコスト全体を、発生段階とコストの負担者を対比させて整理すれば、**図 1.3** のようになる。この本であつかう原価管理は、**図 1.3** に示す建設事業のコスト(内部コスト)のうち、建設会社の建設工事コスト、維持管理工事コストおよび解体・撤去工事コストを対象としている。

1.2.2　コスト縮減

　政府の公共工事のコスト縮減は、平成 9 年度から 11 年度の 3 年間の取り組み(「公共工事コスト縮減対策に関する行動指針」(以下「行動指針」という)において、全省庁の連携や公共工事担当省庁等における創意工夫の強化により、公共工事執行システムの中で価格に影響を及ぼす様々な要因について改革が進んだ [6]。その結果、国土交通省においては平成 11 年度までのコスト縮減率は約 10%となり、当初の数値目標をほぼ達成した(**図1.4**、**図1.5** 参照)。

　しかし、依然として厳しい財政事情の下で引き続き社会資本整備を着実に進めていくことが要請されたこと、また、それまで実施してきたコスト縮減施策の定着を図ることや新たなコスト縮減施策を進めていくことが重要な課題となったため、平成 12 年度から 20 年度までを期間として、工事コストの低減だけでなく、工事の時間的コストの低減、施設の品質の向上によるライフサイクルコストの低減、工事における社会的コストの低減、工事の効率性向上による長期的コストの低減を含めた総合的なコスト縮減について、「公共工事コスト縮減対策に関する新行動計画」(以下「新行動計画」という)を策定し取り組んだ結果、平成 14 年度までに工事コスト縮減率 13.6%を達成した。

　さらに、平成 15 年度からは、新行動計画だけでは限界があったことから、新行動計画を継続実施することに加え、公共事業のすべてのプロセスをコストの観点から見直す、「コスト構造改革」に取り組んだ。「コスト構造改革」では、「事業のスピードアップ」、「計画・設計から管理までの各段階における最適化」、「調達の最適化」をポイントに、平成 15 年度から 19 年度までの施策プログラムとして、「国土交通省公共事業コスト構造改革プログラム」(以下「改革プログラム」という)を策定した。「改革プログラム」では、従来からの工事コストの縮減と新たな取り組みを加味した、「総合コスト縮

減率」の達成目標を 15％とし、平成 19 年度までに 14.0％を達成した。

図 1.4　一体となってコスト縮減

| H9 | H11 | H12 | H14 | H15 | H19 | H20 | H24 |

行動指針	新行動指針	公共事業コスト構造改革プログラム	公共事業コスト構造改善プログラム

・工事コストの縮減

	・工事の時間的コストの低減		
	・施設の品質の向上によるライフサイクルコストの低減	【事業のスピードアップ】	・民間企業の技術革新や調達の効率化によるコスト構造の改善
	・工事における社会的コストの低減	・合意形成、協議、手続きの改善	
	・工事の効率性向上による長期的コストの低減	・事業の重点化、集中化	・長寿命化によるライフサイクルコスト構造の改善
		・用地、補償の円滑化	・社会的コスト構造の改善
		【計画・設計の円滑化】	
		・計画、設計の見直し	
		・新技術の活用	
		・管理の見直し（計画的維持管理）	
		【調達の最適化】	
		・入札、契約の見直し	

・市場単価方式			
・VE提案	・電子方式		
・設計施工一括発注方式	・総合評価落札方式	・出来高部分払方式	
	・性能規定発注方式	・総価契約単価合意方式	・PFI方式
		・ユニットプライス型積算方式	・CM方式
		・見積もり積算方式	

図 1.5　コスト縮減

　平成 20 年度から 24 年度までの 5 年間は、民間企業による技術革新の進展、老朽化する社会資本が急増する中で国民の安全・安心へのニーズや将来の維持管理・更新費用が増大することへの対応、近年の地球温暖化等の環境問題に対する世論の高まりを踏まえ、これまでの「総合的なコスト縮減」から、VFM※最大化を重視した「総合的なコスト構造改善」に取り組んだ結果、平成 19 年度と比較した総合コスト改善率 12.0％（目標 15％）を達成した。

※ VFM(Value for Money)とは、支払い (Money) に対して最も価値の高いサービス(Value)を供給するという考え方。つまり経済性にも配慮しつつ、公共事業の構想・計画段階から維持管理までを通じて、投資に対して最も価値の高いサービスを提供すること

1.2.3 低価格入札

(1) いきすぎたコスト縮減

公共事業の入札を巡っては、指名業者間で事前に落札者を決める施工者の「談合」、行政側の意向が働いて落札者を決める発注者の「官製談合」、これらによる裏金などの不祥事が相次いで生じ社会問題となった。建設業界の談合体質が高コストの原因とされ、談合根絶が時代の要請となった。

そこで、平成13年4月に「入札契約適正化法」が施行され、発注見通し、指名基準、指名業者、契約変更の理由などの公開を義務づけ、公共事業の透明化が進められた。地方公共団体では、財政難や相次ぐ不祥事を背景に入札改革に動き、予定価格の事前公表、議員の口利きや業者の談合を封じる電子入札・郵便入札の導入、競争を促すための最低制限価格の撤廃などを採用する事例が一般化した。また、平成15年1月に、入札談合に官側が関与するのを防ぐ「官製談合防止法」が施行され、談合の指示、受注者に関する意向の表明、予定価格など秘密の漏洩といった談合関与行為を防止した。さらに、政府は、公共工事のコスト縮減とともに入札談合を排除するため、課徴金算定率の引き上げや内部告発をした社に対する課徴金減免制度の導入などを柱とした「独占禁止法」の改正を行い、平成18年1月4日に施行した。これと同時に、ゼネコン(総合建設業)大手4社が法令順守(コンプライアンス)を徹底し、入札談合と決別することを申し合わせた。以後、建設業界に根強く残っていた談合は次第に機能不全となり、建設業者間の自由競争が一気に進んだ。

一方、わが国の建設投資は、ピーク時(平成4年度)の約84兆円から平成22年度の約42兆円まで落ち込んだが、その後増加に転じている状況にあり、このうち政府投資は、ピーク時(平成7年度)の35.2兆円に比較して、平成24年度には16.0兆円(ピーク時の45.6%)まで落ち込んだが、平成29年度には21.3兆円(同60.4%)の水準となっている(図1.6 参照)。このような急激な建設投資の減少と相まって、建設業者間の自由競争(価格競争)を激化させる要因となったため、公共事業の極端な低価格(ダンピング)受注の多発を招く事態となり、いきすぎたコスト縮減となった。財務省の法人企業統計調査に基づき売上高営業利益率を産業別で比較すると、全産業と製造業の利益率は、バブル崩壊後、平成10年に底を打って2%台を回復し平成16年には4%を突破しているのに対して、建設業の利益率は

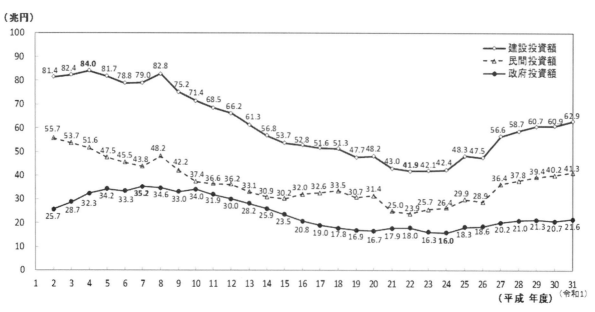

図1.6 建設投資の推移 (国土交通省、2019年8月発表) [7]

1%台の低水準で推移しており低迷していた。

　国土交通省が、落札率と完成工事総利益率（粗利益率）との関係を直轄工事（一般土木）において調査したところ、落札率が低くなると工事原価を低減し赤字幅を圧縮するケース（落札率 80%未満の工事は粗利益率がゼロまたはマイナス）が増加し、工事成績も 70 点以下になる場合が増加する関係が認められたと報告している。このように、低価格入札による受注は、下請企業・労働者の賃金や福利厚生の削減、資材の品質レベル低下、安全管理の不徹底などを招き、結果的に労働災害の発生や質の劣る工事、手抜き工事が生じやすい状況となっていた。

（2）いきすぎたコスト縮減に対する法整備

　国土交通省は、低価格入札対策として、「いわゆるダンピング受注に係る公共工事の品質確保及び下請業者へのしわ寄せの排除等の対策について」（平成 18 年 4 月 14 日付）、「緊急公共工事品質確保対策について」（平成 18 年 12 月 8 日付）の2度にわたるダンピング対策を講じた。これらによって、適正な施工の確保の徹底、指名停止措置の強化（粗雑工事が生じた場合は、従前の1カ月を最低限3カ月とした）、極端な低入札について特別重点調査を実施、施工体制確認型総合評価方式の試行、公正取引委員会との連携強化、予定価格の的確な見直しなどが図られた。

　落札率（予定価格に対する落札価格の割合）の推移は、図1.7 に示すように、国土交通省直轄工事の場合、平成14 年度95.3%、15 年度94.3%と低下して18 年度に最低の88.8%となったが、その後上昇に転じ19 年度89.3%、20 年度 90.0%、26 年度 92.4%であり、また、都道府県発注工事の場合、平成 14 年度94.7%、15 年度93.6%と低下して20 年度に最低の88.2%となったが、その後上昇に転じ21 年度89.4%、24 年度91.0%であり、ダンピング対策を講じたことが奏功し、落札率の低下からその後上昇に転じている。

1.2.4　新・担い手3法（品確法と建設業法・入契約法の一体的改正）による建設事業のコストの適正化

　平成 26 年に、品確法と建設業法・入契法とが一体として改正※され、適正な利潤を確保できるように予定価格を適正に設定することや、ダンピング対策を徹底することなど、建設業の担い手の中長期的な育成・確保のための基本理念

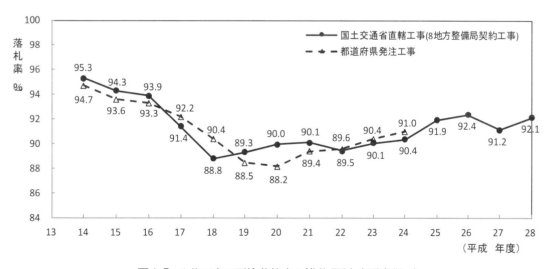

図1.7　公共工事の平均落札率の推移（国土交通省調べ）

※品確法と建設業法・入契法とは、公共工事の品質確保の促進に関する法律（平成 17 年法律第 18 号）、建設業法（昭和 24 年法律第 100 号）及び公共工事の入札及び契約の適正化の促進に関する法律（平成 12 年法律第 127 号）で、担い手3法と略称

や具体的措置が規定された（「担い手3法」）。この「担い手3法」の施行により、予定価格の適正な設定、歩切りの根絶、ダンピング対策の強化など、その後の5年間で様々な成果が見られた。また、建設業の利益率は、平成9年以降1％台の低水準で推移しており低迷していたが、平成23年3月11日に発生した東日本大震災以降、建設市場の回復を背景として上昇傾向にあり、平成24年度に2％を超え平成28年度には4.6％と大幅に上昇するに至っており、製造業の4.4％を上回るまでに改善している[7]。入札においては、配置予定の技術者の不足、発注時期・工期の重複や集中、利益が見込めない等の理由から、入札不調や入札不落が増加している。

　一方で、相次ぐ災害を受け地域の守り手としての建設業への期待、建設業の働き方改革促進による長時間労働の是正、i-Construction の推進等による生産性の向上など、新たな課題や引き続き取り組むべき課題も存在することから、令和元年6月、新たな課題に対応し5年間の成果をさらに充実するため、「新・担い手3法」として再び品確法と建設業法・入契法が、改正された。これにより、「働き方改革の推進（発注者・受注者の責務、工期の適正化、現場の処遇改善）」、「生産性の向上への取組（発注者・受注者の責務、技術者に関する規制の合理化）」、「災害時の緊急対応の充実強化・持続可能な事業環境の確保（発注者の責務、災害時における建設業者団体の責務の追加、持続可能な事業環境の確保）」、「調査・設計の品質確保」が、図られることとなった。

　これらの改革によって、持続可能な建設産業が構築されるとともに、公共事業は、公正な入札が行われ、公正なコストで公正な品質（発注者・国民の要求品質）が確保されることが、時代の要請となっている。

1.2.5　社会資本ストックの老朽化に伴う維持管理コストの増大

　わが国の建設投資が、平成4年度のピーク時約84兆円から平成22年度の約42兆円まで落ち込み、その後増加に転じたことから（**図1.6**参照）、新設工事費も平成23年度の約33兆円まで落ち込みが続いたが、この間、維持修繕工事費は12～14兆円台で安定的に推移してきたため、相対的に維持修繕工事比率が平成24年度の30.3％まで増加してきた（**図1.8**参照）。その後の平成25年度以降、ストックの増加を背景に維持修繕工事は増加傾向にあり15兆円台で推移し、新設工事が約37兆円、約40兆円と増加に転じたため、維持修繕工事比率は約28％で推移していたが、最近の平成29年度には、16.4兆円と過去最高の水準となっている。

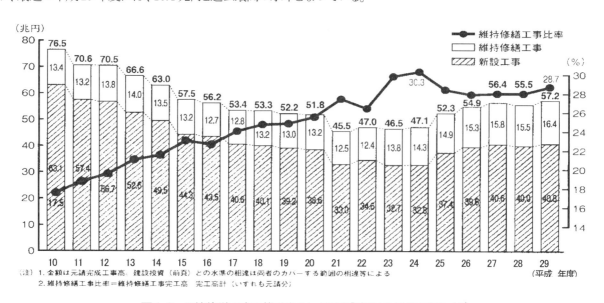

図1.8　維持修繕工事の推移（国土交通省「建設工事施工統計」）[7]

　現在、社会資本ストックの老朽化が進行しており、建設後 50 年以上経過する施設の割合が、平成 30 年と比べて 15 年後の令和 15 年に、道路橋が約 25%から約 63%へ、トンネルが約 20%から約 42%へ、河川管理施設（水門等）が約 32%から約 62%へ、下水道管渠が約 4%から約 21%へ、港湾等が約 17%から約 58%へと何れも加速度的に高くなることから、維持管理工事コストが急増（建設投資が横這いの場合、新設工事比率が激減）することが予測されるため、維持管理のコスト縮減に向けて、事後保全から予防保全への転換によって長寿命化を図るなど「戦略的インフラメンテナンス」の実施が推進されている。

1.3　建設マネジメント

1.3.1　建設マネジメントとは

　建設マネジメントとは、社会基盤の整備を中心とした建設プロジェクトの分野で、その目的を達成するために、人、物、金、情報などの諸資源を、最適に使用する方法である[1],[8]。建設業では一般の製造業に比べると、その特質から固有のマネジメントが求められる。建設プロジェクトの特徴は、目的構造物の多くが公共物であること、ニーズの発生から完成、廃棄まで長期にわたること、建造過程では現地・屋外・個別生産であることなどがあげられる。これを前述の建設プロジェクトの流れ（**図 1.2** 参照）でみると、建設マネジメントは計画から解体・撤去までの段階を総合的、有機的に関連づけて取り扱い、効率的しかも合理的にプロジェクトを運営することを目的としている。

　建設分野では、戦後社会資本の充実が図られるのにともない、プロジェクトの規模が大型化し、技術もより高度になり、社会的・経済的な要求の変化もあいまって、その管理方法も必然的に複雑になり、理論的でしかも精緻な新しい考え方によるマネジメントが必要になってきた（**図 1.9** 参照）。

　また、施工を取り巻く諸条件も、熟練労働者の不足、周辺の環境保全への意識の高まりなど大きく変わってきている。このような状況下では、以前のように経験と勘だけで良質のものを、早く、安く、安全に作るというような工事管理はもはや難しくなってきた。いまやこれに代わって、工事計画を作成するにあたっては、関連する要素を総合的・体系的に組み立て、これらを客観的に評価できる手だてが必要になってきている。建設マネジメントは、このように従前にも増して重要な役割を担っており、その良否が目的構造物の品質、コストなどの工事分野のみならず、プロジェクト全体を大きく左右することになる。

図 1.9 新しい建設マネジメント

　建設マネジメントを一口でいえば、やり方であり一種の技術と考えられるが、一般建設分野の工学的技術とは異なった面が多い。それは息の長いプロジェクトのさまざまな場面において、異質の条件が錯綜するなかで用いられる技術であり、基本的な法則、理論だけでは解決不可能な応用問題がほとんどであるからである。

　したがってマネジメントの遂行に当たっては、プロジェクト全体を良く理解したうえで、個別の状況での役割を十分認識して臨む必要がある。建設マネジメントのうち、対象となるプロセスの範囲と関連は**図 1.10** に示すとおりであり、実施計画から構造物の建設に至る部分を工事マネジメント、さらに現場において施工にかかわる部分を現場マネジメントと呼ぶことにする。

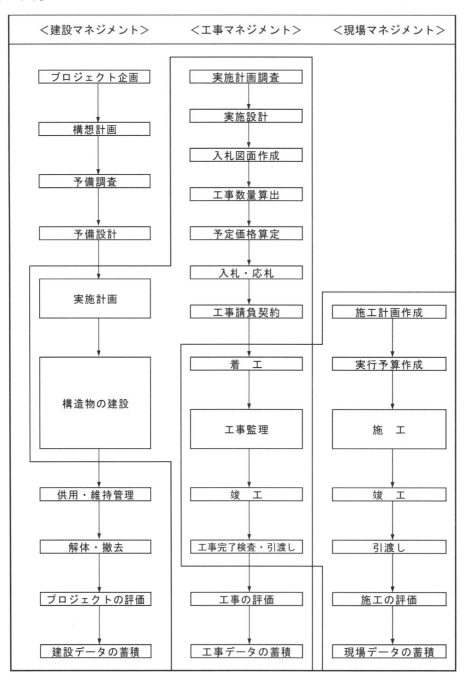

図 1.10 建設、工事、現場マネジメントの対象となるプロセス関連図

図 1.11 PDCAサイクルをまわして目標達成

表 1.5　現場業務の質を改善するいろいろ

P （計画）	・実践的な計画と予算を立てる ・作業制約時間内での計画立案をする ・実績と食い違わない計画をたてる
D （実行）	・計画に基づいて確実に実施する
C （評価）	・やりっぱなしではなく、必ずチェックをする
A （改善）	・臨機応変の処置や再発防止対策を実施する

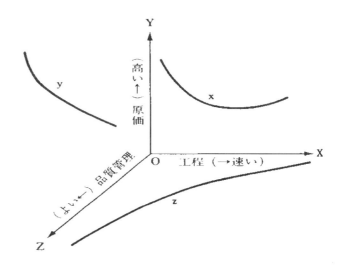

図 1.12 工程、原価、品質の関連性

　土木技術者としては、次世代に誇れる工事を達成するために、プロ意識を高く持ってマネジメントサイクル「Plan（計画）・Do（実施・実行）・Check（点検・評価）・Action（処置・改善）」（PDCAサイクル）をまわすことが重要である（**図1.11** 参照）。現場業務の質を改善する「PDCAサイクル」は、具体例として各段階を示すと**表 1.5** のとおりである。

1.3.2　現場マネジメントとは

　建設プロジェクトの始まりから終わりまで通して行われる建設マネジメントのうち、工事の施工部分に関して行われるのが現場マネジメントである[1]、[8]。一般に現場マネジメントでは、品質管理・工程管理・原価管理・安全管理の4大管理を主な管理活動としている。これらの管理である品質、工程、原価の関連性は、**図 1.12** に示すようになる。さらに、これを現場マネジメントの概念として示すと、**図1.13** のようになる。実際のマネジメントでは、これらが複雑に関連しているとともに、施工管理のやり方自体が、各施工業者あるいは現場担当者により差異があるのが現状である。

現場マネジメントの目的は、安全、品質、工程、原価を高い次元で達成することである。その中でも原価管理はすべての目的達成に深く関連している。

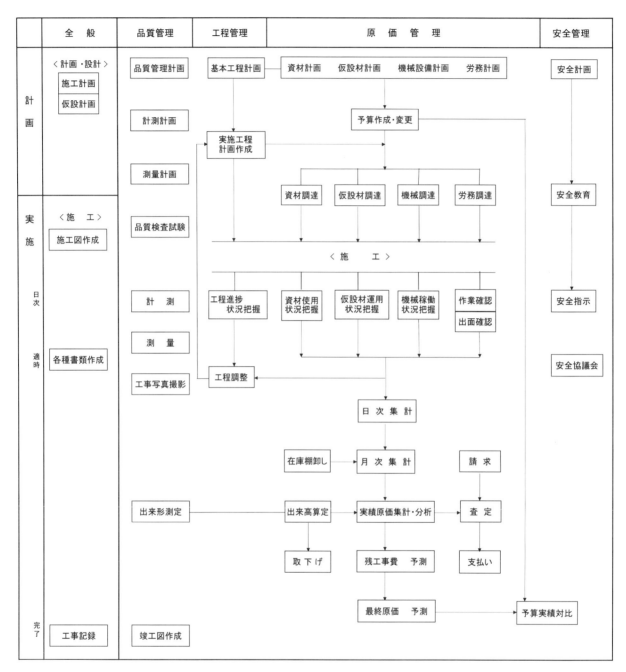

図1.13 現場マネジメントの概念

次に4つの管理について簡単に示すが、現場マネジメントにおいては、安全を第一として工事品質と工期を満足しながら経済性を追及することが求められている。

(1) 安全管理

安全管理は工事の安全を徹底することを目的とする管理である。建設業は他産業と比較しても、死傷災害の発生率はまだまだ高い状況にある。特に最近は、機械設備の大型化、高速化、建設工事の大規模化、熟練工の高齢化・不足などに伴い、災害発生の危険性の増加が懸念されている。

　こういう状況下にあって、労働災害は災害にあった個人の社会的損失だけでなく、施工業者にとって信用・人材の面や補償の問題などで多大の損失を受けることとなり、これを避けるためにも安全管理が重要である。

(2)　品質管理

　品質管理は要求される出来形、品質を確保することを目的とする管理であり、それらを経済的に仕上げるため、その工事の各段階に統計的手法を活用して不具合を未然に防ぐとともに品質のばらつきを少なくすることである。

　近年では情報化施工という言葉に代表されるように、施工過程における品質情報を的確に把握し、タイムリーに、施工へフィードバックさせ、PDCAの管理サイクルをリアルタイムで更新することで、最終的に目標の品質を造り込むということが重要となる。

(3)　原価管理

　施工業者は、事業を通じて社会ニーズに応えるとともに利益の追求も行っている。工事の施工においては、「もっとも経済的と考えられる施工計画をもとに実行予算を作成し、これを基準として原価を管理する（土木用語大事典）」ことが大切であり、この意味からも工事における原価管理は重要な役割を担っているといえる。

(4)　工程管理

　工程管理は、工事の実施過程における工程の計画と管理を目的とするものであり、施工計画にとって総合的な管理手段といえる。工程管理では日々の作業が予定通り進行しているかどうかの進捗管理が大切である（**図1.14** 参照）。

　工程管理の手法の代表的なものとしては、(a) 横線式工程表（バーチャート）、(b) 斜線式工程表、(c) ネットワーク式工程表がある。これらはそれぞれに特徴を有しており、工事の種類、段階、重要度などにあわせて選択する。

　工程管理の要素として、特に次の管理指標が重要となる。

図 1.14 日々の工程管理が肝心

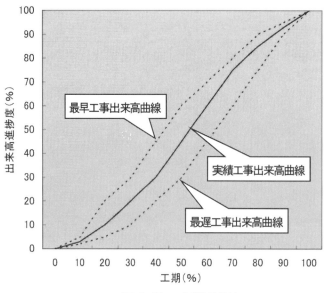

図 1.15 工程管理曲線

a) 進捗度

計画時の工程管理曲線（最早・最遅出来高曲線（上方・下方許容限界線）、バナナの形に似ていることからバナナカーブと呼ばれる）と実績工程曲線を比較することにより、全体的な進捗度の差異、傾向を把握する（**図 1.15** 参照）。

b) 施工速度

出来高の進行速度を工種別に計画と比較することにより、工程の進捗状況を把握する。

c) 作業効率

資材、労務、機械の資源消費量を工種別に計画と比較し、作業が能率的に進行しているか否かを把握する。現場マネジメントにおいては、原価意識が工事の円滑な流れと無事故竣工に直結している。

参考文献

1) 國島正彦・庄子幹雄編著:建設マネジメント原論、山海堂、1994 年

2) 豊福俊泰・尼崎省二・中村一平:入門維持管理工学、森北出版、2009 年 4 月

3) 土木学会:コンクリート標準示方書維持管理編、2001 年 1 月、2008 年 3 月、2018 年 10 月

4) 土木学会編:LCC の現状と動向、建設とマネジメントⅩⅥ（土木学会建設マネジメント委員会受託研究報告）、1998 年

5) 日本道路協会:舗装設計施工指針(平成 18 年版), 2006 年 2 月

6) 国土交通省:国土交通省公共事業コスト構造改善プログラム、2008 年 3 月

7) 一般社団法人日本建設業連合会:建設業ハンドブック 2019、2019 年 10 月

8) 土木学会建設マネジメント委員会:建設マネジメント問題に関する研究発表・論文集、1998 年 11 月

第2章 原価とは何か

2.1 原価の一般的概念

2.1.1 原価の考え方

　土木技術者が原価管理に関する議論をするなかで、「それは原価管理ではなく、費用管理ではないか」あるいは「それは原価管理ではなく、利益管理ではないか」などとよく耳にする。「原価」、「コスト」、「費用」などの用語の使い方の混乱はもとより、土木工事の下請構造の変化に伴う原価管理の仕組みに変化がみられるため、原価の概念の混乱が見受けられる。かつては元請が労務・機械を直備で持っていた時代があったが、現在はこれらを下請(協力業者ともいう)に外注するようになっている。外注の内容が時代とともに変化しているため、原価管理の概念やその方法はいまもなお模索されている。

　原価は、厳密には製造に使われたもののみをいい、それ以外は原価といわない。原価の定義は、「原価計算基準」(2.2.3 参照)によると、「経営における一定の給付に関わり消費された財や用役を貨幣価値で表したもの」とある。この場合、給付は「製品やサービス(用役)」、財は「経費、材料費」、用役は「製造にかかった労務費」をさす。したがって、原価＝材料費＋労務費＋経費であるといえる。

　このように原価は製品やサービスを生み出すために消費された資源のうち、値段の付けられる価値をいい、製品やサービスの売価に含まれるものである。工場(建設現場)を例にとれば、原材料、労働力、機械・設備、電力、ガス、水道などの経済的資源を生産工程(施工現場)に投入し、それらを消費して、製品(構造物)という産出物を得る。生産活動の成果としての産出物を経営給付と呼び、経営給付を得るために必要な経済的資源の投入額を原価と呼んでいる。したがって原価とは、企業が特定の目的を達成するために、消費した経済的資源を、それから生じた給付にかかわらせて把握した貨幣による測定額のことである。

　また原価は、原価計算を行う上で、その目的に応じて「‥原価」という表現を得て、さまざまな概念をもつこととなる。目的によって原価に算入される項目は変化する。原価計算の目的に応じて、直接費や間接費あるいは、変動費や固定費などといった原価の使い分けがなされている。たとえば、製造原価というと製品を生産するのにかかった費用をいい、それにかかった経費や人件費は製造原価とは呼ばない。といったところである。

2.1.2 原価計算の目的

　企業会計の重要な一分野を構成する原価計算では、企業経営者に役立つ会計情報を提供するために、企業活動の部分単位ごとに、経済的資源の投入額とそれから生ずる算出額との比較計算を行う。建設会社であれば、建設現場単位に原価を把握し、適正利益が確保されているか確認を行う。

　原価計算の目的は、販売価格を決定すること、原価管理(予実績管理)を行い生産性の向上を図ること、予算管理資料(事業計画)を作成すること、予算書(設備投資、要員計画)を作成することなどが主な要素としてあげられる。そのために製品の製造過程で発生した原価すなわち製造原価を明確にする必要があり、原価計算が正確に行われる必要がある。原価は把握、集計され、企業の内部では経営管理者のための情報となり、外部に対しては利害関係者のための

情報となる。この過程で前者を管理会計、後者を財務会計とよび区別している。原価計算は双方に役に立つ情報を提供する役目を負っている。

　企業経営者は、製品を製造するためにいくらかかったかという情報を必要としている。工場の各部門は原価をかけすぎていないか(原価管理目的)、来年度は希望利益を獲得するために製品をいくら製造販売すればよいか(利益管理目的)といった、経営活動の計画と統制に役立つ情報を求めている。さらには設備投資をすべきか、不採算事業から撤退すべきか、といった経営意思決定目的の情報をも求めている。このような情報要求を満たすために、原価計算は企業活動単位ごとに、企業の所有する経済的資源(人、物、金)の投入額(すなわち原価)を、それから生ずる算出額(経営給付という)と関係付けて、解説する理論と技術に成長した。原価計算は企業経営の必須の手法である。

2.2　原価計算の基準

2.2.1　原価の構成とは

　製造業では、原材料を仕入れ、工場で加工、組立などを行い製品として出荷する。原価の構成は製品により複雑多岐にわたるが、一般的には材料費、労務費、その他の経費に大別できる。

　たとえばレストランで食べるカレーライスを例にとれば、米、ジャガイモ、人参、玉葱、肉、カレー粉、調味料などは材料費である。店のコック、ウェイター、ウェイトレスたちの賃金は労務費である。その他の経費はガスコンロ、鍋、釜、皿、スプーンなどの調理器具・食器と燃料の電気・ガス代、水道代などから構成される。これらは、レストランの商品であるカレーライスを作る過程で消費され、カレーライスの値段に含まれるので原価ということができる(図 2.1、表 2.1、図 2.2 参照)。カレーライスの原価は、材料費＋労務費＋その他の経費から成り立っていることがわかる。

　なおカレーライスの原価構成費目を見たときに、調理器具、食器、電気・ガス代、水道代といったその他経費は、確かにカレーライスを作るために必要な原価の対象になるが、この金額をカレーライス1人前の原価がいくらかを求める必要がある。このような場合、なんらかの基準、例えばカレーライスの価格比で按分などの方法を採用するしかない。ここでの原価計算対象への跡づけのことを配賦と呼ぶ。原価を計算するとき、こうした配賦作業を行われることは一般的である。

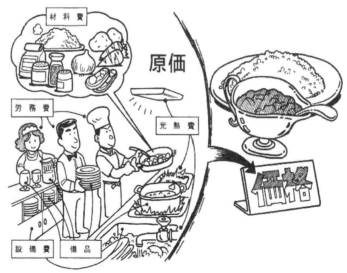

図 2.1　カレーライスの原価構成

表 2.1 カレーライスの原価構成費目

費　目	名　　　　前	金額(円)
材料費	米	50
	ジャガイモ	10
	人参	10
	玉葱	20
	肉	200
	カレー粉	20
	調味料	30
労務費	コックの費用	200
	ウェイター、ウェイトレスの費用	150
その他の経費	調理器具、食器	60
	電気・ガス代、水道代	50
	雑費	100
合　計		900

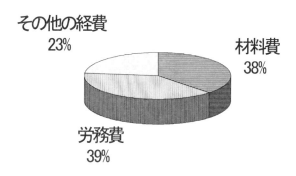

図 2.2 カレーライスの費目構成割合

2.2.2　原価と費用とはどう違うか

　原価の中には人件費や減価償却費などがあり、原価も費用であることに変わりはない。費用の中で、製品を生産するのに要したものを、通常の費用と区別するために「原価」という。言い換えると、工場(現場)で発生する費用は、製品を生産するために使っているので「原価」である。一般的には"工場(現場)で発生する費用＝原価"となる。

　一方、本社で会社の決算を行うスタッフの人件費や、営業所の賃借料などは、生産活動とは関係なく発生する費用である。製品の生産にいくらの金額がかかっているのかという場合に、これらを原価計算に含めては見当違いになるのは明らかである。これらは費用(販売費および一般管理費に含める)ではあるが、原価ではない。

表 2.2 損益計算書（建設会社）の例

売上高	完成工事高	1,000	
売上原価	完成工事原価	600	
売上総利益	売上総利益合計		400
販売費および一般管理費		250	
営業利益			150

　会社の利益を計算する際(決算)は、原価と原価にならない費用を区別して集計し、段階的に差引計算が行われる。最初に、売上高(完成工事高)1,000から、製品の原価に当たる売上原価(完成工事原価)600を控除する。その差引き結果の400が売上総利益であり、これがいわゆる粗利である。

　次に、売上総利益(粗利)400から原価にならない費用(営業所や本社で発生する販売費および一般管理費)250を控除する。その差引き結果の150が営業利益である。

2.2.3　原価計算基準

　わが国には、昭和37年11月8日に、当時の大蔵省企業会計審議会から中間報告の形で公表された「原価計算基準」[1]がある。戦後においては、明文化された一般的な基準は、企業会計審議会からの原価計算基準が最初であり、かつ唯一のものといってよい。

　この「原価計算基準」は、その後、一度も改正されていないから、現在の会計基準が依存する原価計算基準は、まず第一にこの基準であると理解されている。実際、公認会計士監査において、原価計算の妥当性を判断する基準はこの原価計算基準であると解されているとともに、公共料金等の公共的・公益的な経営行動の良否を判定する事業法的な原価計算においても尊重されている。

　しかしながらこの「原価計算基準」は、公表され60年近く経過し、社会・経済環境の著しい変化や会計制度の本質的な変化に対して、対応していない。そこでこの「原価計算基準」で具体的に明文化された基準を基盤としながら、その後の環境変化や理論整備で改修や取り込みを図ってきた原価計算理論・手法も、企業会計の中に取り入れられてきたと考えるのが適当である。

　以下の**表2.3**に、大蔵省(現財務省)の原価計算基準(昭和37年11月8日付大蔵省企業会計審議会中間報告)[1]に記された「原価の本質」を示す。

表 2.3 原価計算基準 (大蔵省企業会計審議会中間報告) [1]

原価の本質
　　原価計算制度において、原価とは、経営における一定の給付に係わらせて把握された財貨又は用役(以下これを「財貨」という。)の消費を貨幣価値的に表わしたものである。
(1)原価は、経済価値の消費である。経営の活動は、一定の財貨を生産し販売することを目的とし、一定の財貨を作り出すために必要な財貨すなわち経済価値を消費する過程である。原価とは、かかる経営過程における価値の消費を意味する。
(2)原価は、経営において作り出された一定の給付に転嫁される価値であり、その給付に係わらせて把握されたものである。ここに給付とは、経営が作り出す財貨をいい、それは経営の最終給付(製品、サービス)のみでなく、中間的給付(仕掛品、半製品、部品)をも意味する。
(3)原価は、経営目的に関連したものである。経営の目的は、一定の財貨を生産し販売することにあり、経営過程は、このための価値の消費(原価)と生成(給付)の過程である。原価は、かかる財貨の生産、販売に関して消費された経済価値であり、経営目的に関連しない価値の消費を含まない。財務活動は、財貨の生成および消費の過程たる経営過程以外の、資本の調達、返還、利益処分等の活動であり、したがってこれに関する費用たるいわゆる財務費用は、原則として原価を構成しない。
(4)原価は、正常的なものである。原価は、正常な状態のもとにおける経営活動を前提として把握された価値の消費であり、異常な状態を原因とする価値の減少を含まない。

2.2.4　原価計算の目的別分類

　財やサービスの生産過程で発生した原価は把握、集計され、企業の内部では経営管理者のための情報となる。一方、外部に対しては、株主、融資元、取引先など利害関係者のための情報となる。前者を管理会計、後者を財務会計の機能と区分されるが、原価計算は双方に利用される情報を提供する二面的な役割を負っている。

　原価計算を目的別に分類すれば、実際原価計算、標準原価計算および直接原価計算の三つの形態となる。

(1)　実際原価計算

　製造した製品の原価を計算するもので、実際の製造にかかった原価を使って製造原価を計算する。

　実際原価計算とは、製品の製造に実際に要した実績値を基に原価計算することである。また実際原価計算は個別原価計算と総合原価計算に分類することができるが、建設業では個別原価計算が適用されている。(2.3.3参照)実際原価計算の目的としては、財務会計と管理会計の為に利用することである。

(2)　標準原価計算

　実際原価は製品の製造のための実際に要した原価であるから、それは「真実の原価」であると考えられていた。しかし、製品の実際原価の中には、価格・能率・操業度その他原価に影響を及ぼす要素のあらゆる偶然的変動がそのまま混在している。そのため、実際原価はそのままでは、原価管理に使えないのである。また、実際原価の計算は全ての費目の金額が判明してからでないと行えないため、タイムリーな原価情報を提供できないという現実的な問題もある。

　これらの点を克服するため、統計的・科学的方法により製品一単位の生産に必要なコストを予め算定しておき、この単価に実際生産量を乗じて、製造原価を求める方法(標準原価計算)が考案された。

　標準原価計算を適用することにより、偶然的な価格や操業度の変動により営業成績が左右されることがなくなる。また、売上があがった時点ですぐに粗利が分かるようになるのもメリットである。

(3)　直接原価計算

①全部原価計算の問題点

　財務会計や税務会計では、製品原価に固定製造間接費を含めて算定する。このようにして求めた原価を全部原価という。そのため、生産量を増やせば増やすほど製品あたりの固定製造間接費が減少することとなり、製造原価が下落する。その結果、営業利益も増加する。言い換えれば、売れない製品でも作れば作るほど、営業利益が増加することを意味する。しかし、これでは「在庫品へ固定製造間接費を売りつけていること」に他ならず、固定製造間接費を次期以後に繰延べているに過ぎない。現実問題としても、利益が少ないときは、生産量を増やし、見かけ上の利益を増加させようとする会社があった。

②直接原価計算とは

　全部原価計算の問題点を克服する手法として、直接原価計算が考案された。直接原価計算とは、原価を変動費と固定費に分解し、売上高から先ず変動費を控除して貢献利益を計算し、さらに貢献利益から固定費を控除して営業利益を計算する方法である。直接原価計算は、正規の会計記録の中で CVP 分析を行う計算方式であるともいえる。製品原価に固定製造間接費が含まれていない点に特徴がある。

　　　　売上高－変動費＝貢献利益

　　　　貢献利益－固定費＝営業利益

　直接原価計算では、貢献利益で固定費を回収し、回収完了後は、利益を稼得できるという考え方に基づいている。原価差額の発生に対して、費目ごとに原因を分析し、それぞれどのような対策をとるかが原価管理のポイントとなる。

2.2.5　原価の種類

　原価を構成する要素は大きく三つに分けられる。①製品を構成する原材料などの材料費、②製造活動にかかわる賃金、給料、手当、法定福利費などの労務費、③製造活動にかかわる費用で材料費、労務費以外の旅費交通費、水道光熱費、保険料などの経費である。製品により原価の内訳は異なるが、基本的な要素は一般製造業でも建設業でも変わらない。

　原価はその目的や用途により、次のように区別されて使用されている。

(1)　実際原価と予定原価

　実際原価は原価の業績を評価する際に、その評価対象となるもので、実績として発生した原価をいう。また、予定原価とは実際原価を評価する基準となる原価で、見積原価、標準原価、実行予算原価がそれにあたる。これらの予定原価を基に実際原価を計り、そこに誤差が出ればその原因を探り改善につなげることとなる。

(2)　変動原価と固定原価

　一方、製品の製造数量と比例的に発生する原価を変動原価、製品の製造数量に関係なく一定に発生する原価を固定原価という。変動原価の例としては製造機械の燃料など、固定費の例としては工場の借地料などがあげられる。

　固定原価はたとえ製造数がゼロであっても定額発生するので、特に製造数量に波が大きい製品の場合は極力低く押さえることが肝要である。一方変動原価は製造数にほぼ比例するため、多くの数量が定常的に見込まれる製品の場合は、主として変動原価の低減に力を注ぐことが得策となる。

　ところで、企業の短期利益計画や製品別の製造計画では、生産数量と売上高および費用との関係の吟味が重要である。利益が出るかまたは損失が発生するかの分かれ目となる生産数量を見つけるために損益分岐点分析が効果を発揮するが、その際は上記のように原価を固定のものと変動するものにしゅん別することが有力な手段となる。

(3)　標準原価

　前記「原価計算基準」では、標準原価をさらに **表 2.4** に示すように三種類に分類している。

表 2.4 標準原価の三種類（原価計算基準より抜粋）

(1)理想標準原価

　　理想標準原価とは、技術的に達成可能な最大操業度のもとにおいて、最高能率を表わす最低の原価をいい、財貨の消費における減損、仕損、遊休時間等に対する余裕率を許容しない理想的水準における標準原価である。

(2)正常原価

　　正常原価とは、経営における異常な状態を排除し、経営活動に関する比較的長期にわたる過去の実際数値を統計的に平準化し、これに将来の傾向を加味した正常能率、正常操業度および正常価格に基づいて決定される原価をいう。

(3)現実的標準原価

　　現実的標準原価とは、良好な能率のもとにおいて、その達成が期待されうる標準原価をいう。そして通常生じると認められる程度の減損、仕損、遊休時間等の余裕率を含む原価である。加えて比較的短期における予定操業度および予定価格を前提として決定され、これらさまざまな条件の変化に伴い、しばしば改定される標準原価である。

2.3 原価管理における建設業の特質

2.3.1 生産形態の特徴

　土木工事における原価管理の特徴を明らかにするため、他の産業と比較する。まず産業を生産形態により分類すれば、大きく①装置生産企業、②連続市場生産企業、③個別受注生産企業に分類することができる（**表 2.5**、**図 2.3** 参照）。

　土木工事を含めた建設業は単品生産、受注生産であり、その形態は上記③個別受注生産企業に分類される。土木工事が同じ個別受注産業である造船業、輸送機製造業と異なるのは、土木工事が受注した現地に生産場所があるということである。受注ごとに生産環境が異なることが、原価にどのような影響が及ぼすかを**表 2.6**に示した。

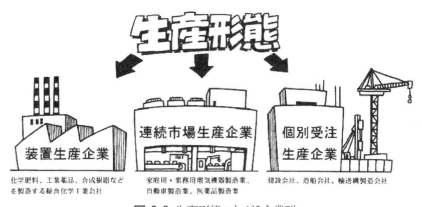

図 2.3 生産形態のちがう企業群

表　2.5　生産形態の分類

①装置生産企業‥‥‥化学肥料、工業薬品、合成樹脂などを製造する総合化学工業会社
②連続市場生産企業‥‥‥家庭用・業務用電気機器製造業、自動車製造業、医薬品製造業
③個別受注生産企業‥‥‥建設会社、造船会社、輸送機製造会社

表 2.6　生産環境の原価への影響

①施工条件による作業効率の違い
②天候、水量など自然環境・条件による稼働日数の違い
③作業者の熟練度による作業効率の違い
④資機材単価の地域差
⑤機械・設備などの組合せによる生産性の違い
⑥工事規模・数量による生産性の違い

2.3.2　原価管理業務における特徴

　一般的な製造業の製造工程と同様に、工事目的である土木構造物が完成するまでに多種多様な材料、労働力、機械力などの経済価値が消費される。これらに消費される量を、貨幣価値によって表わしたものを原価という。土木工事の原価は、一般的には公共土木工事積算体系に基づいた工事価格の中での工事原価としてとらえられ、実際の工事管理においては、工種別原価、要素別原価など管理目的に応じた名称と内容をもった原価として取りあつかわれている。

　一般製造業では、直接的な製造は生産管理下にあるため、原価の客観的な把握が容易である。工場生産における原価管理は経営管理、生産管理の一環として約百年の研究の歴史があり、測定、集計、評価の理論、技術も多く紹介されてきた。工場のような一定の環境が保たれた閉鎖空間での原価管理は可視的で透明性が高く、客観的な原価の把握が比較的容易である。製造業と比較して建設業の原価管理計算の特徴を以下述べることとする。

① 　一現場一品生産

　一般製造業では同一製品大量製造が普通であり、それを前提に原価計算がされている。一方土木工事では、一現場一品生産が一般的であり、生産場所が地理的に限定され、工種・工法も多岐にわたることが多く、類似の比較対象が少ない。よって原価の一般性が低く、実行予算原価の計算精度が劣ることもある。

② 　目標原価の算定

　一般製造業では、マーケッティング活動などから導き出された予想販売価格から製品に期待される目標利益を差し引き、それを目標原価とする控除法と、一つひとつの原価を細かく積み上げていく積み上げ法が一般的である。それに対して建設業では通常まず請負契約があり、確定した請負金額から目標利益を引いた差額が目標原価になる。したがって、売価がまずフィックスされるため、利益と原価について一方が増えると他方が同額減少する直接的な関係になっており、原価低減の結果がすぐ利益の向上につながっていることが建設業の特徴といえる。

③　意思決定のプロセス

　現場が地理的に分散しているため、施工についてのさまざまな意思決定を現場責任者にまかさざるを得ない。したがって裁量の大きな部分が責任者個人に委ねられているため、意思決定過程の透明性が低く、客観的な比較が困難となっている。土木工事では一般に一つの製造物に対して、現場責任者が生産管理（工程管理）、品質管理、安全管理、調達外注管理、原価管理などの諸活動を一括して行うため個人差が出やすい。

④　不確定要素（設計変更）

　工事着手以前に原価に影響を与える要素が明確にならないことが多く、そのため工事途中で多くの設計変更が発生し、原価の把握が複雑になる。

⑤　下請重層構造

　建設業は一般に下請重層構造となっており、費用のうち約60％以上の割合を外注費が占めている。そのため、元請が正しい原価を詳細に把握するためには、下請の管理データの内容まで踏み込まなければ困難である。

　かつて受注者が直営で工事を施工していた時代は、労務費・材料費・機械経費という原価の構成要素が各々明確に把握されていた。近来、下請に労務・機械をあわせて外注するケースが増加するようになると、外注費の管理が重要な要素となり、直接的な原価まで踏みこむことは容易ではない。土木工事においては、工事契約が成立してから完成するまでに各種の材料、労働力、機械力、その他いろいろな経済価値が消費されるのは、昔も今も変わらない。外注費であっても労務・材料・機械等の原価を細かく管理することが望まれる。

2.3.3　工事の原価計算

　工事の原価計算は、現実にどのような方法によって実施されるべきだろうか。日本の会計基準設定主体である企業会計基準委員会は、「工事契約に関する会計基準（平成19年12月27日）」[4]をまとめている。この中で「『工事原価総額』とは、工事契約において定められた、施工者の義務を果たすための支出の総額をいう。工事原価は、原価計算基準に従って適正に算定する。」としている。ここでいう「原価計算基準に従って適正に算定する」とは、前述した『原価計算基準』（昭和37年11月8日）を基礎として、工事契約に特有な原価計算に関する基準や慣行を含めて、適正な原価計算基準と考えることが妥当であるといえる[5]。

　工事の原価に関する規則について2点記述する。

(1)　個別原価計算の適用

　原価計算基準では、原価の製品別計算は経営における生産形態の種類に対応して、大きくは総合原価計算と個別原価計算がある。

　総合原価計算とは、一定期間に発生した製造費用を何らかの形で当該期間の生産量で除して（割り算して）製品の単位原価を求める方法であり、個別原価計算とは、特定の製造指図書の別に製造費用を集計して、個別の指図書に含まれる費用を当該製造活動の製品原価とする方法である。一般的にいえば、前者は見込量産企業の原価計算に適しており、後者は受注個別生産企業に適していると理解されている。したがって、建設業、造船業、機械製造業等で、その生産形態が受注請負であり発注者の指図に基づいて基本的な生産活動が営まれる場合、個別原価計算が適用される。

(2) 建設業法施行規則

　　建設業については、企業会計原則の公表とほぼ同時期に、建設業法とともに「建設業法施行規則」が制定された。この施行規則の中に、登録申請書類として建設業の「財務諸表」の添付が義務づけられ、建設業法下の会計制度が開始された。原価計算は、この建設業法施行規則に付随する別記様式として「完成工事原価報告書」が例示されることになった。そこでは、完成工事原価は、「材料費」、「労務費」、「外注費」、「経費」の4区分法によって整理することになっている。

参考文献

1) 大蔵省:企業会計審議会中間報告(昭和37年11月8日付)

2) 大蔵省:建設工事原価計算基準研究会報告書

3) 加登豊、山本浩二:原価計算の知識、日本経済新聞社　1996年8月

4) 企業会計基準委員会:企業会計基準第15号　工事契約に関する会計基準　平成19年12月27日

5) 工事契約会計:(財)建設業振興基金　建設業経理研究会　2008年6月

第3章　土木工事の価格構造

3.1 積算体系から見た価格構造

　土木工事は、個別に設計された多種多様な目的物を、価格を決め契約を交わしてから、さまざまな場所や環境のもとで施工する。一方、自動車や家電製品のような場合には、製造者が製品を完成させ価格を設定して、契約（販売）する。土木工事と比較すると、契約相手との価格決定の時期が異なる。土木工事の場合、受注前に行う工事費の積算は、契約を交わす価格の基礎に直接結びつくため、非常に重要である。積算にあたっては、自然条件や施工形態を充分理解し、工事一件ごとに諸条件を考慮した積算とする必要がある。

　工事費（工事価格）は、発注者と受注者との間に交わされる請負契約に記載されたあるひとつの金額として一工事に一つの金額である。しかし積算にあたっては、工事が①公共工事か民間企業の発注工事か、②公共工事発注者か工事応札者か　といった前提の置き方によって、当然異なる内容・結果が得られる。

3.1.1 公共工事か民間企業の発注か

　公共工事の場合は、特定の一企業への独占的な発注や、特定業者の都合の良い時期までずらす等の対応は許されず、会計法に基づき手続きの公正な発注をしなければならない。これは建設される施設が、広く一般市民に利用されるものであり、かつ資金は一般市民が負担するからである。民間工事の発注では会計法の縛りはないので、お互いの取引関係、過去の実績等から特定業者への発注が行われることもあり、その結果、費用等に大きな差額が生じることがある。

3.1.2 公共工事発注者か工事応札者か

（1）公共工事発注者の場合

　公共工事発注者は、標準的な施工方法により、施工者がその工事を行うのに必要かつ適正な費用を算定し、工事価格を設定する。この価格のことを予定価格とよぶ。具体的には以下の手順で求める。

　① 当該工事の規模（一般的には金額）に応ずる標準的な施工者を想定する。
　② 過去の施工実例をもとに標準的な工法、施工能力、経費を想定する。
　③ 発注時点での建設市場調査の平均価格（労務単価・材料単価・損料・賃料等）を用いる。
　④ 目的物の区分ごとに求めた工事費を累計して全体価格（総価という）を求める。

（2）工事応札者の場合

　発注者が要求する品質、形状・寸法の工事目的構造物を契約期間内に施工する前提で、応札者の適正な利潤を見込み、応札者独自の技術力に基づいた最少の費用を算定することである。

　①応札者自身の内部事情を充分考慮する。
　②応札者にとって最も有利（経済的）な工法による。
　③応札者にとって最も有利（経済的）に調達できる実際の労務・材料・機械等の価格を用いる。

④契約条件を満たす範囲内で、自己にとって最も有利な労務・材料・機械・下請け会社等を任意に選定する。

したがって、発注者が積算した一つの予定価格に対し、入札制度に基づく、複数の応札者側の見積価格は各応札者の企業能力を反映したものとして複数の見積価格が存在する。また施工における不確定性、リスク等の算定も主観的判断に隔たりが生じることが多く、価格の一致しない要因となる。

3.2　発注者の積算における価格構造

発注者は、工事の発注に先立って、その工事の妥当な価格を知るために工事費の積算を行い、予定価格を算出する。予定価格は請負額に関連し、また工事途中における工事費の増加や工種の追加等の場合にも、発注者の工事費の積算方法が関係する。

請負工事の予定価格は、「会計法」および「予算決算及び会計令」などの法令に則り、仕様書、設計書などに従って現場条件などの要件をとりいれて適正に定めなければならないこととされている。発注者の積算の考え方、手法を知っておくことは応札者にとって大切なことである。

国土交通省では、予定価格が適正に算出できるよう「土木工事標準積算基準」を作成している。この基準は、昭和58年に公表されて以来、実態調査結果などにもとづき部分改正を行っており、土木工事の価格は、積算基準に基づき積算されている。

積算は、土木工事市場単価、土木工事標準単価および施工パッケージ単価の採用により簡素化されてきてはいるが、まだまだ多くの工種が種別、細別ごとの積み上げ計算で算出することとなっている。土木工事市場単価、土木工事標準単価および施工パッケージ単価の相違点を**表**3.1に示す。

表3.1　各種単価の相違点

	土木工事市場単価	土木工事標準単価	施工パッケージ単価
概要	工事を構成する一部、または全部の工種について、歩掛を用いず、材料費、労務費、及び機械経費を含む施工単位当たりの市場での取引価格を把握し、これを直接積算に用いる。	標準的な工法による施工単位当たりの工事費で、工事業者の施工実績に基づき、調査により得られた材料費、歩掛等によって算定した価格を積算に用いる。	直接工事費について、施工単位ごとに材料費、労務費、機械経費を含んだ標準単価を設定し、積算する方式。標準単価と補正式を用いて算出した積算単価を積算に用いる。
調査・決定機関	建設物価調査会および経済調査会		国土交通省
単価の入手方法	土木コスト情報（建設物価調査会発刊）、土木施工単価（経済調査会発刊）に掲載。		標準単価、補正式等はホームページで公表。補正に用いる各種単価は建設機械等損料表、建設物価（建設物価調査会発刊）、積算資料（経済調査会発刊）等に掲載。

3.2.1　原価の費目による区分

(1)　積算における構成項目

　公共土木工事における予定価格(請負工事費)は、**図　3.1**および**表3.2**に示すように、直接工事費、共通仮設費、現場管理費、一般管理費等、消費税相当額の5項目の費用を積み上げて定める。

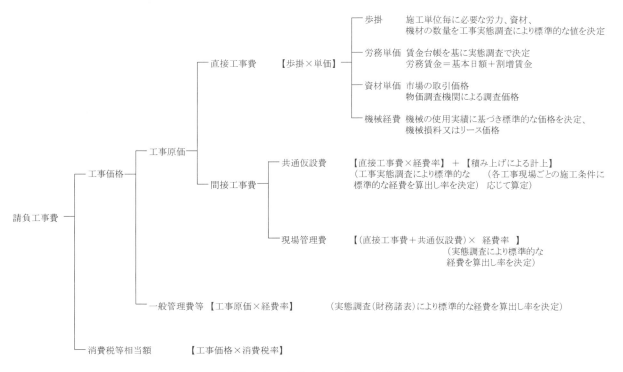

図 3.1　公共土木工事費の積算体系

表 3.2　予定価格(請負工事費)の構成項目とその内容 [1)]

構　成		内　容
(A)	請負工事費	請負工事費とは、工事価格と消費税等相当額の和で、請負に付そうとする工事の施工にあたり、請負業者が通常必要とすると考えられるすべての費用である。発注者と受注者が合意し、契約する金額のことである。
(B)	工事価格	工事価格とは、工事原価と一般管理費等の和で、請負工事費のうち消費税等相当額を含まない価格である。
(C)	工事原価	工事原価とは、直接工事費と間接工事費の和で、工事現場における経理で処理されると考えられるすべての費用を総称したものである。
(D)	純工事費	純工事費とは、直接工事費と共通仮設費の合計のことをいう。
(E)	直接工事費	本体構造物の建設に必要なすべての工種の費用であり、施工単位別に材料費、労務費、機械経費等を積み上げて算出する。
(F)	間接工事費	共通仮設費と現場管理費の和である。
(G)	共通仮設費 ※詳細は**表3.3**参照	複数または全体の工種に必要だが、工種ごとに把握することが困難な共通的な経費のことである。(例:機械等の運搬費、工事の安全対策に要する安全費。)
(H)	現場管理費 ※詳細は**表3.4**参照	工事施工に当たって、施工者が工事を管理するために必要な経費のことである。(例:現場に常駐する社員の給与、労災保険等の法定福利費)
(I)	一般管理費等 ※詳細は**表3.5**参照	施工にあたる企業の経営管理及び活動に必要な本店及び支店における経常的な費用のことである。

(2) 直接工事費の構成

　直接工事費を構成する3大要素は、材料費、労務費、機械経費である。各要素は、様々な細目の費用(単価×数量または歩掛)を合計したものである。工事の目的物を築造するための本工事の費用で、工事費の大部分を占める最も重要な部分である。

(3) 共通仮設費の構成

　共通仮設費は、複数または全体の工種に共通して必要となる費用で、**表3.3**に示す項目で構成されている。共通仮設費は、工種区分にしたがって所定の率計算による金額と、積上げ計算による金額とを加算して求める。

　　　　率計算部分の費用の算定　　共通仮設費(率分) ＝ P × Kr

　　　　対象額P ＝ 直接工事費＋支給品費＋無償貸付機械等評価額＋事業損失防止施設費

　　　　共通仮設費率Kr ＝ 　A × P^b

　　　　　　ここで、Kr:共通仮設費率(%)、 P:対象額(円)、 A, b:変数値

　共通仮設費とは、工事の目的物を築造するための仮設工事、準備工事など間接的に必要とされる費用である。したがって、企業努力によってコストダウンへ結びつける可能性が大きいことから、原価管理活動にとって直接工事費に劣らず大切な費目といえる。

表3.3 共通仮設費の構成とその内容

共通仮設費の構成	内　　　　　容
運搬費	・建設機械器具の運搬等に要する費用 ・器材等の搬入、搬出及び現場内小運搬に要する費用
準備費	・準備および跡片付けに要する費用 ・調査、測量、丁張り等に要する費用 ・伐開、除根、除草、整地、段切り、すりつけ等に要する費用 ・上記に伴い発生する建設副産物等を工事現場外に搬出する費用、及び当該建設副産物等の処理費用等、工事の施工上必要な準備に要する費用
事業損失防止施設費	・工事施工に伴って発生する騒音、振動、地盤沈下、地下水の断絶等に起因する事業損失を未然に防止するための仮施設の設置費、撤去費及び当該仮施設の維持管理等に要する費用 ・事業損失を未然に防止するために必要な調査等に要する費用
安全費	・安全施設等に要する費用 ・安全管理等に要する費用 ・上記のほか工事施工上必要な安全対策等に要する費用
役務費	・土地の借上げ等に要する費用(営繕費に係る費用を除く) ・電力、用水等の基本料(従量料金を除く) ・電力設備用工事負担金
技術管理費	・品質管理のための試験等に要する費用 ・出来形管理のための測量等に要する費用 ・工程管理のための資料の作成等に要する費用 ・上記のほか技術管理上必要な資料の作成に要する費用
営繕費	・現場事務所、試験室等の営繕に要する費用 ・労働者宿舎の営繕に要する費用 ・倉庫および材料保管場の営繕に要する費用 ・労働者の輸送に要する費用 ・営繕費に係る土地・建物の借上げ費用 ・監督員詰所及び火薬庫の営繕に要する費用 ・工事上必要な営繕等に要する費用

(4) 土木請負工事における現場環境改善費の積算

　工事に伴い実施する現場環境改善(仮設備関係、営繕関係、安全関係)及び地域連携に関するものが対象となる。現場環境改善費は、周辺住民の生活環境への配慮及び一般住民への建設事業の広報活動、現場労働者の作業環境の改善を行うために実施するもので、原則、全ての屋外工事を対象としている。ただし、維持工事等で実施が困難なもの及び効果が期待できないものについては、対象外となる。

　標準的な現場環境改善を行う場合は率計上とし、特別な内容を実施する場合は積上げ計上とする。率に計上されるものは**表3.4**の内容のうち原則として各計上費目(現場環境改善のうち仮設備関係、営繕関係、安全関係及び地域連携)ごとに1内容ずつ(いずれか1費目のみ2内容)の合計5つの内容を基本とした費用である。なお、現場環境改善費は共通仮設費として計上される。

　　　　　　現場環境改善費　$K = i \times Pi + \alpha$
　　　　　　対象額　$Pi =$　直接工事費(処分費等を除く共通仮設費対象分)＋支給品費(共通仮設費対象分)
　　　　　　　　　　　　　　＋無償貸付機械等評価額(なお、対象額が5億円を超える場合は5億円とする。)
　　　　　　ここで、i：現場環境改善費率(%)、　α：積上げ計上分(円)

表3.4　率計上される計上費目とその内容

計上費目	内　　容
現場環境改善 (仮設備関係)	1. 用水・電力等の供給設備 2. 緑化・花壇 3. ライトアップ施設 4. 見学路及び椅子の設置 5. 昇降設備の充実 6. 環境負荷の低減
現場環境改善 (営繕関係)	1. 現場事務所の快適化(女性用更衣室の設置を含む) 2. 労働宿舎の快適化 3. デザインボックス(交通誘導警備員待機室) 4. 現場休憩所の快適化 5. 健康関連設備及び厚生施設の充実等
現場環境改善 (安全関係)	1. 工事標識・照明等安全施設のイメージアップ(電光式標識等) 2. 盗難防止対策(警報器等) 3. 避暑(熱中症予防)・防寒対策
地域連携	1. 完成予想図 2. 工法説明図 3. 工事工程表 4. デザイン工事看板(各工事PR看板含む) 5. 見学会等の開催(イベント等の実施含む) 6. 見学所(インフォメーションセンター)の設置及び管理運営 7. パンフレット・工法説明ビデオ 8. 地域対策費(地域行事等の経費を含む) 9. 社会貢献

(5) 現場管理費の構成

　現場管理費は、工事を施工するにあたり工事現場の管理をするために必要な経費のうち、共通仮設費以外の経費で、**表3.5** に示す項目で構成されている。現場管理費は、工種区分に従って所定の対象額Np(純工事費)に定められている率Joを乗じて求める(積上げ分なし、率分のみ)。

$$現場管理費 \ J \ = \ Np \ \times \ Jo$$
$$対象額 Np \ = \ 直接工事費＋共通仮設費＋支給品費＋無償化貸付機械評価額$$
$$現場管理費率(標準値) \ Jo \ = \ A \ \times \ Np^{b}$$
$$ここで、Np :純工事費　　A, \ b \ :変数値$$

表3.5　現場管理費の構成とその内容

現場管理費の構成	内　　容
労務管理費	現場労働者に係る次の費用 ・募集および解散に要する費用(赴任手当および解散手当を含む) ・慰安、娯楽および厚生に要する費用 ・直接工事費および共通仮設費に含まれない作業用具および作業用被服の費用 ・賃金以外の食事、通勤等に要する費用 ・労災保険法等による給与以外に災害時には事業主が負担する費用
安全訓練等に要する費用	・現場労働者の安全・衛生に要する費用および研修訓練等に要する費用
租税公課	・固定資産税、自動車税、軽自動車税等の租税公課。ただし、機械経費の機械器具等損料に計上された租税公課は除く
保険料	・自動車保険(機械器具等損料に計上された保険料は除く)、工事保険、組立保険、法定外の労災保険、火災保険、その他の損害保険の保険料
従業員給料手当	・現場従業員の給料、諸手当(危険手当、通勤手当、火薬手当等)および賞与。ただし、本店および支店で経理される派遣会社役員等の報酬および運転者、世話役等で純工事費に含まれる現場作業員の給料等は除く
退職金	・現場従業員に係わる退職金および退職給与引当金繰入額
法定福利費	・現場従業員および現場労働者に関する労災保険料、雇用保険料、健康保険料および厚生年金保険料の法定の事業主負担額並びに建設業退職金共済制度に基づく事業主負担額
福利厚生費	・現場従業員に係る慰安娯楽、貸与被服、医療、慶弔見舞等福利厚生、文化活動等に要する費用
事務用品費	・事務用消耗品、新聞、参考図書等の購入費
通信交通費	・通信費、交通費および旅費
交際費	・現場への来客等の応対に要する費用
補償費	・工事施工に伴って通常発生する物件等の毀損の補修費および騒音、振動、濁水、交通騒音等による事業損失に係る補償費。ただし臨時にして巨額なものは除く。
外注経費	・工事を専門工事業者等に外注する場合に必要となる経費
工事登録等に要する費用	・工事実績等の登録に要する経費
動力、用水光熱費	・現場事務所、試験室、労働者宿舎、倉庫および材料保管庫で使用する電力、用水、ガス等の費用(基本料金を含む。)
公共事業労務費調査に要する費用	・公共事業労務費調査に要する費用
雑費	・上記に属さない諸費用

(6) 一般管理費等の構成

　一般管理費等とは、個々の工事とは直接関係しないが、企業経営全般に必要な管理運営上の費用で、本・支店の経費と利益、消費税以外の税金などの合計額である。一般管理費等は、工事施工にあたる企業の継続運営に必要な費用をいい、一般管理費と付加利益で構成される(**表3.6** 参照)。

　一般管理費等は、工事原価(Cp)(純工事費＋現場管理費)に標準的に定められる率(Gp)を乗じて得た額の範囲内とする(工種区分なし、全工種共通の率)。

　　　　　　　一般管理費等費　＝　工事原価(Cp)　×　一般管理費等率(Gp)

　　　　　　　一般管理費等率　Gp　＝　(一般管理費等率(標準値)×補正係数)　＋　(契約保証補正値)

　以上のような積算体系に基づき、それぞれ工種の特性に応じての各要素費用が積算される。

表3.6　一般管理費等の構成とその内容

一般管理費等の構成		内　　容
一般管理費	役員報酬	取締役および監査役に対する報酬及び役員賞与(損金算入分)
	従業員給料手当	本店および支店の従業員に対する給料、諸手当および賞与
	退職金	退職給与引当金繰入額並びに退職給与引当金の対象とならない役員および従業員に対する退職金
	法定福利費	本店および支店の従業員に関する労災保険料、雇用保険料、健康保険料および厚生年金保険料の法定の事業主負担額
	福利厚生費	本店および支店従業員に係る慰安娯楽、貸与被服、医療、慶弔見舞等、福利厚生等、文化活動等に要する費用
	修繕維持費	建物、機械、装置等の修繕維持費、倉庫物品の管理費等
	事務用品費	事務用消耗品費、固定資産に計上しない事務用備品費、新聞、参考図書等の購入費
	通信交通費	通信費、交通費および旅費
	動力、用水光熱費	電力、水道、ガス、薪炭等の費用
	調査研究費	技術研究、開発等の費用
	広告宣伝費	広告、公告、宣伝に要する費用
	交際費	本店および支店などへの来客等の対応に要する費用
	寄付金	寄付の費用
	地代家賃	事務所、寮、社宅等の借地借家料
	減価償却費	建物、車両、機械装置、事務用備品等の減価償却額
	試験研究費償却	新製品又は新技術の研究のため特別に支出した費用の償却額
	開発費償却	新技術又は新経営組織の採用、資源の開発、市場の開拓のため特別に支出した費用の償却額
	租税公課	不動産取得税、固定資産税等の租税および道路占用料、その他の公課
	保険料	火災保険およびその他の損害保険料
	契約保証費	契約の保証に必要な費用
	雑費	電算等経費、社内打ち合せ等の費用、学会および協会活動等諸団体会費等の費用
付加利益	法人税、都道府県民税、市町村民税等	
	株主配当金	
	役員賞与(損金算入分を除く)	
	内部留保金	
	支払利息および割引料、支払保証料その他の営業外費用	

3.3　施工者の積算（見積り）における価格構造

　工事受注者が行う積算（見積り）は、当該工事に与えられた条件、資料に基づいて、工法を選択し自社の施工能力等に基づいた工事費の算定作業である。さらに積算（見積り）とは、受注者自らの立場で適正な一般管理費等（本支店経費、資金利息、利潤等）を見込んで、発注者の要求に合致した品質、形状をもった工事目的物を、契約工期内に建設しうる適正な価格をあらかじめ推測し算出する行為である。

3.3.1　工事価格の構成
　受注者が異なれば同じ工事内容、同じ施工条件であっても、受注者の技術水準、能力などにより、積算（見積り）は相違することが多い。受注者が行う基本となる見積りを元積りといい、純工事費、現場管理費、一般管理費等からなる。
　　① 純工事費＝直接工事費＋共通仮設費：会社の施工能力やノウハウを生かした工事費の算定
　　② 現場管理費：発注者は率計算により求めるが、施工者側は実際に必要な費用を積み上げて求めることとなる。たとえば従業員の給与、交通費などは、配属予定の従業員をベースに計算する。求められた数字は受注後の原価管理の基準となる。
　　③ 一般管理費等：企業活動に必要になる本支店経費と付加利益からなる。企業全体で必要な本支店経費を積算時にどう積み上げるか、付加利益をどの程度確保するか、会社により考え方が異なる。
　施工者側の積算業務は、工事の受注、適正利益の確保を目的とした営業活動のために、その工事費等の情報を提供するとともに、受注後の工事施工および実行予算の指針を提供するものである。

3.3.2　原価の要素による区分
　土木工事の原価は大きく分けて「工種」と「要素」の2種類の区分方法がある。工種による区分とは、擁壁工事や橋脚工事といった具合に、発注される工事の工種ごとに分類し、それを積み上げていく方法である。一方、要素による区分は、型枠工事や鉄筋工事といった具合に、個別工種に含まれる要素をくくり直し、分類する方法である。工種区分である擁壁工事や橋脚工事には、それぞれに型枠や鉄筋が含まれるが、要素による区分は、型枠や鉄筋といった要素でくくりなおすことである。どちらも数量×単価を積み上げて価格を算出するのは同一である。
　一般に積算時は工種による分類を行う。発注者側の分類が工種による区分であることも理由であるが、工事内容を把握するのは当然工種区分の方がわかりやすい。
　一方、施工会社では受注後の原価管理に当り、原価を工種による区分と共に、要素別に管理するのが一般的である。その理由は、財務会計上の管理、工事に関わる原材料、資機材の発注・納品、施工要員の手配・出面の管理、下請専門工事業者への外注などとそれに伴う支払において、一連の活動を効果的に把握、処理、集計する単位として要素別の区分が必要だからである。
　原価を構成する要素は、一般の製造業では製品を構成する原材料などの材料費、製造活動にかかわる賃金、給料、手当、法定福利費などの労務費、製造活動にかかわる費用で材料費、労務費以外の旅費交通費、水道光熱費、保険料などの経費に分けられる。製品により原価の中味は異なるが、基本的な要素は一般製造業でも建設業でもほとんど変わらない。

　建設業者は、建設業法施行規則に基づき毎年、財務諸表の一部として「完成工事原価報告書」の提出が、義務付けられている。完成工事原価報告書は、原価を材料費・労務費・外注費・経費の区分により金額をまとめたものである。
　そこに記載する科目について規則は**表3.7**のように定めている。

表3.7 完成工事原価報告書の科目（建設業法施行規則）

建設業財務諸表様式の勘定科目分類は下記のとおり

（最終改正平成22年2月3日　国土交通省告示第五十五号　平成22年4月1日施行）

---

1)材料費‥‥‥工事のために直接購入した素材、半製品、製品、材料貯蔵品勘定等から振り替えられた
　　　　　　材料費（仮設材料の損耗額等を含む）
2)労務費‥‥‥工事に従事した直接雇用の作業員に対する賃金、給料及び手当等。工種・工程別等の工
　　　　　　事の完成を約する契約でその大部分が労務費であるものは、労務費に含めて記載する
　　　　　　ことができる
（うち労務外注費）労務費のうち、工種・工程別等の工事の完成を約する契約でその大部分が労務費であ
　　　　　　るものに基づく支払額
3)外注費‥‥‥工種・工程別等の工事について素材、半製品、製品等を作業とともに提供し、これを完成
　　　　　　することを約する契約に基づく支払額。ただし、労務費に含めたものを除く
4)経費‥‥‥‥完成工事について発生し、又は負担すべき材料費、労務費及び外注費以外の費用で、動
　　　　　　力用水光熱費、機械等経費、設計費、労務管理費、租税公課、地代家賃、保険料、従業
　　　　　　員給料手当、退職金、法定福利費、福利厚生費、事務用品費、通信交通費、交際費、補
　　　　　　償費、雑費、出張所等経費配賦額等
（うち人件費）経費のうち従業員給料手当、退職金、法定福利費及び福利厚生費

　建設業では材料費、労務費、経費に外注費を含めて原価の4要素と呼んでいる。建設業で特徴とされることは、この外注費が60%に及ぶ大きな部分を占めていることである（**表3.8** 参照）。

表3.8 大手建設会社 4社の工事原価の構成　（各社有価証券報告書による）

材料費	労務費	外注費	経費	合計
10.4%	8.7%	63.8%	17.1%	100.0 %

（2017年度の決算を集計した値）

3.3.3　外注費の取扱いの違い

　土木工事の価格が材料費、労務費などの直接的な工事費と、現場管理費などの間接的な工事費とから構成されている点については、発注者と施工者を問わず基本的に同じであるが、施工者における価格構造の大きな特徴の一つに外注費の扱いがある。
　近年の建設業の施工実態からみると、元請業者による直営施工体制から、工事のパーツごとに外注する分業施工体制に移行してきており、元請から下請に外注する外注費の割合は年々高まっている。実際の元請・下請間の契約に際しては、下請業者の経費（下請業者の現場管理費・一般管理費等）を含んだ金額（単価）で取引するのが通常であり、

元請業者にとっては、外注費全体を直接費的な感覚で扱っている。

　一方、発注者の土木工事の積算では、これらの下請業者の経費は、現場管理費の中に（元請業者の経費と合わせて）含まれており、直接工事費には含まれていない。このため、発注者の土木工事の積算では、市場における取引価格を直接積算に用いる市場単価方式においても、実際の取引価格から下請業者の経費を取り除いた直接費分の価格を市場単価として用いている。

　土木工事における外注費は、その性質上労務費や機械費などが多くを占めており、上記を取りまとめると**図 3.2**に示すイメージとなる。

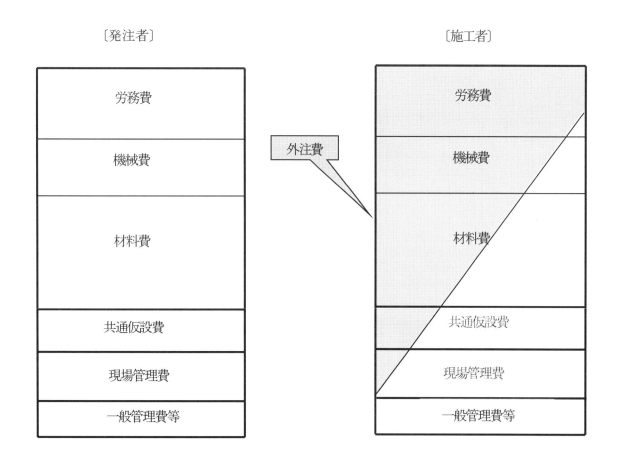

図 3.2 外注費のイメージ

3.4 工事価格に占める粗利益

3.4.1 発注者側積算における利益

　作業所における利益とは、発注者側積算体系において、一般管理費等として位置づけられる。一般管理費等とは、工事施工にあたる企業の継続運営に必要な費用をいい、一般管理費と付加利益で構成される。土木工事積算基準マニュアルでは、一般管理費等について、次のように定めている。

　「一般管理費等は、一般管理費を構成する各費目及び付加利益の額の合計額とし、次の**表 3.9** の工事原価ごとに求めた一般管理費等率を、当該工事原価に乗じて得た額の範囲内とする。」

表3.9 一般管理費率

工事原価(Cp)	500万円以下	500万円を超え30億円以下	30億円を超えるもの
一般管理費率等(Gp)	22.72%	算定式により算出された率	7.47%

算定式

$$Gp : -5.48972 \times LOG(Cp) + 59.4977$$

ただし、Gp : 一般管理費率(%)　　Cp : 工事原価(単位:円)

　この一般管理費等率は請負金額の大小や契約時の前払金支出割合などにより定められているが、としては、工事原価の大小に応じて変化し、工事原価が大きくなるにつれて率は低くなる。**表 3.9** に示すように工事原価 500 万円以下では一律 22.72%、500 万円を超え 30 億円以下では定められた算定式に準じて算定され(おおむね 22%から 7%程度)、そして 30 億円を超えるものについては一律 7.47%となっている。

　ここでいう、工事原価とは、直接工事費と間接工事費の和で、工事現場における経理で処理されると考えられるすべての費用を総称したものである。

3.4.2 施工者における粗利益

施工者は、発注者の積算上の考え方と別に、施工者の考える施工方法(技術力を背景にした工夫による)や下請発注などに工夫を加え、実行予算を作成し、工事原価を算出する。そして請負金額から工事原価を引いたものを、粗利益としてとらえる。

この粗利益は、発注者の積算体系においては一般管理費等として位置づけられ、施工者においては実行予算書の中の粗利益として位置づけされている(図3.3 参照)。

企業努力により粗利益が増えていく

図3.3 原価管理の目的

3.4.3 適正な利益確保のために

建設会社の利益の源泉は、受注した工事で利益をあげることである。土木工事を担当する責任者は、工事に携わる期間中は、粗利益はいくらでるか、もっと粗利益を増やすにはどうすればよいかなど、粗利益という言葉が常に頭の中にある。作業所であげた粗利益は、本支店経費や企業の配当にあてられ、企業が継続的に存続するために必要不可欠なものである。工事受注後、実行予算作成の時から、工事担当者は当然のことながら、所属企業(本・支店)から指示される利益のノルマから逃げることはできない。粗利益を上げるためには、工事原価の低減が求められるが、それは適正な現場マネジメントによる企業努力が反映されたものでなければならない。不適切な方法として、いわゆる手抜きという事態も起こることが考えられるが、決してあってはならないことである。安全、品質等にマイナス評価を公共工事の発注者から受けると、工事評点で低い評価がされ、将来の受注にダメージを受けることとなる。

3.5 総価契約単価合意方式

　我が国の官庁契約は、予算決算および会計令により総価額を契約金額として締結される総価契約が原則となっている。公共工事においても総価での契約を基本としており、総価を構成する各工種の単価については発注者と受注者との間で何ら取り決めはされていない。この状況においては、設計変更時の金額算定に発注者の単価が優先されがちとなり双務性に欠ける。また、予め発注者と受注者との間で各工種の単価根拠を意思統一していないため、設計変更時の協議が難航する等の問題が指摘されていた。これらの問題を踏まえ、国土交通省では、多様な入札・契約方式の試行として、総額による入札・契約後、発注者と受注者との協議により総価契約の内訳として単価等を事前に協議して合意する総価契約単価合意方式の試行を平成13年度から一部の工事において実施してきた。この試行を経て、平成22年4月1日以降に入札公告を行う全ての土木工事等に総価契約単価合意方式が本格的に導入されており、設計変更時および出来高部分払時に用いる単価を事前に協議して合意することで、円滑な金額協議、双務性の向上などの効果が期待されている。

3.5.1　対象工事の範囲
　工事請負業者選定事務処理要領（昭和41年12月23日付け建設省厚発第76号）第3に掲げる工事種別のうち、第一号から第四号まで、第七号、第九号から第十七号までおよび第十九号に掲げる工事において実施するものとされている。（**表3.10** の●印が対象工事種別）

表3.10　総価契約単価合意方式の対象工事種別

●	一	一般土木工事	（土木に関する工事のうち次号から第4号まで、第7号から第17号まで及び第19号の工事種別に属する工事以外のものをいう。以下同じ。）	
●	二	アスファルト舗装工事		
●	三	鋼橋上部工事		
●	四	造園工事		
	五	建築工事	（建築に関する工事のうち次号から第8号まで、第10号、第12号、第18号及び第19号の工事種別に属する工事以外のものをいう。以下同じ。）	
	六	木造建築工事		
●	七	電気設備工事		
	八	暖冷房衛生設備工事（空気調和設備工事を含む。以下同じ。）		
●	九	セメント・コンクリート舗装工事		
●	十	プレストレスト・コンクリート工事		
●	十一	法面処理工事		
●	十二	塗装工事		
●	十三	維持修繕工事	（河川又は道路の維持又は修繕工事をいう。以下同じ。）	
●	十四	河川しゅんせつ工事		
●	十五	グラウト工事		
●	十六	杭打工事		
●	十七	さく井工事		
	十八	プレハブ建築工事		
●	十九	機械設備工	（機械設備に関する工事のうち第7号、第8号、第20号及び第21号の工事種別に属する工事以外のものをいう。以下同じ。）	
	二十	通信設備工事		
	二十一	受変電設備工事		

3.5.2 実施方式

単価合意方式には、単価を細別単位などの個別に合意する「単価個別合意方式」と単価を包括的に一律に合意する「包括的単価個別合意方式」がある。本官工事・分任官工事に関わらず、受注者の希望により両方式が選択可能となっている。

(1) 単価個別合意方式

工事数量総括表の細別の単価のそれぞれを積算した上で、当該単価について合意する方式。

(2) 包括的単価個別合意方式

工事数量総括表の細別の単価に請負代金比率(=落札金額÷工事価格)を乗じて得た各金額について合意する方式。

3.5.3 実施方法

単価協議・合意は**図3.4**の手順により実施される。

受注者は、「単価個別合意方式」又は「包括的単価個別合意方式」のいずれか希望する方式を選択する。

「単価個別合意方式」を選択した場合には、工事数量総括表の細別のそれぞれを算出した上で、発注者と協議する。協議の開始の日から14日以内に協議が整わないときは、「包括的単価個別合意方式」が適用される。

「包括的単価個別合意方式」を選択したときは、契約締結後14日以内に、契約担当課が契約締結後に送付する「包括的単価個別合意方式希望書」に、必要事項を記載の上、当該契約担当課に提出する。

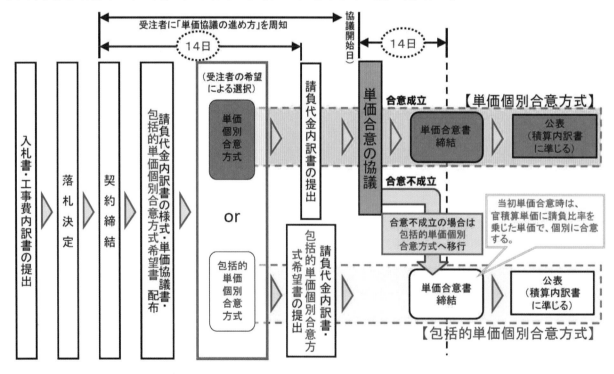

図3.4 単価協議・合意の実施手順

3.5.4　請負代金額の変更

　請負代金額の変更に当たっては、契約書第 24 条の規定に従い、単価合意書に記載された単価を基礎として、請負代金額の変更部分の総額について協議される。

(1) 単価個別合意方式

① 　直接工事費および共通仮設費（積み上げ分）については、単価合意書に記載の単価に基づき算出される。なお、単価合意書に記載のない単価の取り扱いは以下のとおりとなる。

　　・ 契約書第 24 条第 1 項第 2 号及び第 3 号に掲げる場合は、細別（レベル4）の比率[※1]に変更後の官積算単価を乗じて積算される。

　　・ 既存の工種（レベル2）に種別（レベル3）、及び細別（レベル4）が追加された場合は、当該工種（レベル2）の比率[※1]に官積算単価を乗じて積算される。

　　・ 工種（レベル2）が新規に追加された場合の直接工事費及び新規に細別（レベル4）が追加された場合の共通仮設費（積み上げ分）については、官積算単価にて積算される。

② 　共通仮設費（率分）、現場管理費、一般管理費等については、①により算出した対象額[※2] に、変更前の対象額に対する合意金額の比率および積算基準書の率式を利用した低減割合を乗じて算出される。

③ 　複数年度にわたる維持工事については、積算基準書に基づき年度ごとに積算を行うものとし、請負代金額の変更に係る積算に当たっては、年度ごとに、初回の変更においては契約当初に合意した単価を用い、初回以降の変更（当該年度内に限る。）においては、変更前の対象額に対する合意金額の比率及び積算基準書の率式を利用した低減割合を乗じて算出するものとする。また、当該年度以外の設計書は変更せず、当該年度の設計書のみ変更するものとする。

(2) 包括的単価個別合意方式

① 　直接工事費および共通仮設費（積み上げ分）については、単価合意書に記載の単価に基づき積算される。なお、単価合意書に記載のない単価の取扱いは以下のとおりとなる。

　　・ 契約書第 24 条第 1 項第 1 号及び第 2 号に掲げる場合は、細別（レベル4）の比率[※1]に変更後の官積算単価を乗じて積算される。

　　・ 既存の工種（レベル2）に種別（レベル3）及び細別（レベル4）が追加された場合は、当該工種（レベル2）の比率に官積算単価を乗じて積算される。

　　・ 工種（レベル2）が新規に追加された場合の直接工事費及び細別（レベル4）が新規に追加された場合の共通仮設費（積み上げ分）については、官積算単価にて積算される。

② 　共通仮設費（率分）、現場管理費、一般管理費等については、①により算出した対象額[※2]に、変更前の対象額に対する合意金額（合意金額は変更前の官積算額に請負比率を乗じた金額で算出）の比率および積算基準書の率式を利用した低減割合を乗じて算出される。

③ 　複数年度にわたる維持工事については、積算基準書に基づき年度ごとに積算を行うものとし、請負代金額の

※1　比率：変更前の官積算単価に対する合意単価の比率
※2　対象額：共通仮設費（率分）にあっては直接工事費、現場管理費にあっては純工事費、一般管理費等にあっては工事原価をいう

変更に係る積算に当たっては、年度ごとに、初回の変更においては契約当初に合意した単価を用い、初回以降の変更（当該年度内に限る。）においては、変更前の対象額に対する合意金額の比率及び積算基準書の率式を利用した低減割合を乗じて算出するものとする。また、当該年度以外の設計書は変更せず、当該年度の設計書のみ変更するものとする。

参考文献

1）（一財）建設物価調査会：土木工事積算基準マニュアル　平成30年度版

2）国土交通省大臣官房技術調査課監修：国土交通省土木工事標準積算基準書　平成30年度版,（一財）建設物価調査会, 2018

3）国土交通省：総価契約単価合意方式実施要領（平成28年4月1日以降に入札手続きを開始する工事に適用）

4）国土交通省：総価契約単価合意方式実施要領の解説（平成28年4月1日以降に入札手続きを開始する工事に適用）

第4章 土木工事の入札契約制度

　公共工事の入札は、従来指名競争入札が中心であったが、現在は総合評価落札方式を用いる一般競争入札へと転換がすすんできた。従来の価格競争から、価格と技術提案等の評価を含めた総合的な競争制度が取り入れられてきたわけである。請負会社が受注するためには、従来のコストダウンだけでなく、技術提案作成等にも企業の経営能力を発揮することが求められている。総合評価落札方式は導入以降、制度の運用等次々と変更が積み重ねられてきているが、この章では入札契約制度の概要と元となっている法規、制度とあわせて課題について述べる。

4.1 公共工事における入札

　公共工事における入札契約の流れを**図4.1**に示す。

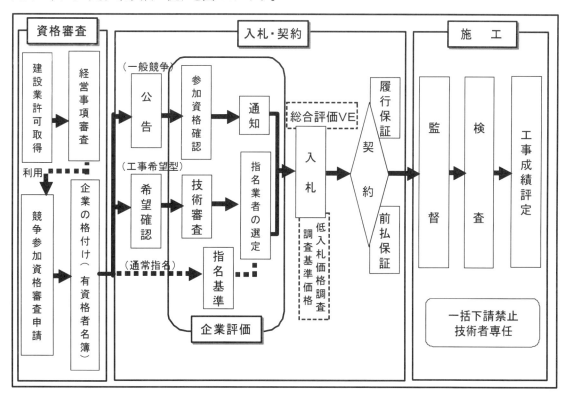

図 4.1 公共工事における入札契約の流れ（例）

4.1.1　公共工事の契約方法と予定価格

　公共工事は、契約の相手を選んだ理由を納税者、利用者など広く国民に説明できないとならない。つまり「公平性の確保」を考慮しなければならないのであり、調達に際して何らかの客観的な基準を照らして企業を選び、契約し、取引を行うことが必要である。その方法として「入札」といった方法が採用されている（**図 4.2**）。

　公共請負工事の実施形態は、「土木工事積算基準マニュアル」[1]によれば次のように記載されている。

　一般に公共工事の請負による実施形態は、民法でいう請負の契約が適用される。また請負者の決定は入札という

図 4.2　工事の入札

競争により行われている。これは公共工事発注者である国・地方自治体・旧公社・公団等が、それぞれ会計法等に則って各々の法律や内部の規定によって原則的に自由競争入札による契約を義務付けられているからである（透明性、客観性、競争性の確保、建設市場の国際化）。

(1)　入札方式（会計法第 29 条）

入札とは具体的には、参加者が所定の日時、場所において契約金額を記入した入札書を提出することで行われる。公共工事の入札は、国の場合は会計法(29 条の 3)、自治体の場合は地方自治法(234 条)に規定されている。会計法(第 29 条の 3)は、国による歳入徴収・支出・契約等について規定しており、一般自由競争を原則としている。例外として「競争に付することが不利と認められる場合」等では指名競争入札が行われる場合もあり、また随意契約による場合もある。

会計法

第二十九条の三　契約担当官及び支出負担行為担当官(以下「契約担当官等」という。)は、売買、貸借、請負その他の契約を締結する場合においては、第三項及び第四項に規定する場合を除き、公告して申込みをさせることにより**競争に付さなければならない**。

2　前項の競争に加わろうとする者に必要な資格及び同項の公告の方法その他同項の競争について必要な事項は、政令でこれを定める。

3　契約の性質又は目的により競争に加わるべき者が少数で第一項の競争に付する必要がない場合及び同項の競争に付することが不利と認められる場合においては、政令の定めるところにより、**指名競争に付するものとする。**

4　契約の性質又は目的が競争を許さない場合、緊急の必要により競争に付することができない場合及び競争に付することが不利と認められる場合においては、政令の定めるところにより、**随意契約**によるものとする。

5　契約に係る予定価格が少額である場合その他政令で定める場合においては、第一項及び第三項の規定にかかわらず、政令の定めるところにより、**指名競争に付し又は随意契約**によることができる。

(注)　地方自治体の場合は、地方自治法第 234 条(契約の締結)による

　一般競争入札は、基本的には誰もが参加できる入札方式であるが、契約の種類や金額に応じて経営の規模や状況を要件とする資格、工事についての経験・技術に関する資格を要件とすることが可能である。

　指名競争入札は、発注者の指名を受けた業者だけが入札に参加できる方式である。また随意契約とは、入札を実施しない点で競争入札と比べて手続きは簡素化されているが、予算の効率化、公平性、透明性の点ではデメリットがある。

(2) 予定価格

　予定価格とは、公共工事の競争入札を行う際の落札金額の上限の価格(上限拘束性)であり、不当に高い価格での契約などの過大な支出を防止する機能が期待される。(予定価格の作成、決定の方法は、国の場合は会計法の予算決算及び会計令(予決令)、地方公共団体の場合は地方自治法の定めによる)　予決令第80条2項は、予定価格を作成する場合の基本理念について、契約の目的物を完成させるため、実際に必要とされる条件に即応して、適正な価格が的確に積算されなければならないこととされている。

　予算決算及び会計令

（予定価格の作成）

第七十九条　契約担当官等は、その競争入札に付する事項の価格（第九十一条第一項の競争にあつては交換しようとするそれぞれの財産の価格の差額とし、同条第二項の競争にあつては財務大臣の定めるものとする。以下次条第一項において同じ。）を当該事項に関する仕様書、設計書等によつて予定し、その予定価格を記載し、又は記録した書面をその内容が認知できない方法により、開札の際これを開札場所に置かなければならない。

（予定価格の決定方法）

第八十条　**予定価格**は、競争入札に付する事項の価格の**総額について定めなければならない**。ただし、一定期間継続してする製造、修理、加工、売買、供給、使用等の契約の場合においては、単価についてその予定価格を定めることができる。

2　予定価格は、契約の目的となる物件又は役務について、取引の実例価格、需給の状況、履行の難易、数量の多寡、履行期間の長短等を考慮して適正に定めなければならない。

---

① 予定価格非公開の原則

　　予決令第79条によって、予定価格は仕様書、設計書に基づいて予定することとなっている。また、「予定価格を記載し、又は記録した書面をその内容が認知できない方法により、開札の際これを開札場所に置かなければならない。」とは、国の場合は予定価格を事前に公表してはいけないことの根拠となっている。この理由は、入札参加者が、予定価格を知ることは、一方的に競争を有利に進めることになり、公平性、経済性を失うことになるのでこれを公開しないことをさしている(予定価格非公開の原則) [1]。

② 地方公共団体の予定価格の公表のあり方

　　地方公共団体の予定価格の事前公表は、法令上の制約がないことから地域の実情に応じて地方公共団体の判断により実施してきた。

　　多くの地方自治体ではこれまで、事後公表にすれば必ず(予定価格に対する)不当な「探り」があるなどとして、

「不正行為の防止」を理由に事前公表を続けてきた。一方、国交省や総務省は「予定価格の事前公表は、積算能力のない業者の参入を助長する」などとして、経済対策の緊急要請など機会あるごとに事前公表のとりやめを求めてきた。

(H20.3.31 各都道府県知事・各政令指定都市市長あて総務省・国土交通省連名通知)

> 予定価格を事前公表することによる弊害を踏まえ下記について要請した。
> 予定価格の事前公表の取りやめ等の対応及び事前公表を行う場合の理由の公表について適切に対応すること
> ・ その価格が目安となって適正な競争が行われにくくなること
> ・ 建設業者の見積努力を損なわせること
> ・ 談合が一層容易に行われる可能性があること等の弊害

　最低制限価格等およびそれらを類推させる予定価格の事前公表は、最低制限価格等と同額での入札による抽選落札の発生率が高い。その結果、適切な積算を行わず入札を行った業者が受注する事態が生じることが特に懸念される。こうした中、地方自治体では予定価格の公表を事前から事後に移行する動きが広がっている。

　　　　予定価格事前公表　　　2008年9月 都道府県32団体、指定都市13団体
　　　　　　　　　　　　　　　　2017年3月 都道府県15団体、指定都市 4団体

　出典：国土交通省公表の「入札契約適正化法等に基づく実施状況調査の結果について」[2]

(3) 入札方法

　入札参加を認められた者は、入札期限までに、入札書を郵送または持参するか、電子入札の手続きを行う。以前は、参加者が一堂に会して入札を行っていたが、現在は談合防止のため、このような手続きを行う。電子入札により、手続きの透明性の確保(情報公開)、品質・競争性の向上(談合機会の減少)、コスト縮減(業者の移動コスト等)、事務の迅速化などの効果が期待される。入札に先立って参加者が一堂に会した現場説明会は、現在談合防止のため、開催されないことが多い。この場合、設計図書等に不明点があれば、参加者が発注官庁に対して個別に問い合わせることになる。

(4) 落札者の決定

　公共工事の競争入札は、あらかじめ発注者が、契約金額の上限値とすべき予定価格を定めた上で行われる。

会計法

第二十九条の六　契約担当官等は、競争に付する場合においては、政令の定めるところにより、契約の目的に応じ、**予定価格の制限の範囲内で最高又は最低の価格**をもつて申込みをした者を契約の相手方とするものとする。ただし、国の支払の原因となる契約のうち政令で定めるものについて、相手方となるべき者の申込みに係る価格によつては、その者により当該契約の内容に適合した履行がされないおそれがあると認められるとき、又はその者と契約を締結することが公正な取引の秩序を乱すこととなるおそれがあつて著しく不適当であると認められるときは、政令の定めるところにより、予定価格の制限の範囲内の価格をもつて申込みをした他の者のうち最低の価格をもつて申込みをした者を当該契約の相手方とすることができる。

2　国の所有に属する財産と国以外の者の所有する財産との交換に関する契約その他その性質又は目的から前項の規定により難い契約については、同項の規定にかかわらず、政令の定めるところにより、**価格及びその他の条件が国にとつて最も有利なもの**（同項ただし書の場合にあつては、次に有利なもの）をもつて申込みをした者を契約の相手方とすることができる。

① 予定価格の上限拘束性

　　落札者の決定については、会計法第 29 条の 6 第 1 項に、「予定価格の制限の範囲内で最高又は最低の価格をもって申込みをした者を契約の相手方とする」（最高とは物を売る場合等、最低とは物を買う場合や請負工事等の場合に適用する）としている。入札参加者は、この予定価格の範囲内で最低の価格を提示しなければ落札できない（ただし、最低の入札価格であっても、その価格が低すぎる場合には落札者とされない場合もある）。これは予定価格の上限拘束性を表した条文である。このような入札制度のもと、発注者は、建設工事の実態を踏まえつつ、積算基準を作成し、予定価格を精度よく積算する努力を行っている。発注者により積算された予定価格に対し、施工者により独自の積算（見積り）価格をベースにした入札価格というものができる。入札価格設定においては、施工者の企業運営上の利益が密接に関係したものとなる（**図 4.3** 参照）。

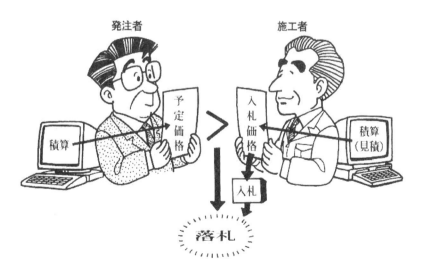

図 4.3 予定価格と入札価格の関係（入札価格は予定価格より低い）

② 価格およびその他の条件

　例外的規定として第2項に「価格及びその他の条件が国にとって最も有利なものをもつて申込みをした者を契約の相手方とすることがある」とあり、国にとって有利であれば最低価格の入札者としなくてもよいという条文である。この例外規定を根拠に、国交省が主体となって会社の技術的能力等の評価を加味した総合評価落札方式が導入され、一概に最低価格では、落札価格とならない方法が国から地方公共団体にも普及してきた。総合評価制度については、のちほど述べる。

③ 落札者の決定

　契約担当官等は、開札日(通常は入札期限の翌日)に、複数の職員立ち会いのもと、入札書の開札を行う。総合評価落札方式の場合は予定価格以内で評価値(評価点を入札金額で除した値)の最も高い入札書を、価格評価方式の場合は予定価格内最廉価格の入札書を、落札として決定する。同点の場合は、くじ引き等で落札者を決定する。

4.1.2　入札契約適正化法

　公共工事の執行については、談合・贈収賄等の不正行為が多数発生し、その結果、公共工事に対する国民の信頼が大きく揺らぐとともに、不良業者の介在する余地がなくならず、建設業の健全な発達に悪影響をあたえているとの指摘があった。

　このような認識に基づいて「公共工事の入札及び契約の適正化の促進に関する法律」(以下「入札契約適正化法」という。)が2000年11月27日に公布され、2001年4月1日から施行された。本法は、「国、特殊法人及び地方公共団体が行う公共工事の入札・契約の適正化を促進し、公共工事に対する国民の信頼の確保と建設業の健全な発達を図る」ことを目的として、全ての公共工事の発注者に適用される画期的なもので、法律・施行令に基づく発注者への義務付け措置と発注者の努力目標としての適正化指針から成り立っている。公共工事の入札・契約は、次の事項を基本として、適正化を図るものとしている。

① 入札・契約の過程、内容の透明性の確保:入札や契約の過程、契約の内容についての透明性が確保されること。
② 入札・契約参加者の公正な競争の促進:入札に参加しようとする者、または契約の相手方になろうとする者の間の公正な競争を促進すること。
③ 不正行為の排除の徹底:入札および契約から、談合などの不正行為を排除していくこと。
④ 公共工事の適正な施工の確保:契約された工事の施工が、適正なものとなるようにすること。

　これらの達成のために、国や特殊法人、地方公共団体に対し各種の情報公開を義務づけている。具体的には、毎年度、当該年度の公共工事の発注の見通し、入札者と入札金額、落札者と落札金額、入札契約の過程、工事の契約の内容などである。また、談合など不正が行われた際の公正取引委員会への通知、一括下請(いわゆる「丸投げ」)の禁止、工事の受注者への施工体制台帳提出も義務づけられている。

4.2　低入札価格調査基準

　予定価格の算出により上限価格が決定され、それ以下の金額で入札価格の中から最も安価な金額が入札価格として契約行為が進められる。しかし、公共工事において極端な低価格による受注が行われた場合、工事の品質確保への支障、下請へのしわ寄せ、労働条件の悪化、安全対策の不徹底など弊害が懸念される。極端に安い入札金額に対しても制限価格が設定されており、その金額を低入札価格調査基準としている。最も安価な金額で入札しても契約されない場合があることを説明する。

　予算決算及び会計令

(契約内容に適合した履行がされないおそれがあるため最低価格の入札者を落札者としない場合の手続)

　第八十五条　各省各庁の長は、会計法第二十九条の六第一項 ただし書の規定により、必要があるときは、前条に規定する契約について、相手方となるべき者の申込みに係る価格によつては、その者により**当該契約の内容に適合した履行がされないこととなるおそれがあると認められる場合**の基準を作成するものとする。

　第八十六条　契約担当官等は、第八十四条に規定する契約に係る競争を行なつた場合において、契約の相手方となるべき者の申込みに係る価格が、前条の基準に該当することとなつたときは、その者により当該契約の内容に適合した履行がされないおそれがあるかどうかについて調査しなければならない。

　2　契約担当官等は、前項の調査の結果、その者により当該契約の内容に適合した履行がされないおそれがあると認めたときは、その調査の結果及び自己の意見を記載し、又は記録した書面を契約審査委員に提出し、その意見を求めなければならない。

4.2.1　低入札価格調査基準制度

　調査基準価格とは、予算決算及び会計令第 85 条において、「当該契約の内容に適合した履行がされないこととなるおそれがあると認められる場合の基準」として、この価格を下回った場合には調査を行うこととしている価格である（地方公共団体は地方自治法施行令 167 の 10①）（**図4.4**）。 つまり低入札価格調査制度とは、極めて低廉な価格で入札された場合に、履行の確実性に関して調査し、仮に履行が危ぶまれるときには当該入札を排除するという制度である（国の契約制度、会計法に基づく）。

　入札価格は、調査基準価格と予定価格の間で、契約されるのが一般的と考えられる。しかし、調査基準価格を下まわる場合は、低入札価格として、発注者により調査が行われ、契約できるかどうか判断される。

　近年入札価格は、公共工事費の激減により、業者間の競争が激しく調査基準価格周辺によりつく傾向がある。低入札価格調査基準価格は概ね予定価格の 2011 年度が 85％に対し、2017 年度は 90％程度となっている（**図4.5**参照）。

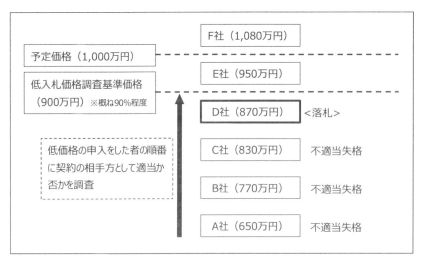

図 4.4 低入札価格調査基準制度のイメージ図

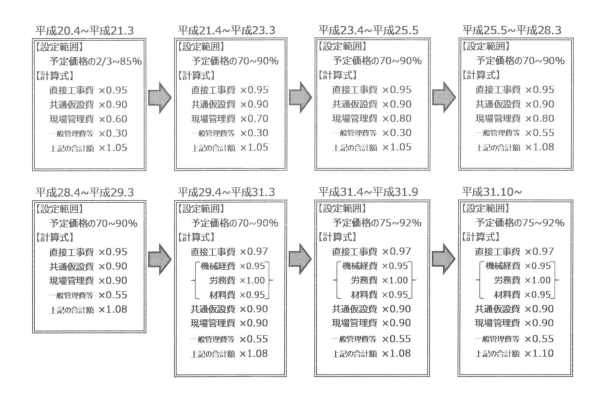

図 4.5 低入札価格調査基準の見直しの推移

4.2.2　最低制限価格制度

　最低制限価格制度とは、工事・製造その他についての請負契約において、当該契約の内容に適合した履行を確保するため特に必要があると認めるときは、あらかじめ最低制限価格を設けた上で、予定価格の制限の範囲内の価格で最低制限価格以上の価格をもって申込みをした者を落札者とするものである（地方自治法施行令167の10②）（**図4.6**）。つまり最低制限価格を下回る場合には無条件で失格とする制度である。

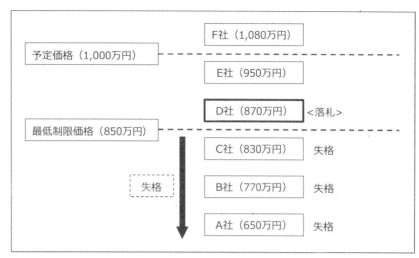

図 4.6 最低制限価格制度のイメージ図

4.2.3　緊急公共工事品質確保対策

　公共工事減少等による競争の激化、ダンピングの常態化といった状況を受けて、国土交通省は 2006 年 12 月「緊急公共工事品質確保対策について」を発出した。「関東地方整備局における総合評価落札方式の適用ガイドライン　はじめに」（平成 23 年度版）[3]によると、「しかしながら、公共工事の契約状況をみると、いまだ低入札受注の多発や不良・不適格業者の参入等様々な問題が顕在化しており、近年、直轄工事においても不良・粗雑工事等が散見されている。特に、低入札受注工事が多発している現状は、発注者として見過ごせない状況にあり、2006 年 12 月には(国交省から)「緊急公共工事品質確保対策」が発表され、低入札工事に対して、価格以外の要素に施工体制確認型総合評価落札方式の導入や低入札調査を重点的に実施する特別重点調査を導入するなど徹底した対策を実施している。」としている。緊急公共工事品質確保対策としては、①特別重点調査の試行、②施工体制確認型総合評価方式の試行、③一般競争入札の参加資格として必要な同種工事実績要件の緩和、④入札ボンドの導入拡大、⑤公正取引委員会との連携強化、⑥予定価格の的確な見直しの 6 項目からなり、ここでは、施工体制確認型総合評価方式と特別重点調査について、概略を記述する。

(1)　施工体制確認型総合評価方式

　技術評価点の加算式に施工体制評価点の項目を追加した。

　　　従来　　技術評価点＝標準点 100 点＋技術提案加算点 10〜50 点

　　　導入後　技術評価点＝標準点 100 点＋技術提案加算点 10〜70 点＋施工体制評価点　30 点

　調査基準価格を下回る価格で申込みを行った競争参加者は、契約の内容が適合した履行がされないこととなるおそれがあることとされ、施工体制評価点が一般的に低く評価される。このため、実質的に落札が困難となり、調査基準価格が実質的に最低制限価格と同等の意味を持つこととなった。この施工体制確認型の総合評価落札方式の導入により極端な低入札は減少した。

(2) 特別重点調査

　入札額が低入札価格調査基準を下回り、かつ、その費目別内訳が発注者の積算額の一定割合以下である場合に、

厳格な調査(特別重点調査)が実施される。以下項目を調査し、契約内容が履行されないおそれがないかを厳格に審査する。

- 入札参加者が作成した積算内訳書が、品質の確保がされないおそれがある極端な低価格での資材・機械・労務の調達を見込んでいないか
- 品質管理体制、安全管理体制が確保されないおそれがないか

4.3 公共工事の品質確保の促進に関する法律 (品確法)

4.3.1 品確法制定の背景

公共工事の品質を確保し、促進していくことを目的に、「公共工事の品質確保の促進に関する法律(品確法)」が2005年4月1日に施行された。この法律制定の背景は、厳しい財政事情の下、公共投資が減少している中で、その受注をめぐる価格競争が激化し、著しい低価格による入札が急増するとともに、工事中の事故や手抜き工事の発生、下請業者や労働者へのしわ寄せ等による公共工事の品質低下に関する懸念が顕著となっており、公共工事の品質確保を促進するための対策を講じる必要があったためである。

この法律を受けて、地方公共団体を含む公共工事の契約にあたっては、「価格のみの競争」から「価格と品質で総合的に優れた競争」への転換が求められることとなり、総合評価落札方式が本格的に実施されることになった。

4.3.2 品確法のポイント

品確法のポイントは次のとおりである。

①公共工事の品質確保に関する基本理念及び発注者の責務の明確化。

- 基本理念として、公共工事の品質は、価格と品質が総合的に優れた内容の契約がなされることにより、確保されなければならないこと等を規定
- 発注者の責務として、発注関係事務を適切に実施しなければならないこと、必要な職員の配置に努めなければならないこと等を規定

②「価格競争」から「価格と品質で総合的に優れた調達」への転換

- 発注者は、競争参加者の技術的能力を審査しなければならないことを規定
- 発注者は、技術提案を求めるように努め、これを適切に審査・評価しなければならないことを規定
- 発注者は、技術提案について改善を求め、又は改善を提案する機会を与えること(技術的対話)ができることを規定
- 発注者は、技術提案の審査後に予定価格の作成が可能であることを規定

③発注者をサポートする仕組みの明確化

- 発注者は、発注関係事務を行うことができる者の能力の活用に努めなければならないことを規定
- この場合、発注者は、発注関係事務を公正に行うことができる条件(発注関係事務を適正に行うことができる知識及び経験を有する職員が置かれていること等)を備えた者を選定することを規定

4.4 担い手三法の成立

4.4.1 担い手三法制定の背景

2011年3月に発生した東日本大震災に係る復興事業や防災・減災、また2012年12月には笹子トンネルでの天井板落下事故がありインフラの老朽化対策、維持管理などが課題として取り上げられるようになった。これらの課題解決のため、その担い手となる建設業が果たすべき役割はますます増大している。一方で、建設投資の急激な減少や競争の激化に伴うダンピング受注等により、業界の疲弊や下請け企業へのしわ寄せを招き、結果として現場の技能労働者の処遇が悪化し、建設業への若年入植者が減少していた。

これらの課題に対応し、現在及び将来にわたる建設工事の適正な施工及び品質の確保と、その担い手の確保を目的として、2014年6月に公共工事の基本となる「品確法」を中心に、密接に関連する「入札契約適正化法」、「建設業法」も一体として改正された。この三位一体の改正を、総称して「担い手3法」と呼ばれている。

4.4.2 担い手三法のポイント

担い手三法のポイントは次のとおりである。

① 品確法の改正
・ 基本理念に将来にわたる公共工事の品質確保とその中長期的な担い手の確保、ダンピングの防止等を追加
・ 発注者の責務の明確化として、適正な利潤を確保できるよう予定価格の適正な設定、低入札価格調査基準等の適切な設定、計画的な発注、円滑な設計変更等を明記
・ 事業の特性等に応じて選択できる多様な入札契約制度方式の導入・活用を位置づけ、それにより行き過ぎた価格競争を是正

② 入札契約適正化法の改正
・ ダンピング対策の強化として、ダンピング防止を入札契約の適正化の柱として追加し、入札金額の内訳提出、発注者による確認
・ 契約の適正な履行を確保するために、施工体制第行の作成・提出義務を拡大

③ 建設業法の改正
・ 建設業者、建設業者団体、国土交通大臣による建設工事の担い手の育成・確保の責務
・ 適正な施工体制確保の徹底として、業種区分に解体工事業を新設し、建設業の許可等について暴力団排除事項を整備

4.4.3 新・担い手3法の施行

2014年に品確法と建設業法・入札契約適正化法を一体として改正した「担い手3法」の施行により、予定価格の適正な設定、歩切りの根絶、ダンピング対策の強化など、5年間で様々な効果が得られている。しかし近年、全国的に災害が頻発する中、災害から迅速かつ円滑な復旧・復興のため、災害時の緊急対応の充実強化が急務となっている。また、建設業就業者は長時間労働の傾向が強く、全産業平均より年間で300時間以上長くなっている（**図4.7** 参照）。他産業では週休2日が当たり前となっている中、4週当たりの休暇日数が平均5.07日となっており（**図4.8** 参照）、長時間労働の是正や処遇改善といった働き方改革の促進が急務である。さらに、建設業・公共工事の持続可能性を確保するた

め、働き方改革の促進と併せ、生産性の向上が求められている。加えて、公共工事に関する調査（測量、地質調査その他の調査）及び設計については、公共工事の品質確保を図る上で重要な役割を担っている。

　これらの状況を踏まえ、新たな課題に対応し、5年間の成果をさらに充実させるため、「建設業法及び公共工事の入札及び契約の適正化の促進に関する法律の一部を改正する法律」「公共工事の品質確保の促進に関する法律の一部を改正する法律」が2019年6月に公布・施行され、「新・担い手3法」として3法を一体として改正された。

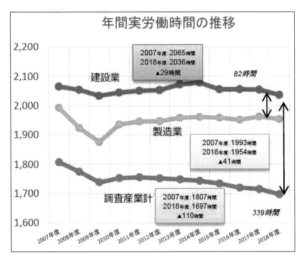

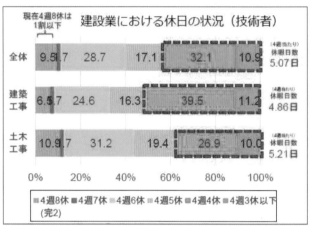

図 4.7 年間実労働時間の推移 [4]　　　　　　　図 4.8 建設業における休日の状況 [4]

4.4.4　新・担い手3法（品確法、入札契約適正化法、建設業法）のポイント

　新・担い手3法のポイントは次の通りである。

① 品確法の改正

・発注者の責務として、

　| 働き方改革の推進 | 適正な工期設定、施工時期の平準化、適切な設計変更

　| 災害時の緊急対応強化（持続可能な事業環境の確保） | 緊急性に応じた随意契約・指名競争入札等の適切な選択、災害協定の締結、発注者間の連携、労災補償に必要な費用の予定価格への反映や、見積り徴収の活用

・受注者（下請含む）の責務として、

　| 働き方改革の推進 | 適正な請負代金・工期での下請契約締結

・発注者・受注者の責務として、

　| 生産性向上への取組 | 情報通信技術の活用等による生産性向上

　| 調査・設計の品質確保 | 調査・設計の品質確保

② 建設業法、入札契約適正化法の改正

・| 働き方改革の推進 | 工期の適正化、現場の処遇改善

・| 生産性向上への取組 | 技術者に関する規制の合理化

・| 災害時の緊急対応強化（持続可能な事業環境の確保） | 災害時における建設業者団体の責務の追加、持続可能な事業環境の確保

4.5 総合評価落札方式

2005年4月1日に施行された「公共工事の品質確保の促進に関する法律」に基づき、競争参加者に技術提案を求め、価格と性能等を総合的に考慮して落札者を決定する「総合評価落札方式」の適用拡大が図られ、従来の価格競争のみによる落札者決定から転換が為されたわけである。国交省によると総合評価落札方式の適用により、「公共工事の適正な実施のために必要な技術的能力を有する者が施工することとなり、工事品質の確保や向上が図られる」としている。また、「技術力競争を行うことが民間企業における技術力向上へのインセンティブとなり、技術と経営に優れた健全な建設業が育成されるほか、価格以外の多様な要素が考慮された競争が行われることで、談合が行われにくい環境が整備されることが期待される」としている[4]。

国交省では原則すべての工事で総合評価方式が採用されており、8地方整備局における2017年度の適用率は、件数ベースで99.8%となっている(**図4.9** 参照) 。一方、自治体における本格導入は、36都道府県(76.6%)、16政令市(80.0%)となっている(2018年8月時点)[2]。「総合評価落札方式」は、価格だけでなく、多種多様な評価項目で落札者を決定するため、受発注者相互に制度への深い理解が求められている。この節では、「総合評価落札方式」制度導入の経緯、しくみについて説明し、制度の変遷、効果と課題についても述べる。

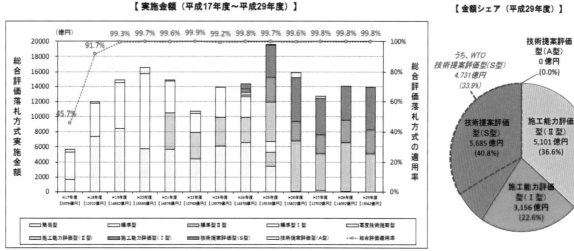

注1)8地方整備局の工事を対象(港湾・空港関係工事を含む)。
注2)適用率は随意契約を除く工事契約金額に対する総合評価落札方式実施金額の割合。
注3)実施金額は契約額(税抜)
注4)平成29年度は上記の他、技術提案・交渉方式による手続きを経た1.35億円(1件)の工事および価格競争による33億円(63件)の工事の契約を締結。

図4.9 国土交通省 総合評価方式の実施件数 [5]

4.5.1 総合評価落札方式のしくみ

総合評価落札方式とは、価格だけで評価していた従来の落札方式と違い、品質を高めるための新しい技術やノウハウといった価格以外の要素を含めて評価する落札方式である。価格と品質の両方を評価するとしているが、実際にどのような手順で落札者が決定されるのか、詳細は各発注者が総合評価落札方式の「ガイドライン」を出しており、それを参照することとなる。ここでは国交省の例をとり、落札者決定の概略を述べることとする。

総合評価落札方式は、(1)総合評価落札方式の適用の決定、(2)総合評価のタイプの設定、(3)評価項目及び評価基準の設定 (4)総合評価の方法及び落札者の決定 の順にすすめられる。

(1)　総合評価落札方式の適用の決定

　国交省では、原則全ての工事に総合評価を適用している(災害復旧工事等で、緊急的に発注しなければならない工事や特に小規模な工事は除くことも可)。

(2)　総合評価のタイプの設定

　総合評価方式では工事を、規模や難易度によりいくつかのタイプに分類し、それぞれに応じて評価項目・評価点等を変えているのが一般的である。国交省「国土交通省直轄工事における総合評価落札方式の運用ガイドライン(案)」[6]では総合評価方式を工事の特性(工事内容、規模、要求要件等)に応じて、施工能力評価型、技術提案評価型のいずれかを選択するものとしている(二極化)(**図 4.10** 参照)。

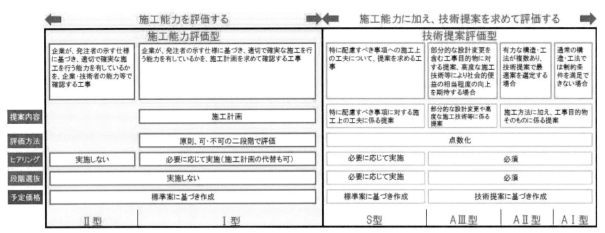

図 4.10 国土交通省関東地方整備局 総合評価落札方式の分類 [6]

① 施工能力評価型

　　技術的工夫の余地が小さく、技術提案を求める必要がない工事を対象に、発注者が示す仕様に基づき、適切で確実な施工を行う能力を確認するものであり、必要に応じて地域精通度等を評価し、その地域で工事を円滑に実施する能力を有しているかなどを評価し、工事を確実に施工できる企業を選定する場合に適用する総合評価落札方式のタイプである。

　　施工計画を審査するとともに、企業の能力等(当該企業の施工実績、工事成績、表彰等)、技術者の能力等(当該技術者の施工経験、工事成績、表彰等)に基づいて評価される技術力と価格との総合評価を行う I 型と、企業の能力等、技術者の能力等に基づいて評価される技術力と価格との総合評価を行う II 型に分類される。規模の小さな工事や技術的課題が少ない工事において、技術提案の範囲や効果が限定されるため、工事品質の向上を図ることより、粗雑工事等の発生リスクを回避するために、発注者が示す仕様に基づき適切かつ確実な施工を図ることがより重要となる。

② 技術提案評価型

　　技術的工夫の余地が大きい工事を対象に、構造上の工夫や特殊な施工方法等を含む高度な技術提案を求めること、または発注者が示す標準的な仕様(標準案)に対し施工上の特定の課題等に関して施工上の工夫等の技術

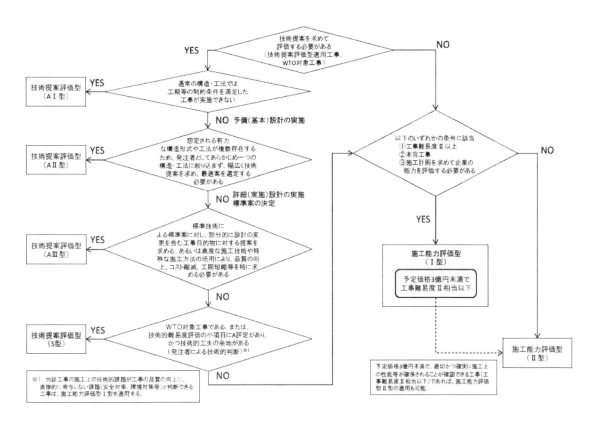

図 4.11 国土交通省関東地方整備局 総合評価落札方式の選択フロー [6)]

提案を求めることにより、民間企業の優れた技術力を活用し、公共工事の品質をより高めることを期待する場合に適用する総合評価落札方式のタイプである。

技術提案評価型は、A型とS型に大別される。A型は、より優れた技術提案とするために、発注者と競争参加業者の技術対話を通じて技術提案の改善を行うとともに、技術提案に基づき予定価格を作成した上で、技術提案と価格との総合評価を行うものである。S型は、発注者が標準案に基づき算定した工事価格を予定価格とし、その範囲内で提案される施工上の工夫等の技術提案と価格との総合評価を行う。

さらに、A型はAⅠ型、AⅡ型およびAⅢ型に大別される。AⅠ型は、通常の構造・工法では制約条件を満足できない場合に適用し、AⅡ型は、有力な構造・工法が複数あり技術提案で最適案を選定する必要がある場合に適用される。AⅠ型およびAⅡ型は、発注者が標準案を作成することができない場合や、複数の候補があり標準案を作成せずに幅広く提案を求め、最適案を選定する必要がある場合に適用するものであり、いずれも標準案を作成しないものである。したがって、設計・施工一括発注方式を適用し、施工方法に加えて工事目的物そのものに係る提案を求めることにより、工事目的物の品質や社会的便益が向上することを期待するものである。一方、AⅢ型は、発注者が示す標準案に対して工事目的物自体については提案を求めず、高度な施工技術や特殊な施工方法等により社会的便益の相当程度の向上を期待する場合や部分的な設計変更を含む工事目的物に対する提案を求める場合に適用される。

我が国の建設業界の技術力は高い水準にあるため、技術提案評価型A型によりその高い技術力を有効的に活用することで、コストの縮減や工事目的物の性能・機能の向上、工期短縮等の施工効率化等、一定のコストに対し

て得られる品質が向上し、公共事業の効率的な執行につながるものと期待できるものである。また、技術提案評価型S型では、発注者が示す標準案に対して施工上の特定の技術的課題等に関する施工上の工夫等の技術提案を求めることにより、企業の優れた技術力を活用し、公共工事の品質をより高めることが期待できるものである。

(3)　評価項目及び評価基準の設定

　一次審査の評価項目は、発注者及び競争参加者双方の負担軽減の観点から、企業の能力等及び技術者の能力等とすることが望ましいとされている。

　　　　① 企業の能力等 ： 企業の施工実績・工事成績・表彰、地域精通度、手持ち工事量

　　　　② 技術者の能力等 ： 配置予定技術者の施工実績、工事成績・表彰

　二次審査の評価項目は、技術提案評価型S型を適用する工事については、技術提案、配置予定技術者へのヒアリング（WTO 対象は必須、WTO 対象以外は選択）及び施工体制（選択）とし、技術提案評価型 A 型を適用する工事については、技術提案及び施工体制（選択）とする。また技術提案評価型については、品質向上に資する技術提案は評価の対象となる。施工能力評価型Ⅰ型を適用する工事については、配置予定技術者へのヒアリング（選択）とする。

　　　　③ 配置予定技術者へのヒアリング

　　　　　技術提案評価型S型(WTO 対象工事)： 技術提案の理解度

　　　　　技術提案評価型S型(WTO 対象工事以外)： 監理能力(選択)、技術提案の理解度(選択)

　　　　　施工能力評価型Ⅰ型： 監理能力(選択)、施工計画の理解度(選択)

　なお、技術提案評価型S型のうち WTO 対象工事以外と施工能力評価型Ⅰ型については、一次審査の評価項目についても二次審査での評価の対象となる。

(4)　総合評価の方法及び落札者の決定

　施工能力評価型と技術提案評価型のいずれの総合評価落札方式においても、落札者の決定は、入札価格が予定価格の制限の範囲内にある者のうち、評価値が最も高い者を落札者とするとしている。評価値の算出方法は「加算方式」と「除算方式」の 2 つがあり(**表 4.1** 参照)、国土交通省関東地方整備局では「加算方式」を採用している。なお、評価方法の違いにより落札者の決定が異なる可能性もある(**5.2.8** 参照)。

表 4.1　加算方式と除算方式の差異

	加算方式	除算方式
方法	入札価格を一定のルールにより、点数化した「価格評価点」と、価格以外の要素を点数化した「技術評価点」を足し合わせることで、評価値を算出する方法。 評価値＝　価格評価点　＋　技術評価点 価格評価点に対する技術評価点の割合は工事の特性（工事内容、規模、要求要件等）に応じて適切に設定する。 　・価格評価点の算出方法の例 　　　標準点　×　（1－入札価格/予定価格）	価格以外の要素を数値化した「技術評価点」を入札価格で除して、評価値を算出する方法。 評価値＝技術評価点　/　入札価格 　　　＝（標準点＋加算点＋施工体制評価点） 　　　　　/　入札価格 標準点は、競争参加者の技術提案が、発注者が示す最低限の要求要件を満たした場合に付与する。価格以外の要素を重視したい場合は、加算点を拡大して設定する。
考え方	価格のみの競争では品質の低下が懸念される場合に、施工の確実性を実現する技術力を評価し加味する指標であるといえ、工事品質の確保を図る簡易型への適用が考えられる。	VFM（Value for Money,単位価格あたりの価値）の考え方によるものであり、価格あたりの工事品質のより一層の向上を図る標準型および高度技術提案型への適用が考えられる。
特徴	技術評価点と価格評価点をそれぞれ独立して評価するため、技術力競争を促進することができる。極端な低価格による入札が想定される場合においては加算方式の適用が望ましいと考えられる。	技術評価点を入札価格で除するため、入札価格が低いほど評価値が累加的に大きくなる傾向がある。

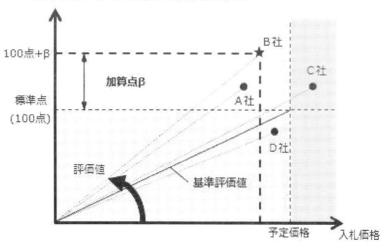

落札者を決定するにあたり、次の2つの条件を満たす必要がある。
　・条件Ⅰ　：　入札価格　≦　予定価格
　・条件Ⅱ　：　評価値　　≧　基準評価値
C社は、予定価格を超過（入札価格　＞　予定価格）
D社は、基準評価値を下回り不合格
A社は、B社より入札価格が低いが、評価値がB社を下回る
B社は、2つの条件をクリアし、評価値が最も高いので、落札者となる。

図 4.12　除算方式における評価値の決定

4.5.2 総合評価方式の変遷・運用の状況

　我が国の公共工事で総合評価方式の試行が最初に行われたのは、平成10年11月に掲示された「今井1号橋撤去工事」である。その後、平成17年4月品確法施行を契機に本格導入された。それ以降、公共工事の減少、ダンピング受注の増加などの事態を受け、運用ガイドライン等も見直されている。

表 4.2 総合評価方式の変遷（平成20年度以降加筆）[7]

平成10年	11月	我が国で初の公共工事における総合評価方式の試行 建設省は今井1号橋撤去工事において総合評価方式を試行する（平成10年11月掲示、平成11年6月契約）。
平成11年	2月	地方自治法施行令の改正 地方公共団体において総合評価方式を導入することが可能となる。
平成12年	3月	「工事に関する入札に係る総合評価落札方式の標準ガイドライン」 （公共工事発注省庁申合せ）公共工事発注機関が総合評価方式により調達を行う場合の事務処理の効率化等に資するため、大蔵大臣と包括協議を整えた各省各庁の長の定めとともに、運用上の基本的な事項を手引きとしてとりまとめる。
平成12年	9月	「総合評価落札方式の実施に伴う手続きについて」（建設省） 建設省直轄工事において総合評価落札方式を実施する場合の手続の留意点等を示す。
平成14年	6月	「工事に関する入札に係る総合評価落札方式の性能等の評価方法について」（国交省） 総合評価落札方式のより一層の適用性の拡大を図るとともに、事務の合理化に資するよう、総合評価落札方式により調達を行う場合の性能等の評価方法（標準点と加算点との配点割合、加算点の評価方式等）について、当面の運用試行案をとりまとめる。
平成17年	4月	「公共工事の品質確保の促進に関する法律（品確法）」施行
平成17年	9月	「公共工事における総合評価方式活用ガイドライン」（公共工事における総合評価方式活用委員会）　簡易型、標準型、高度技術提案型の3タイプによる総合評価方式の体系を整備する。
平成18年	4月	「高度技術提案型総合評価方式の手続について」（公共工事における総合評価方式活用委員会）
平成18年	12月	「緊急公共工事品質確保対策について」（国交省）入札段階を中心とした新たな対策として、施工体制の確認を行う総合評価方式や特別重点調査の試行等を新たに実施する。 「都道府県の公共調達改革に関する指針（緊急報告）」（全国知事会・公共調達に関するプロジェクトチーム） 　指名競争入札の原則廃止、一般競争入札の拡大とともに、総合評価方式の拡充を図る。
平成20年	3月	「公共工事の入札及び契約の適正化の推進について」（総務省・国交省）　入札契約の一層の適正化のため、総合評価方式の導入・拡充を求めた。実施目標値を設定して着実にその拡大に努めることよう、各都道府県知事、各政令指定都市市長宛に通達
平成22年	4月	「総合評価落札方式における技術提案等の採否に関する詳細な通知の実施について」（国土交通省地方整備局宛通達）　提案の採否の通知、問合せ窓口の設置
平成26年	6月	「公共工事の品質確保の促進に関する法律（品確法）」基本方針の改正
令和元年	6月	「公共工事の品質確保の促進に関する法律の一部を改正する法律」公布・施行

　また、国レベルでの法律・ガイドライン変更・通達等にもとづき、個別発注者もガイドラインの変更を行ってきている。例として、国交省関東地方整備局　総合評価落札方式適用ガイドライン[6]の記述から変遷を示す。

平成18年度：　評価項目毎の評価点の見直し、評価項目の追加・削除を行い、配置予定技術者ヒアリングの試行の拡大と欠格要件の明確化を行う見直し

平成19年度：　工事実績年数の拡大（同種工事および配置予定技術者）を行う

平成20年度：　技術提案による更なる品質向上を図るため、工事の特性を構造物条件、技術的特性、自然条件、社会条件、マネジメント特性等の観点から評価している「工事技術的難易度評価表」を用い、工事特性に合わせたタイプ選定を行う。

平成21年度：　技術提案の求め方を改善するため「技術提案を求める際の留意事項」を記載し、技術提案に係る課題対応方針の周知、過度なコスト負担を要する提案の例示、個別提案の評価の考え方の提示を行った。

平成22年度：　技術評価に関する更なる透明性・客観性の確保を図るため、技術提案の評価の評価（採否）の通知を行うとともに、技術評価結果に関する問合せ窓口の設置を行った。また、総合評価落札方式における評価項目の配点割合（技術提案、企業の施工能力、地域貢献等）の見直しを図った。

平成23年度：　平成22年度の改善内容を継続実施するとともに、技術評価に関する更なる透明性・客観性の確保を図るため、採否の通知を分任官工事まで拡大（簡易型を除く）。また、効率的な事務手続きを行うため、入札契約手続き期間及び第三者委員会について審議方法の見直しを図った。

平成24年度：平成23年度の方針を概ね継続するものであるが、技術評価に関する透明性・客観性の確保及び適正な競争環境の確保に向け、その手続きに関する改善を図るとともに、評価項目の配点割合（技術提案、企業の施工能力、地域貢献度等）の見直しを図った。

平成25年度：　技術的工夫の余地が小さい工事は、過去の実績のみを評価する施工能力評価型、技術的工夫の余地が大きい工事は、過去の実績と併せて構造上の工夫や特殊な施工方法等について提案を求める技術提案評価型の2つのタイプに分類し（二極化）、評価項目については、工事の品質確保及び品質向上に資する項目にのみ見直しを図った。

平成26年度：　透明性・客観性の確保の観点から「高知県内の入札談合事案をふまえた入札契約手続きの見直し」として、入札書と技術提案書の同時提出に取り組み、透明性・客観性確保の見直しを図った。また、その後の発注工事において「難工事施工実績」として加点評価する「難工事指定」について実施し、不調不落対策として見直しを図った。

平成27年度：　改正品確法の理念を踏まえ、担い手の育成を促進するため、一部新たな評価項目を設定し「技術者育成型」の試行を実施するとともに、受発注者双方の負担軽減を図るため、技術提案評価型において「技術提案簡易評価型」を導入した。

平成28年度：　担い手の確保・育成を更に促進するため、産休や育休等の取得が入札において不利にならないように、産休・育休等取得期間を評価対象期間に加味する制度を導入した。また、生産性向上に向けた「ICT土工」の評価項目への追加や、受発注者双方の負担軽減を更に促進するため「段階的選抜方式」の一部見直しや「簡易確認型」を導入した。

平成29年度：　生産性向上に向けて平成28年度のICT土工に続き「ICT舗装工」の評価項目への追加や各種表彰の統合を行った。

平成30年度：　生産性向上に向けて平成29年度のICT舗装工の追加に続き「ICT浚渫工」の評価項目への追加や建設業の働き方改革の推進及び建設業における週休2日の定着を目的に「週休2日制モデル工事の施工実績」の評価項目への追加を行った。また、新技術活用促進のため「新技術導入促進型」の一部見直しを図った。

建設会社は、受注のために、評価項目や評価点の変更の情報をよく把握し、対応をすることが重要となっている。

4.5.3 総合評価方式の効果と課題
(1) 総合評価方式の効果

指名競争入札から総合評価落札方式を用いる一般競争入札へと転換がすすんできたが、国交省は総合評価方式導入のメリットとして、以下の項目をあげる(地方公共団体向け総合評価実施マニュアル 改訂版)[8]。

① 価格と品質が総合的に優れた調達により、優良な社会資本整備を行うことができる。

② 必要な技術的能力を有する建設業者のみが競争に参加することにより、ダンピングの防止、不良・不適格業者の排除ができる。

③ 技術的能力を審査することにより、建設業者の技術力向上に対する意欲を高め、建設業者の育成に貢献する。

④ 価格と品質の二つの基準で業者を選定することから、談合防止に一定の効果が期待できる。

⑤ 総合評価落札方式の活用により、地域の建設業者の役割を適切に評価することも可能となり、一般競争入札の導入・拡大を進めやすくなることから透明性の確保が図れ、納税者の理解を促進する。

(2) 総合評価方式の課題

受注者側にとって総合評価方式導入以前は、営業担当者と積算担当者が受注業務の中心であった。総合評価落札方式が導入されると、技術提案書を作成する部門の人員の拡充にせまられた。発注者側も、技術提案の課題を設定し評価するという業務が増したわけである。

価格のみの競争から技術等も含めた競争への転換は、メリットとともに、受発注者相互に負担となっているのも事実である。国交省関東地方整備局は、「総合評価落札方式を適用することにより、価格と品質が総合的に優れた者が選定される一方で、受発注者双方の手続きに係わる負担増加、評価タイプ適用及び課題設定等、入札・契約業務に係わる様々な問題も認識されてきた。」[3] としており、問題点を指摘している。以下、総合評価導入後の主な問題点とそれに対する発注者側の取組みについて述べる。

①技術ダンピング(オーバースペック)の問題

入札参加者が高い技術評価点を得るため、必要以上のコストや手間のかかる技術提案をする「技術ダンピング」への対応を求める声が高まった。高い技術評価点を得ると、入札価格が多少高くても落札できる可能性は高まる。その結果過剰な費用をかけて過剰な品質で施工する問題が発生し、建設会社にとっては利益を圧迫する要因となっていた。国交省は2008年12月、技術ダンピングへの対応策をまとめ、①改善効果が低い評価項目や現場条件によって影響を受ける不確実性の高い評価項目は、技術提案を求めない。②費用がかかる対策が重要な場合、建設会社に技術提案を求めるのではなく、標準案に盛り込んで予定価格に反映する。③技術提案で求める数値などに上限値を設定した上で評価。といった施策を示した。

過度な技術提案を優位に評価しないことを入札説明書に明記するなど、対応を講じている。

②地方公共団体での運用

2008年3月 国土交通省・総務省は、「公共工事の入札及び契約の適正化の推進について」という通達を、各都道府県知事・各政令指定都市市長宛に出した。この中で地方公共団体においても、総合評価方式の導入・拡充を求めている。しかしながら、地方公共団体における導入は36都道府県(導入率76.6%)、16政令都市(導入率80.0%)と

増加しているものの、市区町村では20.5%（352市区町村）の導入率に留まっている（2018年8月）。理由として、「技術点の評価において負担増が懸念される」、「市町村では大型案件が少ないため、総合評価方式の制度設計の必要性が小さい」といった指摘がある。

③総合評価方式の透明性の問題

2009年9月に国交省大臣は、総合評価方式に対して「（落札者の決定過程が）不透明だ」と指摘し、改善を進める考えを示した。これを受けて、「総合評価落札方式における技術提案等の採否に関する詳細な通知の実施について」国交省大臣官房 2010年4月9日 各地方整備局あて通達がされた。技術提案等のうち、加算点を付与する対象となる項目および付与する対象とならない項目を、各々の入札参加者に通知するものとした。さらに通知に関する問い合わせ窓口を設置するものとした。

(3) 総合評価方式の今後の動向

国交省は2011年度から、総合評価方式の入札の抜本的な見直しに向けて検討に入る。公共工事の受・発注者を対象に実施した入札契約制度の改善に関するアンケートで、総合評価方式の改善に対する新たな要望が出てきていることなどの背景がある。

総合評価方式の本格導入から20年以上経過し、価格だけでなく品質も含めた競争という制度は、幅広く普及してきた。この間、評価点や評価項目を始めとして、様々な改善策も打ち出されてきたが、一方で次のような指摘もある。

「国を中心に総合評価落札方式の導入拡大が進んでいるが、地方公共団体においては総合評価落札方式の導入が十分に進んでいないこと、ほぼ100%導入された国の入札においても価格に頼る傾向（調査基準価格に張り付く）があり、技術競争が十分でなく、結果的には技術力による受注者選択があまり実現されていない。この背景には、一般競争入札の原則、予定価格の上限拘束、交渉方式を認めない会計法の問題点がある。」（土木学会建設マネジメント委員会 公共事業改革プロジェクト小委員会報告書 2011年8月 ）[9]

総合評価方式は会計法に基づいている制度なので、大きな改革を実現するといっても、会計法の制約を受けてしまうという指摘である。今後の総合評価方式・入札契約制度のあり方について、国民の理解を得ることと建設産業の健全な発展という観点から、会計法も含めた幅広い議論が必要であろう。

4.5.4 多様な入札・契約制度の主な取り組み

(1)総合評価落札方式における取り組み（例：関東地方整備局）[6]

① 地域密着工事型

地域に根ざし住民に信頼が置かれていることが円滑な工事、良質な施工に繋がると考えられる場合、地域精通度・地域貢献度を評価項目に加えて評価を行う方式。

② 若手技術者活用評価型

35歳以下の若手技術者を「現場代理人」又は「担当技術者」として配置することにより、当該工事を実績として、将来、直轄工事の主任（監理）技術者となるべく経験を積んでもらう方式。

③ 自治体実績評価型

地方整備局発注工事の実勢が無い（少ない）企業であっても、自治体（都県政令市）の工事成績等により評価できる方式。

④ 若手技術者活用評価型＋自治体実績評価型(併用)

　若手技術者活用評価型と自治体実績評価型の組み合わせによる試行。

⑤ 技術者育成型

　40 歳以下の技術(主任(監理)技術者)に比較的難易度の高い工事を経験してもらい、現場において他の技術者から実務指導を受けつつ、技術力の更なる向上に繋げてもらう試行。

⑥ 技術提案チャレンジ型

　地方整備局発注工事の実績が無い(少ない)が、技術力のある企業の競争参加を促す試行で、工事の確実な施工に資する施工計画の提出を求め「施工上配慮すべき事項」を評価するもの。

⑦ 特定専門工事審査型

　専門工事業の技術力が工事全体の品質確保に大きな影響を及ぼすと思われる工事において、入札参加者に加えて、入札参加者が受注者となった場合に想定される専門工事業者の技術力も評価する方式。

⑧ 地域防災担い手確保型

　企業における防災に関わる取り組み体制・活動実績について高く評価する試行で、災害協定の締結や、災害活動の実績を高く評価するもの。

⑨ 新技術導入促進型Ⅰ型

　技術提案評価型S型又は施工能力評価型を適用する工事において、発注者が指定するテーマについての実用段階にある新技術(Ⅰ型:NETIS 登録の新技術)を有効に活用し、効率的な施工管理・安全管理等による工事品質の向上を図るための方式。

⑩ 新技術導入促進型Ⅱ型

　発注者が指定するテーマについての実用段階に達していない技術又は研究開発段階にある技術(Ⅱ型:NETIS 登録技術でない若しくは NETIS 登録申請中の技術でない技術)を有効に活用し、効率的な施工管理・安全管理等による工事品質の向上を図るための方式。

⑪ 技術提案簡易評価型

　求める技術提案(施工計画、VE提案)について、従来は各テーマ毎に最大5提案であったものを最大3提案として評価する方式。

(2) 入札契約手続きにおける取り組み（例：関東地方整備局）[6]

① 段階的選抜方式

　受発注者双方の事務負担の軽減を図るため、競争参加資格確認資料を一次選定し、そこで選抜された者に対して二次審査を行う方式で、一次選定で選抜されなかった参加者は配置予定技術者の拘束時間短縮につながる。

② 一括審査方式

　同一時期に調達を必要とする「同一規模」、「同一条件」、「同一テーマ(Ⅱ型を除く)」の複数工事について、申請できる配置予定技術者を1名として同時に競争参加を求め、あらかじめ定めた順番で開札し、落札者を決定する方式で、1つの申請書と技術資料で複数工事への参加・審査が可能となり、受発注者の事務負担軽減につながる。

③ 簡易確認型

　入札書と競争参加資格確認資料(簡易技術資料)(1枚)の提出を求め、評価値の算定を行った後に、落札候補

者(評価値上位3者)に競争参加資格確認資料の提出を求め、簡易技術資料の内容を確認したうえで落札者を決める方式で、受発注者双方の事務負担軽減につながる。

④ 技術提案・交渉方式

　　技術提案を募集し、最も優れた提案を行った者と価格や施工方法等を交渉し、契約相手を決定する方式で、発注者が当該工事の仕様の確定が困難な場合に有効とされる。

⑤ 余裕期間

　　受注者の円滑な工事施工体制の確保を図るため、事前に建設資材、労働者確保等の準備を行うことができる余裕期間を設定(実工事期間の 40%を超えず、かつ 5 ヶ月を超えない範囲)し、余裕期間内は、監理技術者等を配置することを要しない。受注者側は、施工体制を準備する期間が十分に確保され、工事開始日を任意に選択可能な場合は技術者の配置計画が柔軟となることや、発注者側は、早期発注が可能となるため発注事務の平準化が図られ、事務負担の軽減につながる。

⑥ 女性技術者の登用を促すモデル工事

　　入札参加要件として、「監理(主任)技術者」、「現場代理人」、「担当技術者」のいずれかに女性技術者の配置を求める方式で、女性技術者を含めて、誰もが働きやすい労働環境の整備につながる。

⑦ 地域維持型契約方式

　　複数の地域維持事業を一つの工事として発注し、その際、地域精通度の高い企業で構成される「地域維持型建設協同企業体」の導入の円滑な促進を図るもので、地域の維持管理に不可欠な事業の担い手の確保に有効。

4.6　請負契約

　工事入札後、発注者は落札企業を選定し、受注者が決定される。建設工事における発注者と受注者は、契約書類(契約約款、設計図面、技術仕様書等)、契約金額および工期等の契約条件を決定し、請負契約を結ぶこととなる。

　ところが、実際の建設工事では契約書類で規定された条件と全く同じ条件で施工されることはありえない。建設工事は、一般に工事期間が長く、また工事施工途中にいろいろな条件や、状態の変化に遭遇する。したがって、条件変更などの問題発生が起き、それにより契約金額の変更あるいは工期の変更を当事者が要求することは、建設工事の遂行上しばしば生じる。しかしこれをめぐって当事者間で紛争が起きる場合もあるので、その解決方法を契約上に定めておかないとならない。

　契約の内容と範囲を明確に確定し、かつ条件変化が生じた場合にどのような措置、手続きをもって解決するか、契約を文書で取り交わしておくことは、工事契約には絶対に必要なことである。ここでは、工事契約の根拠となる「民法」「建設業法」および「標準請負契約約款」について述べ、あわせて国際工事における契約について概要を述べる。

4.6.1　民法における請負

　「一般に公共工事の請負による実施形態は、民法でいう請負の契約が適用される。」と(4.1.1 参照)で述べた。民法の請負の項によると、「請負は、当事者の一方がある仕事を完成することを約し、相手方がその仕事の結果に対してその報酬を支払うことを約することによって、その効力を生ずる」(民法632 条)としている。つまり請負契約が締結され

ると、請負人には仕事完成義務、注文者には報酬支払義務を中心とした権利・義務が生じる。雇用と請負の差異は民法の雇用の項によると、「雇用は、当事者の一方が相手方に対して労働に従事することを約し、相手方がこれに対してその報酬を与えることを約することによって、その効力を生ずる」(民法 623 条)としており、「労働に従事すること」自体が目的になっている。これに対し、請負は「仕事の完成」が目的となっている点である。また請負人は仕事の結果に対して担保責任を負う。すなわち、発注者は仕事の結果に瑕疵がある場合、その修補あるいは、損害賠償を請負人に請求できることを規定している(民法634条)。

　請負契約は、民法上いわゆる諾成契約[※1]とされているので、口頭の約束でも有効であるが、「合意内容に不明確、不正確な点がある場合、その解釈規範としての民法の請負契約の規定も不十分であるため、後日の紛争の原因ともなりかねない」(国土交通省)としている。そこで、「民法」以外に、「建設業法」および「標準請負契約約款」で詳細が定められている。

4.6.2　建設業法における請負契約

　建設業法では、「建設工事の請負契約の当事者は、各々の対等な立場における合意に基づいて公正な契約を締結し、信義に従って誠実にこれを履行しなければならない。」としている(建設業法18条)。

　請負契約は、民法上はいわゆる諾成契約であり、口頭の約束でも有効であることは述べた。それでは後日の争いが起きることもあり得るので、建設工事の請負契約を結ぶに際しては、その内容を具体的に書面に書いて、署名又は記名押印し、権利義務関係を明確にしなければならないとしている。(建設業法19条)

　以下に請負契約時の契約書記載事項を示す[11]。

- ・工事内容
- ・請負代金額
- ・着工、完工の時期
- ・前金払、出来高払の時期、方法
- ・設計変更、工事中止などの場合の工期変更、請負代金額変更、損害負担とその額の算定方法
- ・天災その他不可抗力による工期の変更、損害負担とその額の算定方法
- ・価格変動による請負代金額、工事内容の変更
- ・第三者が損害を受けた場合の賠償金負担
- ・注文者からの支給材料、貸与品の内容、方法
- ・工事完成検査の時期、方法、引渡し時期
- ・完成後の請負代金支払い時期、方法
- ・瑕疵担保責任、責任履行に関する保証保険契約などの内容
- ・履行遅滞など債務不履行の場合の遅延利息など損害金
- ・契約に関する紛争の解決方法

　建設リサイクル法の対象工事の場合には、上記14項目のほか以下の事項の記載が必要となる。

[※1]　当事者の意思表示が合致するだけで成立し、目的物の引渡しなどを必要としない契約。要物契約に対する語

・分別解体等の方法

・解体工事に要する費用

・再資源化等をするための施設の名称および所在地

・再資源化等に要する費用

　前述のとおり、建設工事の請負契約の当事者は、対等な立場における合意に基づいて公正な契約を締結することとされている。発注者の立場で、適正に算出された積算価格を理由もなく故意に減額するようなケースは次の法律に抵触するおそれがあるといえる。

　　建設業法

（不当に低い請負代金の禁止）

第十九条の三　注文者は、自己の取引上の地位を不当に利用して、その注文した建設工事を施工するために通常必要と認められる原価に満たない金額を請負代金の額とする請負契約を締結してはならない。

　このため、建設業法は、法律自体に請負契約の適正化のための規定（建設業法3条）をおくとともに、それに加えて、中央建設業審議会（以下、中建審とする）が当事者間の具体的な権利義務の内容を定める標準請負契約約款、入札の参加者の資格に関する基準並びに予定価格を構成する材料費及び役務費以外の諸経費に関する基準を作成し、その実施を当事者に勧告する（建設業法34条2項）こととしている。

（参考）中央建設業審議会について（建設業法 35 条）

　中建審は、学識経験者、建設工事の需要者および建設業者である委員 20 人以内で構成され、しかも、建設工事の需要者と建設業者である委員は同数であり、これらの委員の数が全委員数の3分の2以下とするように定められている。また、必要な小委員会や専門委員会を置くことができることとされており、建設業に関し、中立的で公正な審議会である。

4.6.3　標準請負契約約款

　「建設工事の請負契約を締結する当事者間の力関係が一方的であることにより、契約条件が一方にだけ有利に定められてしまいやすいという、いわゆる請負契約の片務性の問題が生じ、建設業の健全な発展と建設工事の施工の適正化を妨げるおそれもある」（国交省）　といったことから、建設業法は中建審が当事者間の具体的な権利義務を定める標準請負契約約款を作成し、その実施を当事者に勧告する（建設業法第34条第2項）としている。標準請負契約約款は、「公共工事標準請負契約約款」「民間建設工事標準請負契約約款（甲）」「民間建設工事標準請負契約約款（乙）」「建設工事標準下請契約約款」の4種類がある。この標準契約約款を活用することで、「当事者間の力関係が一方的な場合においても、具体的な権利義務の内容を定められ、契約内容を適正なものにすることで、実質的な当事者間の平等性が確保できる」（国交省）とされている。

　「公共工事標準請負契約約款」は公共工事に対して適用されるだけでなく、電力・ガス・鉄道等の民間工事も対象としている。「民間建設工事標準請負契約約款（甲）」は民間の比較的大きな工事を発注する者と建設業者との請負契約

についての標準約款なのに対し、「民間建設工事標準請負契約約款（乙）」は個人住宅建築等の民間小工事を対象としている。「建設工事標準下請契約約款」は、下請段階における請負契約の標準的約款として作成されたものである。

4.6.4　標準請負契約約款の改正

　中建審は 2010 年 7 月、建設工事標準請負契約約款の抜本改正を決め、国交省に改正内容を勧告した。民間建設工事標準請負契約約款も対象とするなど、大幅な見直しとなった。国交省は勧告に沿って約款を改正し、発注者や業界団体にすみやかに通知して適用される。改正内容は以下に示すとおりである。

① 発注者を「甲」、請負者を「乙」とする呼称は、発注者が受注者に優位するとの印象を与えているおそれがあるため、「甲」・「乙」の略称表記を廃止し、公共工事標準請負契約約款、民間建設工事標準請負契約約款（甲）（乙）においては、「甲」を「受注者」、「乙」を「下請人」と表記する。

② 発注者と受注者とが対等な立場に立って協議し、建設工事における紛争の未然防止や迅速な解決を図るため、受発注者間の協議の段階から、公正・中立な第三者（調停人）を活用することができる規定を新設する。

③ 工期の変更、請負代金額の変更について発注者・受注者協議とし、協議が整わない場合には、発注者が定め、受注者に通知する。

④ 権利義務の譲渡の項目の注意事項に「地域建設業経営強化融資制度が使われる場合」を追加する。

⑤ 発注者は、現場代理人の工事現場の運営、取り締まり、権限の行使に支障がなく、発注者との連絡体制が確保される場合、常駐義務を緩和できる。

⑥ 通信手段が発達した現在においては、工事期間全般にわたり現場代理人が工事現場に常駐しなくとも、円滑な工事の遂行が可能な場合もあることから、発注者との連絡体制が確保される等一定の要件のもとに、現場代理人の工事現場における常駐を要しないこととすることができる規定を新設する。

⑦ 受発注間の対等性を確保する観点から、工期延長に伴う増加費用の負担について、発注者に帰責事由がある場合には発注者が費用を負担する旨明確化する（建設業法 21 条）。

⑧ 受注者の請求による工期の延長の項目で、発注者は、必要と認めた場合、工期を延長しなければならないと規定、工期の延長が発注者に責任がある場合は、代金や損害を発注者が負担する。

⑨ 前払い金の項目に中間前払い金を追加する。

⑩ 発注者の解除権の項目に暴力団関与の際の規定を追加する。

　さらに中建審は 2017 年 7 月、中長期的な担い手の確保・育成に向けた課題解決を理由に、国交省に改正内容を勧告した。改正内容は以下に示すとおりである。

① 建設工事の発注者から受注者、元請負人から下請負人に対して、社会保険の加入に必要な法定福利費が適切に支払われるよう、受注者が作成し発注者に提出する請負代金内訳書において、健康保険、厚生年金保険及び雇用保険に係る法定福利費を明示するものとする規定を新設する。

② 公共工事からの社会保険等未加入建設業者の排除を図るため、受注者は、社会保険等未加入建設業者を下請負人又は下請契約の相手方としてはならないこととし、これに違反して施工体制の中に社会保険等未加入建設業者が含まれる場合には、一定の要件のもとに、違約罰として、発注者の指定する期間内に一定額を支払わなければならないこととする規定を新設する。

③ 公共工事の契約解除に伴い、受注者において違約金支払い義務が生じる事由として、受注者が債務の履行を拒否し、又は、受注者の帰責事由により債務の履行が不能となった場合を新たに追加するとともに、受注者の破産管財人等が契約を解除した場合についても、これに該当するものとみなす旨明確化する。

4.6.5　国際工事における契約

　国際工事では、代表的な国際的契約約款である「FIDIC 国際標準契約約款」(国際コンサルティング・エンジニヤ連盟が作成。以下、FIDIC 約款という)が使用されることが多い。世界銀行など国際金融機関や日本の円借款事業の契約約款として採用されてきたことから、途上国を始めとする数多くの国際建設プロジェクトの契約に使用されてきた。現時点では、2017 年改訂版が最新であるが、まだ 1999 年版が多く用いられているのが現状である。また、FIDIC 約款には、施工契約用(Red Book)のほか、設計施工契約用、EPC 契約用などあるが、Red Book の利用が一般的である。更に、Red Book をベースとして、国際協力機構(JICA)、世界銀行、アジア開発銀行など 9 つの国際金融機関が標準入札書類において採用したMDB版(Multilateral Development Bank Harmonized Edition)がある。

　FIDIC 約款では、工事運営に従事する者として、発注者と工事受注者である建設業者、発注者と工事監理及び契約管理を行う the Engineer(第三者技術者)が結ぶ契約条件を記載している。the Engineer は、工事受注者から提出される工程表・施工計画書など技術書類を確認し、出来高の査定を行うほか、完成期限の延長・追加支払いといったクレームの承認、不承認を工事受注者に対して回答する仕組みとなっている(**図 4.13** 参照)。

　一方、国内においても、FIDIC 約款を契約方式に生かそうという試みが始まっている。国土交通省では，平成22 年 5 月に定められた国土交通省成長戦略において掲げられた「建設業の国際展開」を強力に支援するとともに、国内における工事品質のさらなる向上を目的として、国際的な発注・契約方式を国内における公共工事にも取り入れることに取り組んでいる。

　国土交通省関東地方整備局は 2011 年 2 月 18 日、FIDIC 約款を参考にした契約方式を初めて試行する「さがみ縦貫相模原 IC129 号ランプ橋上部工事」の入札結果を発表した。

　the Engineer の立場の人材をどう確保するか等、今後の課題はあるが、動向が注目される。

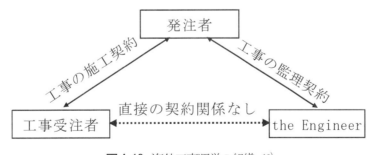

図4.13 海外工事運営の組織 [10)]

4.6.6　契約管理に関する意識の問題

　日本においては、学校や建設会社における技術者教育では、技術に関するものは重視するが、契約管理に関するものはあまり注目しないという傾向が強いといわれる。適正な利益を確保するためには、作業所での原価管理とともに、契約管理についても意識を持つことが大切である。さらに土木工事に関わる者は、取り巻く環境にあるさまざまな法律、

規定などにも注意深く目を向け、熟知する必要がある。

　土木学会論説[11]によると、海外インフラ案件の増加が見込まれる中、関係者は契約書類を読み込み、各自の権利義務を消化し、項目により異なる期限内に、細かく定められた手続きに従って対応していかなければならなく、相当の緊張と覚悟が求められる。契約内容に基づき履行し、主張しないと大きな損失を被ることとなる。また、海外工事においては、工事期間が長期なものが多いため設計変更が度重なったり、当事者に法遵守文化が希薄な者がいたり、発注者側が法整備途中の途上国の機関や企業であったり、下請企業の技術力が期待に沿っていない場合など、想定外のことが次々と起こる。契約の解釈にも文化によって違いがあり、司法の運用、執行面になると、国の歴史、法の「支配」の浸透度によって大きな落差がある。厳しい国際社会の現実を直視すると、頼りになるのは分厚い「契約書」であり、発生する様々な事態対処のバイブルとして、解決の糸口を探ることになる。一方で、FIDIC約款の改訂では、調停に相当するDAAB（紛争回避・裁定委員会）の起用することにより、仲裁よりもまずは和解を勧奨している。難しい国際工事のトラブルについて問題視し、紛争解決に向けて働きかけていることがうかがえる。[11]

　国土交通省は、「海外における入札・契約制度について」「海外建設プロジェクトにおける主な課題」の文書（国交省ホームページ）で、「本邦企業側にも、文書による指示なしで追加工事を行う、クレーム書類に不備がある、クレームを定められた期間内に行わないなど、契約に基づく書面でのやり取りが徹底されていないという課題が存在」と述べている。今後海外で日本企業が存在感を発揮し利益を得ていくためには、土木技術者一人ひとりが契約に対する意識を変えることが求められている。

参考文献

1) 一般財団法人建設物価調査会:土木工事積算基準マニュアル　2019年度版、2019年8月

2) 国土交通省:入札契約適正化法等に基づく実施状況調査の結果について、2019 年 1 月 22 日

3) 国土交通省関東地方整備局:関東地方整備局における総合評価落札方式の適用ガイドライン（平成 23 年度版）2011 年 7 月

4) 国土交通省土地・建設産業局建設業課:新・担い手三法について、令和元年 7 月

5) 国土技術政策総合研究所:直轄工事における総合評価落札方式の実施状況(平成29年度)

6) 国土交通省関東地方整備局:関東地方整備局における総合評価落札方式の適用ガイドライン（令和元年度版）

7) 公共工事における総合評価方式活用検討委員会報告　〜総合評価方式適用の考え方〜、P5 、平成 19 年 3 月

8) 国土交通省:地方公共団体向け総合評価実施マニュアル　改訂版、平成 20 年 3 月

9) 土木学会建設マネジメント委員会:公共事業改革プロジェクト小委員会報告書、P13、2011 年 8 月

10) 土木学会:第四版土木工学ハンドブック、1989 年 11 月

11) 土木学会論説委員会:依頼論説、第130回論説・オピニオン(2)国際建設契約の難しさ −FIDIC約款の改訂と日本の紛争解決文化− 小泉淑子、2018年3月版

第5章 原価管理の考え方

　第4章では、土木工事の入札契約制度の概要、法規について述べた。第5章では、工事受注者の立場で工事獲得段階から竣工まで、主に原価管理の側面から、各段階で業務の流れを述べる。

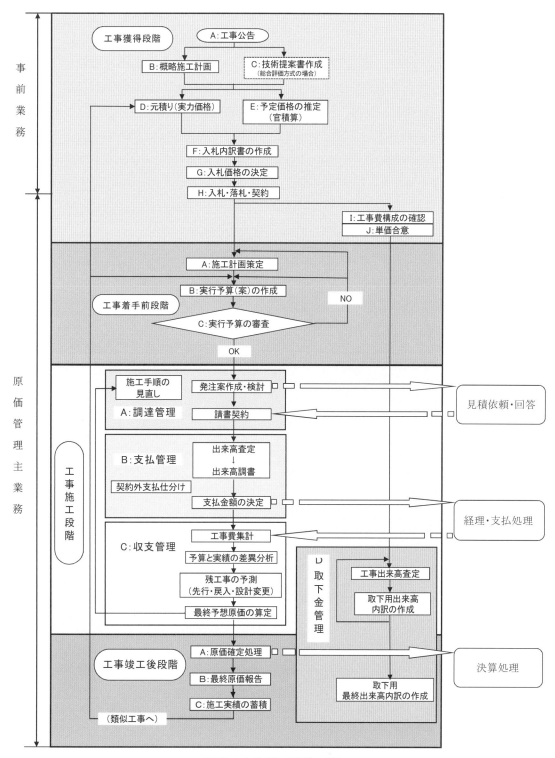

図 5.1 原価管理業務の流れ

5.1 原価管理の流れ：工事獲得から竣工まで

　原価管理業務の流れを大きく分類すると、①工事獲得段階、②工事着手前段階、③工事施工段階、④工事竣工後段階の4段階に分けることができる（図5.1）。工事獲得から竣工まで、必要な管理項目は何かを常に頭において対応することが大切である。

5.1.1　原価管理の目的

　建設業の企業活動の大きな目標は、建設工事の技術的な管理と同時に工事原価の管理を行い、健全な企業経営を行うことである。そのために受注前から着工・竣工の各段階で適切な原価管理を行い、適正な利益確保に結びつけることが、大切である。施工中の原価管理のポイントを大きく2つ挙げると以下のとおりである。

　　①原価の低減：　原価を引下げ、最終原価を予想する。発生原価と実行予算を比較してその差異を見出し、これを分析・検討して適時適切な処置をとり、最終予想原価を実行予算まで、さらに実行予算より原価を下げる。

　　②設計変更資料の収集：　設計図書と工事現場の条件の不一致、工事の変更・中止、物価・労賃の変動、天災その他不可抗力による損害、といった工事内容・金額の変更について資料の収集を行う（設計変更の打合せは工事担当者の重要な日々の業務である）。

5.1.2　企業経営における原価管理

　作業所における原価管理は、当該工事現場だけではなく、

　　①原価資料を収集・整理して、将来の同種工事の見積に役立たせる

　　②経営管理者に原価管理に関する資料を提供し、経営能率増進の基礎とする

といった具合に、幅広くノウハウを活用することが期待される。

5.1.3　原価管理の効果的実現

　原価管理を効果的に実現するには、個人による管理ではなく、作業所・支店・協力会社を含めて、幅広い組織的取り組みが求められる。

(1)　原価管理意識の高揚

①原価管理の重要性を理解する

　　原価管理の目的は前述のとおりで、企業の維持・発展を図るために極めて重要な機能を果たす管理である。発注者のコストダウンの要求や建設業界の競争がいずれも厳しくなっている状況を認識し、原価管理の重要性を関係者全員で共有することが大切である。

②目標を設定し原価管理意識を持つ

　　施工担当者は、実行予算を把握し、重点的にコストダウンする目標を持つべきである。目標に対して実績がどのようになっているかを把握し、目標達成に努めることが、重要な任務である。

③コストダウン提案の推進

　　原価を引下げるためには、ムリ・ムダ・ムラを排除する創意工夫が重要である（**図 5.2**）。したがって、誰でも参加できる提案制度をつくり、どんな細かな提案でも有効なものはどんどん採用して、創意工夫・施工改善の意欲を駆りた

てることが必要である。見積依頼をする協力会社にも、コストダウンの案を積極的に出してもらうべきである。コストダウンの手法としてVE手法などを活用するのも、効果的である。

④原価管理意識の教育

　　管理者自身が高い意識を持ち、部下に原価管理に対する意欲を持たせることが必要である。管理者は部下に対して、原価管理の必要性を理解させ、原価管理の手順をしっかり教育することが大切である。

図5.2　士気とやる気でムリ、ムダ、ムラを排除

(2) 原価管理体制の確立

　原価管理意識が高揚され、やる気十分であっても管理体制が確立されていないと、効果を上げることはできない。全員が協力して原価を効果的に管理する組織づくりが大切である。それには、工事の規模・内容によって担当する工事の内容ならびに責任と権限を明確化し、各職場、各部門を有機的、効果的に結合させるようにしなければならない(図 5.3 参照)。

　工事現場では定期的に工程・安全などに関する会議を開催し、工事運営の円滑化を図るとともに、原価管理に関しても定期的に会議を開いて、各担当者間のコミュニケーションを図り、工事原価引下げの体制を確立することも必要である。また作業所だけでなく、本支店の調達・技術部門の知恵を引き出して、うまく活用することも大切である。

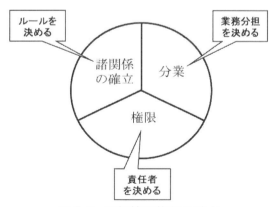

図 5.3　原価管理体制の確立

5.1.4　原価管理の手順

　工事獲得後の原価管理は、工事受注後、最も経済的な施工計画を立て、これに基づいた実行予算の作成時点から始まって、工事決算時点まで実施される。その手順は **図 5.4** のとおりである。

　この手順を経て原価管理は実施され、施工改善・計画修正・設計変更などがあれば修正実行予算を作成して、この修正された予算を基準として、再び管理サイクルを回していくこととなる。

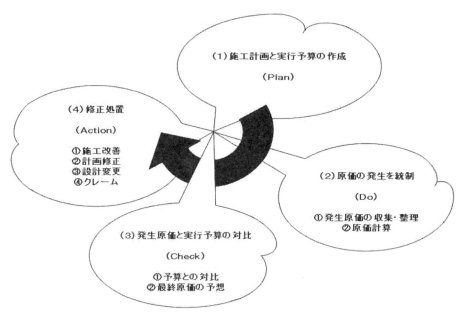

図 5.4　原価管理の手順

(1)　発生原価のとらえ方

　原価管理を有効に実施するには、工事の種類・規模・内容から、管理の重点をどこに置くかという方針を持つことである。その上で前もってどのような手順・方法で、どの程度の細かさでの原価計算を行うかを決めておく必要がある。

　工事の施工にあたっては、施工担当者は、常にその担当する工事の原価が現在どうなっているかを把握しておき、これを管理し、適宜、的確な処置をとるために、原価を工種別かつ要素別に把握することが望ましい。これは発生原価と実行予算の比較対照が容易に行えるからである。

　発生原価を把握する方法はいろいろあるが、日報・月報・見積書・請求書の伝票によって捉えることが通常行われる方法である。伝票に記入する必要最小限の事項は、どの工種の何という作業で、いつ、何が、誰によって消費されたか、すなわち原価の発生源・発生日・資源名・責任者名などが必要である。

(2)　原価管理とコストダウン

　原価管理の目的のひとつに、原価の引下げ（コストダウン）がある。一般にコストダウンといえば、原価意識を高揚させるために身近な問題として、誰もが参加できる経費が対象となる。技術者としては、単に経費の節減という消極的な意味にとどまることなく、利益をさらに生みだすための積極的な施策を考えることがより大切である。

　コストダウンを図るために、現場が考えねばならないことは、工事入手から完成までのあらゆる分野・業務にわたっ

て科学的管理に徹することにより、ムリ・ムダ・ムラを排除し、生産性の向上を図っていくための創意工夫が必要である。これらの成果が原価として現れるため、原価管理とコストダウンは不可分の関係にあり、コストダウンこそが、原価管理の核心ということができる。計画段階におけるコストダウンは施工計画において、設計施工の場合には設計段階において、すでに第一段階のコストダウンが図られている。しかし、施工段階における原価管理では、設計や施工計画の見直しによるさらなるコストダウンが必要となる場合が多い。

コストダウンの要因となる主な項目を以下に列記する。

　　　　　　①設計図書の把握
　　　　　　②施工計画(工程・施工法・機械設備・仮設備)
　　　　　　③調達(資材・機材・協力会社)
　　　　　　④施工の機械化・省力化ならびに新機械の開発導入
　　　　　　⑤労働生産性の向上
　　　　　　⑥経費の節減
　　　　　　⑦資機材の節減ならびに取り扱いの注意
　　　　　　⑧運搬管理の合理化
　　　　　　⑨現場の整理整頓
　　　　　　⑩周辺環境対策

これらは、日常の業務・作業を通じて、最も手近にコストダウンを図ることができる重要な事項であり、徹底的にムリ・ムダ・ムラを排除することがコストダウンのポイントである。

5.2 工事獲得段階

フロー図(**図 5.5** 参照)により、原価管理の事前業務となる工事獲得段階について述べる。フロー図の文字**A～J** は、後述する説明文に対応する。

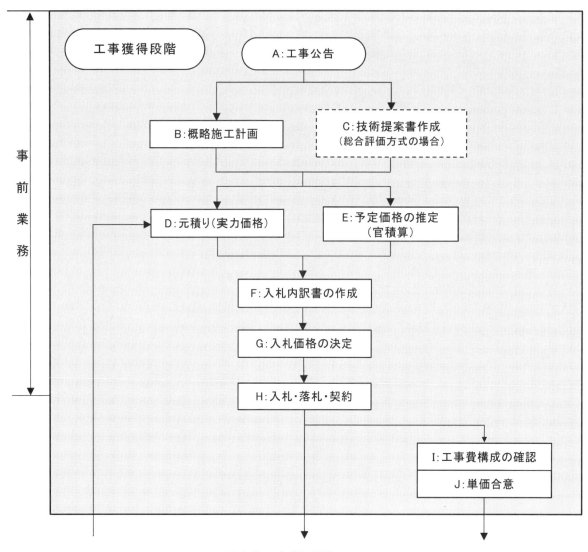

図 5.5 工事獲得段階フロー

5.2.1 工事公告 (A)

工事は発注者が公報(最近はインターネット上)で公告する。これは、会計法第29条の3に「契約担当官(一部省略)は、売買、賃貸、請負その他の契約を締結する場合においては、(一部省略)公告して申込みをさせることにより競争に付さなければならない。」との規定があるためである。

入札公告の内容は、おおむね次のとおりである。

・工事の概要(工事名、工事場所、工事概要、工期)

・競争参加資格

・総合評価に関する事項

・入札手続き

本・支店の営業担当者は、これらの内容を検討し、応札する場合は、工事詳細がわかる以下の資料を入手する。

・入札公告

・入札説明書

・工事特記仕様書

・設計図面

・工事数量総括表

・見積参考資料(工事数量総括表の内訳書)

最近は、現場説明会は入札参加会社がお互いにわかり、談合のきっかけになりやすいことから開催されない場合が多い。

入札説明書、工事特記仕様書、工事数量総括表に関して質問がある場合は、所定の日までに質問書を提出して回答を得る。工事特記仕様書等に条件が明示されていない場合は、土木工事条件明示の手引き(案)[1]を参考に、質問書で質問する。質問回答書は、入札に参加した全業者に対して発注者から連絡され、入札条件となるものであり、入札後は契約書に含まれる。

入札説明書を読む際のポイントを**表5.1**に示す。土木工事条件明示の手引き(案)[1]に示された条件明示事項を抜粋して**表5.2**に示す。

表5.1 入札説明書を読む際のポイント

項目	ポイント(留意点)
工事の概要 (入札の方法)	入札を電子入札システムで行うもののほか、郵便入札によるもの、持参するもの(紙入札)がある。
記載様式	提出する様式(用紙の大きさ、文字のフォント・サイズなど)や枚数制限、提案項目の項目制限などが記載されている場合が多いため、質問書で確認する必要がある。
技術提案の記載項目 (技術的所見)	技術提案した内容の実施に関わる費用増加は、設計変更ではなく受注者の負担となる。
配置予定技術者の能力	近年は、企業の施工実績同様、配置予定技術者の施工実績(同種工事・類似工事の経験や技術者表彰の有無)が受注を左右する重要な要件となっている。工事遂行のうえでは上位役職である現場代理人(所長)よりも、監理(主任)技術者の方が重要であるため、受注時に先に決定しており、現場代理人は受注後に決定する場合が多い。
	配置予定の監理技術者は、応札する会社と直接的かつ恒常的な雇用関係が必要である。恒常的な雇用関係とは、通常、入札の申し込み日以前に 3 カ月以上の雇用関係があることをいう。つまり、応札のために急きょ配置予定技術者を雇用することはできない。
入札価格が予定価格の制限の範囲内であること	これは、発注者が算定する「予定価格」よりも入札価格が高い場合、または、入札価格が低入札価格調査基準価格あるいは最低制限価格よりも低い(契約履行がされないおそれがあると認められる)場合,失格となることを示している。したがって、入札金額決定に際しては、5.2.6 で述べるように「予定価格の推定(官積算)」が必要となる。この規定は会計法第29条の6に基づいている。
評価内容の担保 (履行状況の検査)	技術提案書に記載した内容は、発注者が履行を確認する。逆にいえば技術提案書には、履行確認できる内容を記述する必要がある。たとえば「極力騒音が発生しないように施工し・・」という表現では、履行確認ができないため、評価されない。また、施工時に提案内容を履行しない場合は、工事成績評点の減点や、技術評価値に相当する工事費を減じるなどのペナルティーが科せられる。
配置予定技術者のヒアリング	工事中の品質・安全・工程管理に対し、発注者が安心して任せられる配置技術者かどうかを審査する目的で、ヒアリング(面接)を実施する。現地状況や本人の経歴など事前にまとめておき、社内で面接練習をすることが重要である。
入札保証金	入札するために「入札保証金」が必要な場合がある。「入札保証金」とは、発注者が入札者全員から徴収する保証金のことで、入札者が落札者となった場合の契約締結義務を担保し、落札者が契約を締結しなかった場合の、発注者の契約遅延による損害補償を容易にする目的で使用される。落札しなかった場合は入札後に返還される。金額は概ね入札金額の5%程度である場合が多い。

表5.2　条件明示事項 (1)

条件明示事項		
1. 工事全般関係		
1 各種積算の取り組みの有無	①見積活用方式	
	②施工箇所点在	
	③間接工事費実績変更方式	
2 補正の有無	①大都市補正	
	②日当たり作業量補正	
	③市街地補正	
	④週休2日制適用工事(発注者指定方式)	
	⑤週休2日制適用工事(受注者希望方式)	
	⑥その他補正　該当補正	
3 調査対象工事	①諸経費動向調査の対象工事	
	②施工状況調査の対象工事	
	③施工合理化調査の対象工事	
	④新技術歩掛調査の対象工事	
	⑤施工形態動向調査	
	⑥機械設備施工実態調査	
4 施工時期及び施工時間帯の制約	①制約内容の有無	a.時期の制約、b.時間の制約、c.その他
5 余裕工期を設定した工事	①余裕工期が設定されている工事である	
2. 工程関係		
1 影響を受ける他の工事	①先に発注された工事で、当該工事の工程が影響される工事の有無	a.工事名、b.上記工事の発注者、c.影響内容、d.具体的な制約、e.その他事項
	②後から発注する工事で、当該工事の工程が影響される工事の有無	
	③その他工事で、当該工事の工程が影響される工事の有無	
2 自然的・社会的条件で制約を受ける施工の内容、時期、時間及び工法等	①交通規制や工事内容により、工事の施工期間又は時間帯に制約が生じるか	a.要因、b.施工内容、c.施工箇所、d.施工時期、e.施工時間、f.具体的制約内容
	②出水期や積雪・融雪期において、施工を中止あるいは休止する必要があるか	
	③漁期や農業・用排水の使用時期、また地場産業の影響により、施工期間又は時間帯に制約が生ずるか	
	④自然環境の保全に関しての制約の有無(猛禽類等の保護動植物の生息する可能性のある地域での施工制約)	
3 関連機関等との協議に未成立なものがある場合の制約等	①協議の成立時期が具体的に見込める場合はその内容を明示	a.関連機関、b.制約内容、c.協議内容、d.成立見込時期
	②協議の結果、工程等に制約を受けることが予想される場合は、あらかじめその協議内容及び制約される内容等を明示	
	③協議の必要性はあるが、未実施である場合はその内容を明示	
4 関係機関との協議の結果、工程に影響を受ける条件等	①施工時期等について付された条件を具体的に明示	a.関連機関、b.影響内容、c.規制期間・時間
	②当初予想し得ない事態等が発生し工事期間等の変更が生じる場合は、監督職員に報告し、協議を行うことを明示	a.内容

(出典:国土交通省関東地方整備局「土木工事条件明示の手引き(案)令和元年9月」[1]の条件明示事項を基に作成)

表5.2 条件明示事項 (2)

条件明示事項		
5 占用物件（地下物件、架空線など）・埋蔵文化財等の事前調査・移設の制約	①必要な事前調査の期間等を明示し、その管理者の都合により変更がある場合には別途協議することを合わせて明示	a.物件内容（場所含む）、b.物件管理者、c.事前調査・移設の期間
	②移設や撤去・保存等が必要になり影響を受ける場合は、施工方法や工程等について協議状況を明示	
	③埋蔵文化財の発掘調査が必要な場合の状況を明示	
6 設計工程上の作業不能日数	①工程に影響を与える特殊な工法がある場合は明示	a.対象工種、b.場所、c.日数、d.内容
7 概数発注・概略設計による発注工事の場合	①概数発注、概略設計、修正設計中の工事の場合、詳細設計の完成時期について明示	a.対象工種、b.区間、c.詳細設計完成時期
3. 用地関係		
1 工事用地等に未処理部分がある場合	①用地・立木の取得が終了していない場所の有無	a.場所・範囲、b.面積、c.取得見込み時期
	②期日までに用地取得できない場合の対応を明示	a.内容
	③保安林解除や用地の規制等の有無	a.場所・範囲、b.面積、c.解決見込み時期、d.当面の対応
	④官民境界が未確定部分がある場合の内容明示	a.場所・範囲、b.面積、c.協議状況、確定見込み
2 使用後の復旧条件がある場合	①工事用地使用後の条件の有無	a.場所・範囲、b.面積、c.復旧完了期日、d.復旧条件
3 工事用仮設道路、資機材置き場等の用地を借地させる場合	①工事用仮設道路、資機材置き場等の借地の有無	a.場所・範囲、b.面積、c.借地期間、d.復旧条件
	②借地上の支障物件等があった場合には監督職員へ報告し対応を協議する旨の明示	
4 官有地等を使用させる場合	①使用する官有地の有無	a.場所・範囲、b.面積、c.使用期間、d.使用条件
	②現場状況から施工時に官有地を使用する必要が生じる場合は、監督職員へ報告し協議する旨を明示	a.内容
4.環境対策関係		
1 公害防止の為の制限がある場合	①施工方法等において、公害防止の為の制限がある場合の明示	a.対象工種、b.対象箇所、c.制限内容
	②騒音・振動等の測定を指定する箇所がある場合の明示	
	③公害に関する特定地域指定がある場合はその地域を明示	
	④地元対策上や法改正等により規制処置が必要となった場合は、監督職員に報告し協議する旨を明示	a.内容
2 水替、流入防止施設が必要な場合	①水替、流入防止施設が必要がある場合の明示	a.対象工種、b.対象箇所、c.制限内容
	②当初計画と現場条件が異なった場合は、監督職員に報告し協議する旨を明示	a.内容
3 濁水、湧水等の処理で特別な対策を必要とする場合	①濁水、湧水等の処理で特別な対策が必要な場合は明示	a.対象工種、b.対象箇所、c.時期、d.処理施設、e.排水の水質目標値、f.排水場所
	②当初計画と現場条件が異なった場合は、監督職員に報告し協議する旨を明示	a.内容

(出典:国土交通省関東地方整備局「土木工事条件明示の手引き（案）令和元年9月」1)の条件明示事項を基に作成)

表5.2　条件明示事項 (3)

条件明示事項		
4 事業損失等、第三者に被害を及ぼすことが懸念される場合	①騒音、振動、地盤沈下、地下水の枯渇、電波障害等の事業損失が懸念される場合の事前・事後調査を行うことを明示	a.懸念事項、b.事前・事後調査の有無、c.調査箇所、d.調査時期、e.調査方法、f.その他
	②当初と現場条件が異なった場合は、監督職員に報告し協議する旨を明示	a.内容
5 油漏れ等に対策を必要とする場合	①油漏れ、重金属等の対策が必要な場合の内容の明示	a.対象工種、b.対象機械、c.時期、d.実施方法・必要な資材等、e.その他
	②当初と現場条件が異なった場合は、監督職員に報告し協議する旨を明示	a.内容
5. 安全対策関係		
1 交通安全施設等の指定	①車線減少等の規制を伴う場合の明示	a.規制内容、b.規制箇所、c.規制期間
	②歩道通行帯を確保する場合の明示	a.内容、b.対象箇所、c.期間
	③夜間作業を伴う場合の明示	
	④現場特有の交通規制を行う場合の明示	
	⑤当初計画と現場条件が異なった場合は、監督職員に報告し協議する旨を明示	a.内容
2 対策をとる必要がある他施設との近接工事がある場合	①対策をとる必要がある他施設と近接する工事がある場合の明示	a.対象施設・管理者（例：鉄道、ガス、電気、電話、上下水道、光ファイバ、その他施設）、b.対象箇所、c.施行条件、d.その他（協議状況他）
	②当初計画と現場条件が異なった場合は、監督職員に報告し協議する旨を明示	a.内容
3 施工上、防護施設等必要な場合	①防護施設等が必要な場合の明示	a.必要な防護施設（例：落石、雪崩、土砂崩壊、土石流、その他補強が必要な施設等）、b.危険要因、c.対策内容、d.対象工種、e.対象期間、f.その他
	②当初計画と現場条件が異なった場合は、監督職員に報告し協議する旨を明示	a.内容
4 保全設備・保安要員の配置等が必要な場合	①交通誘導警備員・保安要員等の配置が必要な場合の明示	a.対象工種、b.対象箇所、c.対象期間、d.対象要員、e.その他
	②当初計画と現場条件が異なった場合は、監督職員に報告し協議する旨を明示	a.内容
5 発破作業等の制限	①発破作業等に制限がある場合の明示	a.対象工種、b.対象箇所、c.対象期間、d.制限内容、e.その他
	②当初計画と現場条件が異なった場合は、監督職員に報告し協議する旨を明示	a.内容
6 有害ガス及び酸素欠乏等の対策	①換気設備等が必要な場合の明示	a.危険要因、b.対象工種、c.対策内容、d.その他
	②当初計画と現場条件が異なった場合は、監督職員に報告し協議する旨を明示	a.内容
7 高所作業における対策が必要な場合	①高所作業を行う必要がある場合の明示	a.対象工種、b.対象箇所、c.対策内容、d.その他
	②当初計画と現場条件が異なった場合は、監督職員に報告し協議する旨を明示	a.内容
8 砂防工事の安全確保のために必要な対策を行う場合	①安全確保に必要な情報の明示	a.施工箇所の地形・地質特性、b.危険要因、c.対策内容、d.その他
	②当初計画と現場条件が異なった場合は、監督職員に報告し協議する旨を明示	a.内容

（出典：国土交通省関東地方整備局「土木工事条件明示の手引き（案）令和元年9月」[1]の条件明示事項を基に作成）

表5.2 条件明示事項 (4)

条件明示事項		
6. 工事用道路関係		
1 一般道路を搬入路として使用する場合	①運搬経路に制限がある場合または経路を指定する場合の明示	a.経路、b.制限内容、c.制限期間・時間、d.その他
	②搬入路の使用中及び使用後に配慮すべき事項がある場合の明示	a.内容、b.対象区間、c.期間
	③地元対応等の特筆すべき事項の明示	
	④当初計画と現場条件が異なった場合は、監督職員に報告し協議する旨を明示	a.内容
2 仮道路を設置する場合	①仮道路の構造等を指定する場合の明示	a.区間、b.指定する内容、c.その他
	②借地により仮道路を設ける場合の明示	a.区間、b.借地料等、c.維持補修内容、d.その他
	③維持修繕の必要がある場合の明示	a.区間、b.維持補修内容、c.その他
	④仮道路に安全施設が必要な場合の明示	a.必要な施設内容、b.対象区間、c.対象期間、d.その他(存置、撤去等わかるように明示)
	⑤地元対応等の特筆すべき事項の明示	a.内容、b.対象区間、c.期間
	⑥当初計画と現場条件が異なった場合は、監督職員に報告し協議する旨を明示	a.内容
3 一般道路を交通規制等により占用する場合	①交通規制を行う場合の関係機関協議の有無の明示	a.協議機関、b.対象区間、c.対象期間・時間、d.規制内容、e.その他
	②当初計画と現場条件が異なった場合は、監督職員に報告し協議する旨を明示	a.内容
4 他工事と工事用道路を共有する場合	①他工事と工事用道路を共有する場合の明示	a.共有する他工事、b.工事用道路の管理者、c.共有する区間、d.期間、e.配慮事項
	②当初計画と現場条件が異なった場合は、監督職員に報告し協議する旨を明示	a.内容
5 工事用道路の使用に制限がある場合	①工事用道路に制限がある場合の明示	a.対象区間、b.対象期間・時間、c.制限内容、d.その他
	②当初計画と現場条件が異なった場合は、監督職員に報告し協議する旨を明示	a.内容
7. 仮設備関係		
1 他の工事に引き継ぐ場合	①引き渡し条件の明示	a.仮設備の名称、b.引き継ぎ先の受注者、c.撤去・損料などの条件、d.維持管理条件、e.引き渡し等の時期、f.構造等安全性確認や検査の実施日時、g.その他
	②当初計画と現場条件が異なった場合は、監督職員に報告し協議する旨を明示	a.内容
2 引き継いで使用する場合	①引き継ぎ条件の明示	a.内容、b.時期、c.条件、d.その他
	②当初計画と現場条件が異なった場合は、監督職員に報告し協議する旨を明示	a.内容
3 構造及び施工方法を指定する場合	①構造及び施工方法の条件を明示	a.対象物、b.存置期間、c.規模・規格・数量等、d.施工方法、e.その他
	②当初計画と現場条件が異なった場合は、監督職員に報告し協議する旨を明示	a.内容
4 設計条件を指定する場合	①仮設備の設計条件を指定する場合の条件明示	a 対象物、b.設計条件、c.その他
	②指定仮設がある場合の条件明示	a 対象物、b.指定条件、c.その他
	③当初計画と現場条件が異なった場合は、監督職員に報告し協議する旨を明示	a.内容

(出典:国土交通省関東地方整備局「土木工事条件明示の手引き(案)令和元年9月」[1]の条件明示事項を基に作成)

表5.2 条件明示事項 (5)

条件明示事項		
5 除雪が必要となる場合	①除雪が必要な場合の条件明示	a.対象箇所、b.対象期間、c.制限内容、d.その他
	②当初計画と現場条件が異なった場合は、監督職員に報告し協議する旨を明示	a.内容
8. 建設副産物関係		
1 建設副産物を搬出する、特定建設資材・再生材を使用する工事の場合	①建設副産物情報交換システムの活用の明示	a.内容
	②建設副産物実態調査の対象工事の明示	
	③建設発生土情報交換システム登録対象の明示	
	④再生資材の活用の明示	a.資材名、b.規格、c.使用箇所、d.その他
	⑤特定副産物の搬出の明示（特定建設資材の分別解体等・再資源化等の条項で記載していれば不要）	a.対象、b.受入場所、c.受入時間帯、d.仮置き場、e.搬出調書等、f.その他
	⑥建設リサイクル法対象工事の明示	a.種類、b.分別解体等の方法、c.その他
	⑦指定副産物の指定再資源化施設へ搬出明示	a.種類、b.再資源化施設、c.中間処理場、d.最終処理場、e.受入時間
	⑧当初計画と現場条件が異なった場合は、監督職員に報告し協議する旨を明示	a.内容
2 建設発生土及び建設汚泥処理土	①他工事の箇所へ搬出する場合の明示	a.搬出箇所・距離、b.搬出先工事名、c.搬出先の受入条件、d.その他
	②当初計画と現場条件が異なった場合は、監督職員に報告し協議する旨を明示	a.内容
3 建設廃棄物の種類と発生量	①取扱及び処理方法の違う種別毎の廃棄物を明示	a.種別、b.種類、c.工種、d.発生量、e.その他
	②当初計画と現場条件が異なった場合は、監督職員に報告し協議する旨を明示	a.内容
4 処理施設等への運搬経路・方法等の規制・制限	①処理施設等の条件明示(1)	a.種類、b.運搬経路、c.運搬方法、d.その他
	①処理施設等の条件明示(2)	
	②仮置きが必要な場合の内容明示	a.内容
5 中間・最終処理場	①指定副産物の指定再資源化施設へ搬出明示	a.種類、b.再資源化施設、c.中間処理場、d.最終処理場、e.受入時間
6 他工事からの建設発生土を利用する場合	①他工事から発生する土を利用する場合の条件明示	a.他工事情報、b.受入条件、c.受入時期、d.その他
	②当初計画と現場条件が異なった場合は、監督職員に報告し協議する旨を明示	a.内容
7 土壌汚染対策法の届出について	①土壌汚染対策法で規定する一定規模(3,000 m²)以上の土地の形質変更を伴う対象工事である場合の県知事への届出等の明示	a.対象の有無、b.場所・範囲・面積、c.該当工種、d.発生量、e.その他
	②当初計画と現場条件が異なった場合は、監督職員に報告し協議する旨を明示	a.内容
8 ストックヤード（又は土取り場）の建設発生土を利用する場合	①ストックヤード（又は土取り場）の建設発生土に関する利用の明示	a.ストックヤード（又は土取り場）箇所・距離、b.ストックヤード（又は土取り場）からの建設発生土の土質条件（改良の必要性の有無）等、c.ストックヤード（又は土取り場）の管理者（工事名等）、d.利用時期（土日祝の利用の可否含む）、e.利用時間、f.他工事利用件数、g.利用台数の制限がある場合の制限内容、h.その他（交通誘導警備員配置、工事用道路(敷鉄板)設置 等）
	②当初計画と現場条件が異なった場合は、監督職員に報告し協議する旨を明示	a.内容

（出典：国土交通省関東地方整備局「土木工事条件明示の手引き（案）令和元年9月」[1]の条件明示事項を基に作成）

表5.2 条件明示事項 (6)

条件明示事項		
9.工事支障物件関係		
1 占用物件等の工事支障物件がある場合	①工事支障物件の明示(1)	a.物件名、b.物件管理者(連絡先等)、c.物件位置、d.物件管理者との協議状況、e.移設時期、f.その他
	①工事支障物件の明示(2)	
	①工事支障物件の明示(3)	
	②当初計画と現場条件が異なった場合は、監督職員に報告し協議する旨を明示	a.内容
10.薬液注入関係		
1 薬液注入を行う場合	①薬液注入の条件明示	a.設計条件、b.工法区分、c.材料種類、d.施工範囲、e.削孔数量・延長、f.注入量・注入圧、g.その他
	②注入の管理の明示	a.注入圧・速度、b.注入順序、c.ステップ長、d.材料(購入・流通経路等)、e.ゲルタイム、f.配合
	③廃棄物が発生した場合の処分方法の明示	a.内容
	④地下埋設物がある場合の防護方法の明示	
	⑤当初計画と現場条件が異なった場合は、監督職員に報告し協議する旨を明示	
2 周辺環境影響調査を行う場合	①周辺環境影響調査の明示	a.調査内容、b.調査箇所、c.調査回数、d.その他
	②当初計画と現場条件が異なった場合は、監督職員に報告し協議する旨を明示	a.内容
11.その他		
1 工事用資機材の保管及び仮置きが必要な場合	①仮置きが必要な資機材の内容を明示	a.資機材の種類、b.数量、c.保管・仮置き場所、d.期間、e.保管方法、f.積込・運搬方法、g.機械の分解・組立等ある場合の回数、h.その他
	②当初計画と現場条件が異なった場合は、監督職員に報告し協議する旨を明示	a.内容
2 工事現場発生品がある場合	①現場発生品の明示	a.品名・数量、b.再使用の有無、c.引き渡し時期・場所、d.品質検査、e.運搬方法・費用、f.その他
	②当初計画と現場条件が異なった場合は、監督職員に報告し協議する旨を明示	a.内容
3 支給品・貸与品がある場合	①該当品の明示	a.品名・数量、b.規格等、c.使用場所、d.引き渡し場所、e.返納方法等、f.その他
	②当初計画と現場条件が異なった場合は、監督職員に報告し協議する旨を明示	a.内容
4 新技術・新工法・特許工法を指定する場合	①新技術・新工法の内容の明示	a.工法名称、b.施工場所、c.施工条件、d.NETIS番号、e.その他
	②当初計画と現場条件が異なった場合は、監督職員に報告し協議する旨を明示	a.内容
5 指定部分の引渡しを行う場合	①指定部分の内容の明示	a.指定部分、b.引渡日、c.その他
6 部分使用を行う場合	①部分使用の内容の明示	a.使用箇所、b.使用条件、c.使用期間
	②当初計画と現場条件が異なった場合は、監督職員に報告し協議する旨を明示	a.内容
7 給水の必要がある場合	①給水内容の明示	a.関係機関名、b.協議時期、c.取水箇所、d.取水時期、e.取水方法、f.その他
	②当初計画と現場条件が異なった場合は、監督職員に報告し協議する旨を明示	a.内容

(出典:国土交通省関東地方整備局「土木工事条件明示の手引き(案)令和元年9月」[1]の条件明示事項を基に作成)

　国土交通省の一般競争入札、総合評価落札方式における施工能力評価型・技術提案評価型S型・技術提案評価型S型（段階的選抜方式）の公告から落札者決定までのスケジュールを、**図5.6**、**図5.7**、**図5.8**に示す。

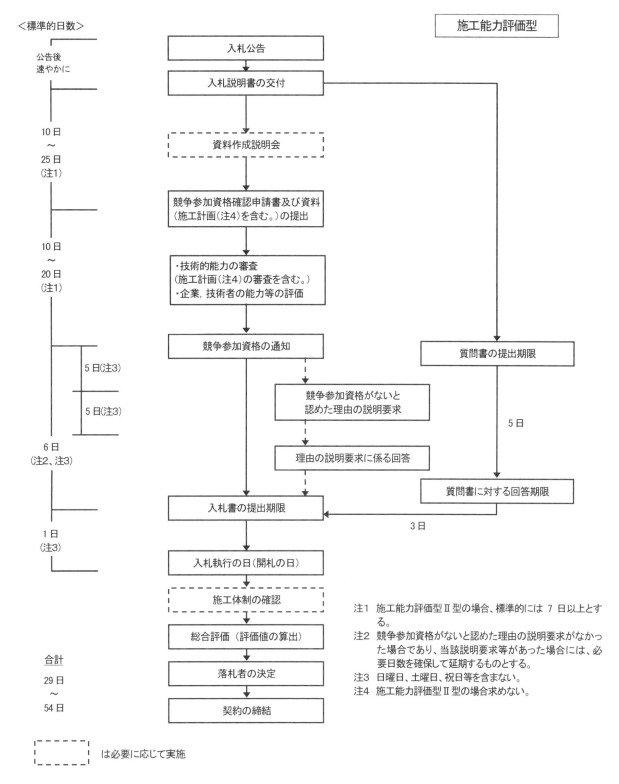

図 5.6 公告から落札者決定までのスケジュール例（施工能力評価型）

（出典：国土交通省「国土交通省直轄工事における総合評価落札方式の運用ガイドライン（2016年4月改正）」[2]を基に作成）

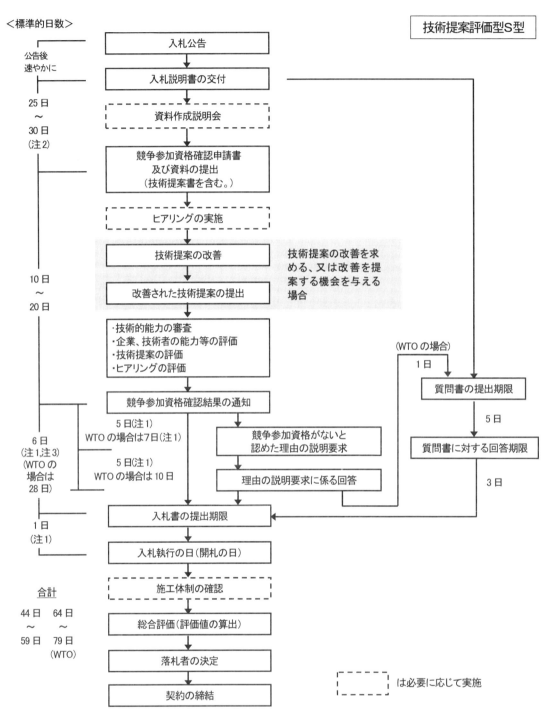

図　5.7 公告から落札者決定までのスケジュール例（技術提案評価型S型）

(出典：国土交通省「国土交通省直轄工事における総合評価落札方式の運用ガイドライン（2016年4月改正）」[2]を基に作成)

注1　日曜日、土曜日、祝日等を含まない。
注2　技術提案を求める項目が少なく、かつ、その難易度が低いものについては、当該標準的日数を 10 日以上として差し支えないものとする。なお、政府調達に関する協定に基づく調達において当該措置を行おうとする場合は、事前に本省担当課と協議されたい。（「総合評価落札方式における手続の簡素化について」（平成 20 年4月1日付け国地契第79 号、国官技第 338-3 号、国営計第 109-4 号））
注3　競争参加資格がないと認めた理由の説明要求がなかった場合であり、当該説明要求等があった場合には、必要日数を確保して延期するものとする。

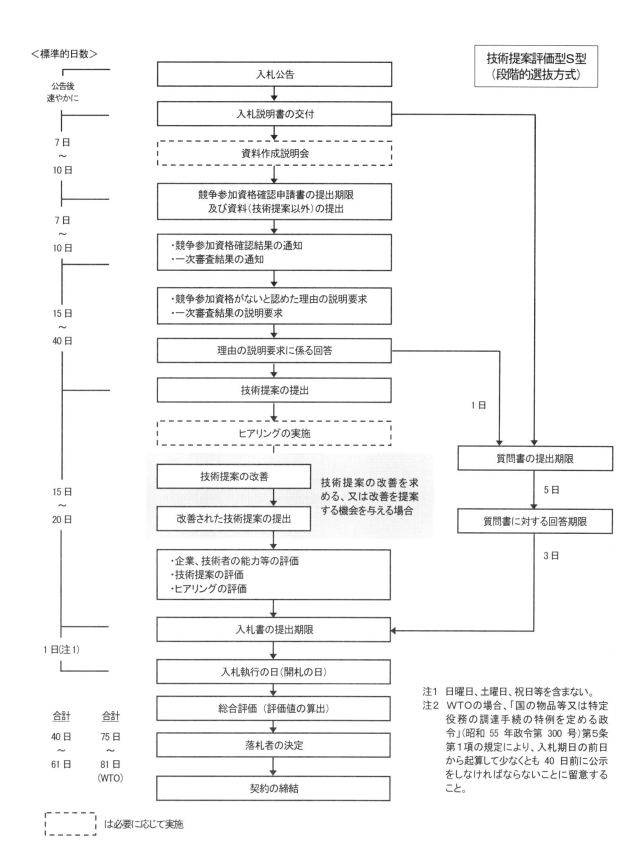

図　5.8 公告から落札者決定までのスケジュール例（技術提案評価型S型（段階的選抜方式））

（出典：国土交通省「国土交通省直轄工事における総合評価落札方式の運用ガイドライン（2016年4月改正）」[2]を基に作成）

5.2.2 概略施工計画　（B）

　工事が公告されて工事獲得の方針が決定されたら、入札説明書、設計図書などにより施工条件、地理条件、気象条件などを勘案して、概略の施工計画を立案する。概略の施工計画とは、施工方法、工程、仮設計画についてのアウトラインを決める基本的な計画である。

(1) 事前調査

　施工計画を立案する前に、前提となる施工条件を整理する必要がある。この条件には入札説明書や設計図書に記載されているか、または読み解くことができる契約条件と、現地踏査により判明する現場条件がある。契約条件には、工期、土質条件、昼間・夜間・昼夜間作業の別、休工日、材料の品質（例えばコンクリートは24-15BBを用いる等）、材料試験方法・頻度など多岐にわたる。したがって、工事全体に対する条件、工種ごとの条件というように、箇条書きで整理しておく。また、入札資料のなかで矛盾している内容がないか（設計図面から計算できる施工数量と、工事数量総括表とが一致しているか）などのチェックも必要である。もし矛盾点が見つかった場合は、質問書を提出し回答を得るようにする。

　一方、土木工事は、現地での一品生産であるため、現地固有の施工条件も非常に重要である。このため、現場踏査を入念に行う。現地での調査項目も多いため、脱落がないように現地踏査チェックリストを作成しておくと便利である（**表5.3**参照）。

(2) 概略施工計画作成

　施工計画を作成するに際し、上記の契約条件および現場条件の調査結果を整理・分析する。また、発注者が発行している「土木工事共通仕様書」や「土木工事施工管理基準」などに施工計画作成上に反映すべき基本的な仕様が記載されているので、事前に理解しておく。これらの参考図書をもとに、施工計画・工程を作成する。

　設計図書で、土留め壁仕様として鋼矢板III型、L=10m、N=100枚が記載されていた場合について、具体的な手順を以下に示す。

①施工方法の決定

　施工方法の決定に際しては、まず発注者による工法の指定があるかどうかを確認する。工法が指定されている場合は、指定された工法で問題なく施工できるかどうかを確認する。工法の指定がされていない場合は、鋼矢板をバイブロハンマーで打設するのか、あるいは圧入工法で施工するのかを決める。圧入工法の場合、土質条件からウォータージェット併用が必要かなども決める。

②工種工程の算出

　例えばバイブロハンマー工法で施工することに決定したのであれば、機械1台で1日当たり何枚施工可能かを決め、鋼矢板全数打設に必要な日数を算出する。鋼矢板打設の前後に機械搬入・搬出に必要な日数を考慮し、「鋼矢板打設工」の工程を仮に決める。

③全体工期の算出

　上記の要領ですべての工種について必要日数を算出し、同時施工可能な工種を考慮し、全体工程を作成する。全体工程が入札公告に与えられている工期に間に合わない場合は、どれかの工種の使用する機械台数の増加や、工事機械を大型化することにより能力アップを図る、または作業員のパーティー数の増加などにより、工種工程を短縮する。全体工程が工期内になるまで、この作業を何度か繰り返す。

表5.3　現地踏査チェックリストの例[3]

自然条件	地　　　形	地表勾配，高低差（切取高），排水状況，危険防止箇所，土取場・土捨場・骨材採取場・骨材山・原石山・材料貯蔵場等の状況等，設計図書との相違
	地（土）質	粒度，締固め特性，自然含水比，硬さ，混有物，岩質亀裂，断層，地すべり地層，落石，堆積層，地盤の強さ，支持力，トラフィカビリティ，地下水，伏流水，湧水，既存の資料，柱状図，近接地の例，酸欠，有毒ガス，古老の意見等，施工上の難点・問題点
	気　　　象	降雨量，降雨日数，降雪開始時期，積雪量，融雪期，気温，湿度，風，日照，台風，霧，凍上等，施工上の悪条件
	水　　　文	水深，各季節ごと(梅雨期，台風期，冬期，融雪期)の低水位と高水位，平水位，洪水(洪水位，洪水量，危険水位，出水時間，頻度等について過去の記録を調査，また本川から支川への逆流，湛水時間，排水ポンプ能力)，流速，潮位の河川への影響など
	海　　　象	波浪，干満差，最高最低潮位，干潮時の流速等
	そ の 他	天災地変の生起確率(地震火災，地すべり，洪水，台風，暴風，噴火等)，地元の聞込み等
近隣環境 工事公害 支障物件		現場周辺の状況，近隣の民家密集度 配慮を要する近隣施設(病院，学校，保育所，図書館，老人ホーム，水道水源，養魚場，酒造会社等)，近隣構造物，井戸・池等の状況 地下埋設物（通信，電力，ガス，上下水道，排水路，用水路等)，地上障害物（送電線，通信線，索道，電柱，鉄塔，やぐら等），交通問題（交通量，定期バスの有無と回数，通学路の有無，祭礼行事，回り道等) 公害問題（騒音，振動，煙，ごみ，ほこり，悪臭，取水排水，濁水処理，産業廃棄物，土砂流入等が近隣に与える影響) 作業時間・作業日に対する制限，近隣住民感情等相隣関係（公害問題以外に掘削による近隣補償，耕地の路荒し及び樹木の伐採補償，土地及び排水の流水等）等
資機材	現地天然工事用材	品質・産地・数量・納期・加工処理の必要有無・価格（コンクリート用骨材，石材，埋戻材，客土，木材，工事用水等について)等
	現地調達資機材	品質・調達先・数量・納期・価格・リース単価（建設機械，工器具，部品，修理整備費，削岩ロッド・ビット・火薬類，燃料油脂類，木製品，形鋼，鋼板，鉄筋，鋼管，ビニール管，アスファルト・タール製品，セメント，混和材，生コンクリート，コンクリート二次製品，仮設用材，プレハブ製品，電気機器・設備機器・部品等について)等，特別注文品の納期・代替品採用の適否等
輸送 通信 電力 用水 用地	輸　　　送	鉄道・航路・道路の状況，荷役設備，最寄駅，港湾，空港，トンネル・橋梁・カーブ等による通行制限，吃水，閘門，運賃及び手数料等
	現場進入路	進入路の現状（幅員，カーブ，舗装，橋梁，踏切，ガード，架空線，地下埋設物等)，拡幅・改修・補強などの必要有無，所要新設施設等
	通　　　信	郵便，電話，電信，無線等
	電力・用水	受電可能有無，受電場所，容量，電圧，周波数，使用可能時期，電力以外の動力の必要性，工事用水(水道か井戸か地表水か，水量，場所，水質，取水設備，既得取水者，料金）等
	用　　　地	発注者による工事用地の確保状況，工事基地，事務所・宿舎等の敷地，占用・借地の条件，借地料，借家料等
労務 下請	労　働　力	供給基盤，地元募集可能人員，他地方からの移入可能人員，農繁期の就労可能人員，女性労働力，作業員の熟練度，歩掛，賃金（標準賃金，割増手当，支払方法），労働時間，休日，通勤時間・方法等，法定福利（労災保険，雇用保険，社会保険等)
	地元現地協力会社	会社名，所在地，資本金，代表者名，資格，能力，技術，信用，所有資金，保有機器，営業工種，受注先，受注単価等
既設施設		既設の修理施設，給油所，各種商店，機材リース会社，運送会社，発注者事務所，監督官庁，警察署，消防署，電力会社，電話・通信会社，労働基準監督署，郵便局，銀行，保健所，病院等
法規 習慣 利権		第三者災害・公害防止・環境保全等についての規則，条例，許可・認可・免許，地方税・各種占用料，各種指導要綱，水利権・漁業権・鉱業権・採取権・土捨権等
工事 関連		将来の追加工事の可能性，設計変更の可能性のある箇所，付帯工事，関連別途工事，隣接している他業者の施工工事，他業者の既設施設等

（出典：一般財団法人建設物価調査会：改訂8版 土木工事の実行予算と施工計画、2017年1月）

　ここで、算出する日数には2通りある。「発注者が公表している『標準歩掛り』により決まる日数」と「実際に経験上でき
る『実歩掛り』により決まる日数」である。前者は後述する「予定価格の推定(官積算)」に使い、後者は「元積り」に使う。

　また工程算出時に決定すべきものとして、稼働率(稼働日数率)がある。工事中には土日曜、祭日、年末年始といっ
た定休日や降雨等のために作業できない日がある。暦日日数(1 年 365 日)からこの定休日と作業不能日を差し引い
た日数を稼働日数といい、稼働日数の暦日日数に対する割合を稼働率(稼働日数率)という。

$$稼働率(稼働日数率) = \frac{稼働日数}{暦日日数}$$

　作業不能日には、降雨、潮位、河川水位などによる自然条件、機械の故障や定期整備、段取り替えや手待ちによる
不能日が含まれる。降雨による作業不能日は、理科年表などに地域別・月別に日降水量 10mm(30mm)以上の日数
が掲載されているので、参考にするとよい。なお、降雨による作業不能日と定休日を重複して計上しない(日曜日に雨
が降る可能性があるので、その重複分を控除する)こと、また工種(土工やトンネル)によって作業不能となる降雨量が
異なることなどにも留意が必要である。

　重要なのは、実際に施工する場合は詳細な計画(施工手順書)が必要であるが、この時点では施工計画と言っても
金額と工程が算定できればいいので、そのために必要な項目のみを決めることである。

5.2.3　技術提案書作成　　(C)

　技術提案書を提出する場合は、提案書の内容を施工計画に反映する必要がある。

　例えば、鋼矢板打設方法としてバイブロハンマーでの施工が標準案であっても、周辺環境の騒音・振動対策を考慮
し、技術評価点を獲得するために低騒音・低振動工法である圧入工法を提案する場合がある。この場合「予定価格の
推定(官積算)」には標準案のバイブロハンマーでの施工とし、「元積り」には技術提案の圧入工法での施工としなけれ
ばならない。しかし、「周辺環境へ配慮するために圧入工法を採用する」と提案したとしても、それが技術評価として高
得点が獲得できるかどうかは発注者の判断による。通常、バイブロハンマーによる施工よりは、圧入工法による施工が
工事費としては高くなる。工事費が多少高くなっても、技術評価点をより高得点とする可能性が高い工法を提案するほ
うが、最終的に発注者から評価され(評価値が高くなる)、受注に結び付くかの判断がここで必要となる。

　このように、技術提案書作成には、単純に施工計画を作成するのではなく、そのなかに受注のための戦略と判断が
反映されることになる。

5.2.4　元積り(実力価格の作成)　　(D)

　図 5.5 (E)で算出する官積算額に対して、自社で施工した場合の価格を実費という。このうち応札時に算出する実
費を元積り、受注後に算出する実費を実行予算という。「元積り」という用語は、会社によっては「NET」ほかの用語を用
いている場合もある。官積算額が一般市場価格や年度ごとの公共工事設計労務単価、機械損料の標準的な単価を使
用したのに対して、元積りは各建設会社の独自に調達可能な単価で積算する。つまり、元積りでは、材料を一括また
は集中購買方式で大量に注文することにより、標準より引き下げた単価にしたり、労務・機械などの単価を、自社の協
力業者で施工可能なものを使用したときの単価にしたりすることである。したがって、ここでの単価はほとんど実行予算
の単価に近い値となる。元積りの構成を図 5.9 に示す。

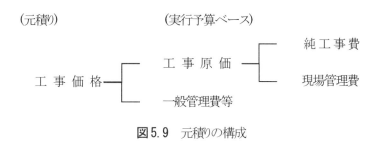

図5.9 元積りの構成

5.2.5 予定価格の推定（官積算） （E）

予定価格の推定（官積算）は、発注者ごとに定められた積算基準と発注者から提示された当該工事の設計図書に基づき、工事目的物を完成させるのに必要な費用の総額（官積算額）を算定することである。ここではその積算方法について述べる。

官積算額算出の目的は、発注者の予定価格を把握して入札価格を決定するための資料とすることである。

つまり、会計法第二十九条の六（**4.1.1**（4）参照）に規定されているように、「①入札価格が予定価格よりも高い場合は、落札者とならない」「②契約履行がされないおそれがあると認められるほど入札価格が低い場合（調査基準価格または特別重点調査価格を下回る入札価格）も落札者とならない場合がある」ため、入札価格は、予定価格の制限の範囲内でなければならないからである（調査基準価格、特別重点調査価格については**4.2**参照）。

入札価格のダンピング防止のため、低入札価格調査制度が定められているが、その採用状況は、発注者によって異なるので、入札価格を決定する際には注意が必要である。国土交通省が毎年調査している国、特殊法人、地方自治体に対する入札契約制度の調査結果[4),5)]によると、地方公共団体においては、低入札価格調査制度および最低制限価格制度のいずれかを導入しているのは2010年度85％であったが、2018年度は94％（都道府県及び指定都市は100％）に増加している。

国や特殊法人等では、ダンピング対策として低入札価格調査基準価格を下回った入札金額の場合は、ただちに失格となる場合があり、この場合は低入札価格調査基準価格の推定が重要となる。この結果、入札金額を低入札価格調査基準価格ぎりぎりに設定することにより、落札をねらう会社も多くなり、本来の「公共工事の品質確保の促進」とは違った方向となり、問題視する声もある。このようなダンピング受注の防止を図る観点から、2011年以降、低入札価格調査基準及び最低制限価格について、その算定方式の改定等により、見直しが行われている[6)]。

また、工事公告の際に発注者が工事予定価格を事前公表することがあり、公表された場合には、さらに低入札価格調査基準価格の推定が正確かつ容易となり、多数の会社が低入札価格調査基準価格と同額の入札金額となり、結局くじ引きで落札会社が決定することも生じている。このような弊害が生じることがないように、2006年以降、予定価格の事前公表の取りやめを含む適切な対応を行うよう、国土交通省ほかから各省庁および地方自治体に要請されている[7),8)]。前出の国土交通省の調査結果[4),5)]によると、地方公共団体において、予定価格などの事前公表を行っているのは2010年度63％であったが、2018年度は55％に減少してきている。

なお、工事予定価格が事前公表された場合においても、内訳を詳細に要求される場合があるので注意を要する。

官積算を行うためには、積算基準、資材単価、公共工事設計労務単価、機械損料などが必要であり、次にこれら4項目について述べる。

(1) 積算基準

　官積算額算出作業は、発注者ごとに定めた積算基準(公表)に基づき行う。積算基準は発注者ごとに毎年更新され、公表されているので最新の資料を入手する。主なものは以下のとおりである。

　　　　・国土交通省　土木工事標準積算基準書
　　　　・農林水産省　土地改良工事標準積算基準(土木工事)
　　　　・国土交通省　港湾土木請負工事積算基準
　　　　・東日本高速道路株式会社　土木工事積算基準
　　　　・中日本高速道路株式会社　土木工事積算基準
　　　　・西日本高速道路株式会社　土木工事積算基準

　内容は、国土交通省の積算基準の場合、[第1編]土木工事積算基準等通達資料と[第2編]土木工事標準歩掛となっている。積算基準は、中央官庁の場合各省の基準による。また地方公共団体の場合は、統括する省に準じている。例えば一般土木工事の場合は国土交通省、土地改良事業は農林水産省となる。

　国土交通省では、平成 24 年 10 月から、より積算を効率化するため、施工パッケージ型積算方式を導入しており、平成 31 年 4 月現在、419 の施工パッケージが導入されている[9]。施工パッケージ型積算方式における積算単価は、積算する工事地区、発注時期に応じて、東京 17 区における基準年月の標準単価を補正して算出される。たとえば、積算する工事地区を大阪、発注時期を平成 31 年 4 月とすると、積算単価を算出する補正式は、標準単価、機労材構成比、機労材単価を用いて、以下のように示される。

　　　H31.4 大阪 積算単価

　　＝ H30.4 東京 標準単価

$$\times \left(K \times \frac{\text{H31.4 大阪 機械単価}}{\text{H30.4 東京 機械単価}} + R \times \frac{\text{H31.4 大阪 労務単価}}{\text{H30.4 東京 労務単価}} + Z \times \frac{\text{H31.4 大阪 材料単価}}{\text{H30.4 東京 材料単価}} \right)$$

　ここに、K:標準単価に占める機械費の構成割合、R:標準単価に占める労務費の構成割合、Z:標準単価に占める材料費の構成割合である。

　各年度の標準単価および機労材構成比は、国土技術政策総合研究所のホームページで公表・掲載され、機械単価は、各年度の「建設機械等損料表」に、労務単価および材料単価は、積算年月の「建設物価」、「積算資料」に掲載されていることから、各地区・各時期の積算単価は算出可能である。

(2) 資材単価

　資材単価とは、資材の単位数量当たりの価格(消費税相当分を含まない)をいう。積算(発注者が請負工事費を算定すること)に使用する資材単価は、買入れに要する費用および購入場所から現場までの運賃の合計額とされている(仮設材やリース品は別途運賃を計上する)。資材単価には、物価資料(物価調査機関発行の「建設物価」、「積算資料」)掲載単価や各発注者が物価調査会社に価格調査を依頼する特別調査単価などがある。

　官積算額を算出する場合は、物価資料掲載単価などを採用する。算出に必要な資材価格が上記の出版物に掲載されていない場合は、直接メーカーに問い合わせて「発注者の積算単価」を推定する。また、各社の購買の担当者に調査してもらう場合もある。出版物は毎月発行されているので発注者が積算した時期を質問書で確認し、その月の出版物から資材単価を決定する。なお、発注者によっては入札月で単価を入れ替えることもあるので、注意が必要である。

(3) 公共工事設計労務単価

　公共工事設計労務単価(以下「労務単価」という)とは、公共工事の工事費積算にあたり、発注者が使用する各職種の労務単価をいう。農林水産省および国土交通省では、公共工事の予定価格の積算に必要な労務単価を決定するため、所管する公共事業等に従事した建設労働者等に対する賃金の支払い実態を、昭和45年より毎年定期的に調査している。労務単価は、各県別・各職種別に分類して公表されている。

　表5.4に、平成31年3月から適用される主要職種労務単価一覧表を示す。

表5.4　平成31年3月から適用される主要職種労務単価一覧表

都道府県名	特殊作業員	普通作業員	軽作業員	鉄筋工	鉄骨工	塗装工	土木一般世話役	型わく工	交通誘導警備員A	交通誘導警備員B
北海道	20,500 (28,800)	16,900 (23,800)	14,000 (19,700)	23,100 (32,500)	23,800 (33,500)	23,100 (32,500)	21,500 (30,200)	22,300 (31,400)	13,700 (19,300)	11,600 (16,300)
宮城県	24,200 (34,000)	18,800 (26,400)	14,900 (20,900)	29,900 (42,000)	25,300 (35,600)	25,700 (36,100)	25,600 (36,000)	32,300 (45,400)	14,900 (20,900)	12,700 (17,900)
東京都	24,200 (34,000)	21,100 (29,700)	15,100 (21,200)	27,200 (38,200)	25,400 (35,700)	27,900 (39,200)	24,600 (34,600)	25,700 (36,100)	15,200 (21,400)	13,200 (18,600)
石川県	23,600 (33,200)	20,300 (28,500)	15,100 (21,200)	25,800 (36,300)	24,900 (35,000)	24,900 (35,000)	24,200 (34,000)	25,100 (35,300)	14,600 (20,500)	12,700 (17,900)
愛知県	23,100 (32,500)	19,800 (27,800)	15,100 (21,200)	24,300 (34,200)	24,500 (34,400)	25,700 (36,100)	23,600 (33,200)	26,300 (37,000)	15,100 (21,200)	13,000 (18,300)
大阪府	21,200 (29,800)	18,700 (26,300)	13,000 (18,300)	22,800 (32,100)	21,800 (30,700)	25,000 (35,200)	22,800 (32,100)	24,100 (33,900)	12,800 (18,000)	11,100 (15,600)
広島県	19,900 (28,000)	18,000 (25,300)	13,200 (18,600)	21,400 (30,100)	20,400 (28,700)	19,800 (27,800)	19,800 (27,800)	20,900 (29,400)	13,900 (19,500)	11,800 (16,600)
香川県	21,200 (29,800)	18,800 (26,400)	13,700 (19,300)	20,900 (29,400)	20,900 (29,400)	20,300 (28,500)	20,800 (29,200)	21,200 (29,800)	13,500 (19,000)	12,100 (17,000)
福岡県	21,500 (30,200)	19,200 (27,000)	13,500 (19,000)	22,400 (31,500)	20,800 (29,200)	23,100 (32,500)	22,600 (31,800)	22,400 (31,500)	13,200 (18,600)	11,700 (16,500)
沖縄県	21,200 (29,800)	18,700 (26,300)	14,400 (20,200)	25,000 (35,200)	19,900 (28,000)	23,700 (33,300)	24,000 (33,700)	25,800 (36,300)	11,700 (16,500)	10,300 (14,500)

1　公共工事設計労務単価(上段)は、公共工事の工事費の積算に用いるためのものである。
2　本単価は、所定労働時間内8時間当たりの単価である。
3　時間外、休日及び深夜の労働についての割増賃金、各職種の通常の作業条件または作業内容を超えた労働に対する手当等は含まれていない。
4　公共工事設計労務単価は、労働者に支払われる賃金に係わるものであり、現場管理費(法定福利費(事業主負担分)、研修訓練等に要する費用等)及び一般管理費等の諸経費は含まれていない。(例えば、交通誘導警備員の単価については、警備会社に必要な諸経費は含まれていない。)
5　法定福利費(事業主負担分)、研修訓練等に要する費用等は、積算上、現場管理費等に含まれている。
6　建設労働者の雇用に伴って必要となる、法定福利費(事業主負担分)、労務管理費、安全管理費、宿舎費等を、公共工事設計労務単価に加算した金額(参考値)を、下段に括弧書きで示す。
　　これらの必要経費は、公共工事の予定価格の積算においては、共通仮設費、現場管理費の中に計上されている。
　　この金額は全国調査をもとに試算した参考値であり、工種、工事規模等の条件により変動する。
　　また、遠隔地からの労働者の流入を想定したものではない。
7　この表は、「平成31年3月から適用する公共工事設計労務単価」に対応するものである。

（出典：国土交通省　平成31年3月から適用する公共工事設計労務単価表[10]を基に抜粋して作成）

　表5.4に記載されている上段の単価は、注釈にあるように協力会社の法定福利費（事業主負担分）や労務管理費等の諸経費が含まれていないため、実際の現場で協力会社と契約する際の労務単価と異なる場合がある。労務管理費とは、労働者の募集・解散に要する費用、慰安・娯楽および厚生に要する費用、共通仮設費に含まれない作業用具および作業用被覆の費用などである。したがって、予定価格を推定するための官積算では、**表5.4**の単価を使用し、元積りの算定時には、実際に現場で協力会社と契約する単価を使う必要がある。

　法定福利費（事業主負担分）とは、現場従業員および現場労働者に関する労災保険料、雇用保険料、健康保険料および厚生年金保険料の法定の事業主負担額ならびに建設業退職金共済制度に基づく事業主負担額をいう[11]。国土交通省は、平成24年から建設業における社会保険加入対策に取り組んでおり、社会保険等への加入原資となる法定福利費を適切に確保するため、平成25年9月から法定福利費を内訳明示した見積書を下請企業から元請企業に提出する取り組みが開始された。平成29年7月には、契約段階でも法定福利費が確保されるよう、標準約款を改正し、請負代金内訳書に法定福利費を明示することとされた。

　法定福利費や労務管理費等の取り扱いについては、各社によって異なるため、元積りの算定時や実施予算の作成時には、それらの経費がどの費用に含まれているかを把握しておくことが原価管理を行ううえで重要となる。

（4）機械損料

　機械損料とは、積算において計上する建設機械の使用料をいう。工事の請負者が自ら保有する建設機械を使用した場合における標準的な経費である。機械損料の構成を**図5.10**に示す。

　必要経費は、償却費、維持修理費、管理費の3つに区分される。

①償却費　　　：建設機械の使用または、年を経ることによるその機械の価値減少額をいい、機械の基礎価格[※]から機械の耐用年数を終え廃棄処分される場合の残存価値を除いた金額である。通常残存価値は税法にならい、一律10%としている。

②維持修理費：建設機械の効用を維持するために必要な整備および修理の費用をいう。整備とはオーバーホールをいい、修理とは作業中の故障の修理などをいう。一般に実態調査による機械別の基礎価格に対する割合（維持修理費率）で表される。

③管理費　　　：機械の保有に伴い必要となる公租公課、保険料、格納保管などの経費をいう。1年間に必要な管理費は基礎価格に対する割合（年間管理費率）で表される。

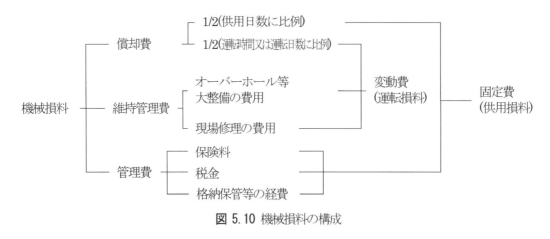

図5.10 機械損料の構成

※基礎価格：機械の販売・取得価格をもとに設定している損料算定のための価格。標準付属品を装備した国内における価格で、消費税を含まない。

　機械損料は、運転時間に応じて発生する費用(変動費)と運転状況には関係なく供用日数(現場拘束による)から発生する費用(固定費)で構成される。必要経費のうち、償却費は1/2ずつ変動費と固定費に分けて整理される。これは、建設機械が実際に稼働しなくても、ある現場に拘束されている期間は他の現場には転用が不可能であるためで、償却費の1/2は現場拘束された期間に応じて算定することにしている。また、維持修理費は運転することにより発生する費用のため全額変動費に、管理費は運転状況にかかわらず必要なため全額固定費としている。

　詳細は、一般社団法人日本建設機械施工協会発行の「建設機械等損料表」に記載されているので、参考されたい。「建設機械等損料表」は、通常毎年5月下旬に最新版が発行される。

5.2.6　入札内訳書の作成　（F）

　入札の方法や、内訳書の書き方などは発注者で定めた一定の様式がある。入札説明書に指定があるので、その様式に従わなければならない。入札の透明性の向上を目指して、最近では内訳書の提出を求める発注者が多くなっている。内訳書作成には、説明書などを十分に理解して間違いのないように作成する。

　調査基準価格を下回る価格で入札を行った場合、低入札価格調査が行われる。このとき、入札価格の費目別内訳のいずれかが、発注者の積算額の一定割合以下である場合、特に重点的な調査(特別重点調査)が実施されるので注意を要する。低入札価格調査および特別重点調査の対象となる費目別内訳とその割合の例を**表 5.5**に示す。

表 5.5　調査対象となる費目別内訳と割合の例

	直接工事費	共通仮設費	現場管理費	一般管理費等
調査基準価格※	97%	90%	90%	55%
特別重点調査	75%	70%	70%	30%

平成 29 年 4 月 1 日以降に入札公告を行う国土交通省直轄工事に適用

　※調査基準価格は、予定価格算出の基礎となった各費用に**表5.5**の割合を乗じた額の合計とする。ただし、予定価格の70%を下限、92%を上限とする。

(出典:総務省・国土交通省:ダンピング対策の更なる徹底に向けた低入札価格調査基準及び最低制限価格の見直し等について(2019 年 3 月)[6]、国土交通省:低入札価格調査基準の運用の見直しについて(2017 年 3 月)[12]、低入札価格調査制度対象工事に係る特別重点調査の試行について(2009 年 4 月(最終改正))[13]を基に作成)

5.2.7　入札価格の決定　（G）

　算出した官積算額・推定調査基準価格および元積り価格から総合的に判断し入札価格を決定する。営業・積算・工事・購買などの各部門が会社の営業方針や工事の採算性などを考慮しつつ検討して、入札価格を決定する。一般管理費等相当分が当該工事の粗利益とみなして、どの程度が落札金額となるのかを判断する。

5.2.8　入札・落札・契約　（H）

　入札とは入札者が希望する請負金額を示したものを提出する行為である。入札者が示した希望する請負金額のうち予定価格の範囲内で最低の価格を入札した者が落札者となる。ただし、総合評価落札方式の場合には、入札価格だ

けではなく技術提案等の評価を加味して落札者が決定される。評価値は加算方式または除算方式により評価値を求め、判定を行う。なお、評価方法により評価値が変わり、落札者も変わることがある（**図5.11** 参照）。

予定価格 ： 100,000,000 円
調査基準価格 ： 92,000,000 円

	A社	B社	C社
入札価格(円)	98,000,000	95,000,000	93,000,000

【加算方式の場合】

■評価値＝技術評価点＋価格評価点

・技術評価点：50点満点

・価格評価点： $100 \times (1 -$ 入札価格/予定価格 $)$

	A社	B社	C社
技術評価点	40	36	32
価格評価点	2	5	7
評価値	42	41	39
順位	1	2	3
落札者	○		

【除算方式の場合】

■評価値＝ 技術評価点/入札価格＝(標準点 ＋ 加算点)/入札価格 (億円)

・基準評価点 ： 100.00000

・基礎点(標準点)： 100

・加算点 ： 50点満点

	A社	B社	C社
加算点	40	36	32
技術評価点	140	136	132
評価値	142.85714	143.15789	141.93548
順位	2	1	3
落札者		○	

図5.11 加算方式と除算方式の違いによる受注企業の相違

図5.11 では、加算方式の場合に入札価格が高くても技術評価点が高い会社が評価値が最も高くなり落札している例を示しているが、除算方式の場合でも同様の例を示すことができる。たとえば、**図5.11** でA社の加算点が41点であった場合、

A社の評価値＝141点/0.98億円＝143.87755

となり、入札金額は高いが加算点が高く、評価値が高いA社が落札者となる。つまり、技術力が高く、工夫された施工計画や企業・配置予定技術者の実績が、金額に換算され、落札に寄与することになる。

入札の結果は、入札日時、入札参加者名、入札価格、評価値などをまとめた調書で公表される。この調書は、発注者によって、入札調書、入札経過調書、開札調書などの呼び方がある。平成26年4月からは、予定価格に所定の法

定福利費の事業主負担額(概算額)が含まれていることをより容易な形で明らかにする観点から、入札調書に予定価格に含まれる法定福利費事業主負担額概算額が明記されることとなった。入札調書の例を、**図5.12**に示す。

予定価格(消費税抜き)							1,843,480,000 円		
調査基準価格(消費税抜き)							1,696,001,000 円		
基準評価値							54.2452		
(参考)上記予定価格に含まれる法定福利費事業主負担額概算額							70,789,630 円		

入札調書(総合評価落札方式)

1. 件　　　名　○○○○○○○○工事　　　　契約担当官等　○○○○
　　　　　　　　　　　　　　　　　　　　又は執行員
2. 所属事務所　○○○○事務所
　　　　　　　　　　　　　　　　　　　　立　会　人　○○○○
3. 入札日時　平成○年○月○日　○時○分

業者名	標準点①	加算点計②	標準点+加算点計③	第1回入札価格〝(10億円)④	評価値③／④	評価値≧基準評価値	第2回入札価格〝(10億円)⑤	評価値③／⑤	評価値≧基準評価値	摘要
A社	100	55	155	1,758,000,000　1.758	88.168	○				
B社	100	58	158	1,705,000,000　1.705	92.669	○				
C社	100	65	166	1,710,000,000　1.710	97.076	○				落札(○年○月○日)
D社	100	74	174	1,798,000,000　1.798	96.774	○				
以下余白										

※　上記入札金額は、入札者が見積もった契約希望金額の110分の100に相当する金額である。
※　「(参考)上記予定価格に含まれる法定福利費事業主負担額概算額」は、あくまで現場管理費に含まれる法定福利費について、本件工事に係る官積上の予定価格の額に、工種別の「予定価格に占める法定福利費の平均割合」を乗じて算出したものであり、実際に事業主が負担する額は労働者の雇用形態、施工地域等に応じて決定される。

加算点評価の内訳

1. 件名　　　　　　　　○○○○○○○○工事
2. 所属事務所　　　　　○○○○事務所
3. 入札日時　　　　　　平成○年○月○日　○時○分

業者名	標準点	評価点の内訳							合計
		評価点				施工体制評価点			
		施工計画(周辺環境に配慮した具体的な施工計画について)	企業の施工能力	企業の信頼性・社会性	小計	品質確保の実効性	施工体制確保の確実性	小計	
A社	100	15	8	2	25	15	15	30	155
B社	100	15	11	2	28	15	15	30	158
C社	100	20	14	2	36	15	15	30	166
D社	100	30	14	0	44	15	15	30	174
以下余白									

図5.12　入札調書の例

　落札後、発注者と契約を結ぶ。契約関係行為までは、主に営業担当の業務である。契約後、契約図書が工事担当者に引き継がれる。契約図書とは、契約書および設計図書をいい、設計図書とは仕様書（共通仕様書、特記仕様書等）、図面、現場説明書（現場説明に対する質問回答書を含む）、工事数量総括表および技術提案書をいう。これらの契約図書には、発注者が示した工事目的物の特徴、品質、性能、形状寸法、および施工に当たっての条件などが記載されている。したがって、工事担当者はこれらの内容を十分に理解して、工事に着手しなければならない。契約図書の構成を**図 5.13** に示す。

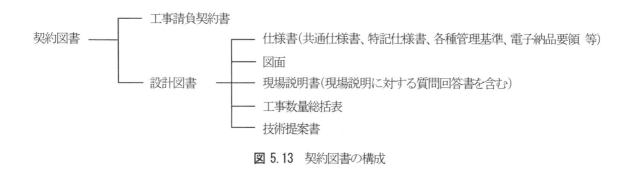

図 5.13　契約図書の構成

　平成 26 年 6 月に公布・施工された改正品確法で適切な設計変更が発注者の責務として明確にされたことを受け、平成 27 年 6 月に設計変更ガイドラインが改定された。この改定で、設計変更ガイドラインの契約図書への位置づけとして、特記仕様書に設計変更ガイドラインによることが明記（義務化）され、契約の一事項として扱われることとなった[14]。したがって、設計変更を行う際には、設計変更ガイドラインの内容を十分に理解して臨む必要がある。

5.2.9　工事費構成の確認　（Ⅰ）

　工事費構成書とは、発注者の当該工事の予定価格に対する各工種の金額の比率を示した書類である。この比率は発注者との単価合意協議時や発注者に対する工事費取り下げ時、履行報告書（出来高報告書）の作成時に必要となる。履行報告書の中に請負代金内訳書が必要であり、出来高査定金額が、発注者側と施工者側で大きく隔たりが生じないように、請負者は工事施工に際して工事費の内訳については、発注者の内訳にそった比率にする必要がある。工事費構成書および請負代金内訳書に関する事項は、通常仕様書に記載してある。国土交通省関東地方整備局の土木工事共通仕様書から抜粋した例を以下に示す。

3-1-1-2　請負代金内訳書及び工事費構成書

1. 請負代金内訳書

　受注者は、契約書第 3 条に請負代金内訳書（以下「内訳書」という。）を規定されたときは、内訳書を発注者に**提出**しなければならない。

2. 内訳書の内容説明

　監督職員は、内訳書の内容に関し受注者の同意を得て、説明を受けることができる。ただし、内容に関する協議等は行わないものとする。

---

3. 工事費構成書

受注者は、請負代金額が1億円以上で、6ヶ月を超える対象工事の場合は内訳書の**提出**後に総括監督員に対し、当該工事の工事費構成書の**提示**を求めることができる。また、総括監督員が**提出**する工事費構成書は、請負契約を締結した工事の数量総括表に掲げる各工種、種別及び細別の数量に基づく各費用の工事費総額に占める割合を、当該工事の設計書に基づき有効数字2桁（3桁目または小数3桁目以下切捨）の百分率で表示した一覧表とする。

4. 工事費構成書の提出

総括監督員は、受注者から工事費構成書の**提示**を求められたときは、その日から14日以内に主任監督員を経由して受注者に**提出**しなければならない。

5. 工事費構成書の内容説明

受注者は、工事費構成書の内容に関し、発注者から説明を受けることができる。ただし、内容に関する協議等は行わないものとする。

なお、工事費構成書は、発注者及び受注者を拘束するものではない。

6. 電子データの入力

受注者は、請負代金内訳書を作成するに際して、発注者が貸与する電子データに必要事項を入力するものとする。必要事項の入力にあたっては、発注者が支給する「請負代金内訳書書式データの入力説明書（受注者用）」に基づき行うものとする。

7. 請負代金内訳書の提出

受注者は、請負代金内訳書を監督職員へ**提出**する際には、紙で出力した請負代金内訳書に捺印したもの、及び入力済みの電子データが保存された電子媒体の両方を監督職員を経由して発注者に**提出**しなければならない。

（出典:国土交通省関東地方整備局 土木工事共通仕様書 平成31年版[15]より抜粋）

5.2.10 単価合意

総価契約単価合意方式(3.5参照)の対象となる工事においては、工事請負契約後、直接工事費、共通仮設費（積み上げ分）、共通仮設費（率分）、現場管理費および一般管理費等の単価等を発注者と受注者との間で協議し合意することとなる。

なお、当初からの工種については、一度合意した単価は変更されないため、留意が必要である。そのため、単価合意の協議に先立ち、工事費構成書を精査して、官積算と実費の単価が大きく異なる工種等を把握し、合意する単価をあらかじめ想定しておくことが重要となる。官積算と実費の単価が乖離している場合の協議では、不利益が生じないように、適正な単価で合意するよう注意が必要である。

設計変更の際は、国土交通省が公表している総価契約単価合意方式の見直し（平成28年4月1日入札公告より適用）[16]や総価契約単価合意方式実施要領の解説[17]の内容を理解したうえで、協議に臨むのがよい。

5.3　工事着手前段階

　工事を無事落札し、契約することができた。この後の作業フローは、
　　　　　　A：施工計画策定、B：実行予算（案）の作成、C：実行予算の審査
の順となる（**図 5.14** 参照）。

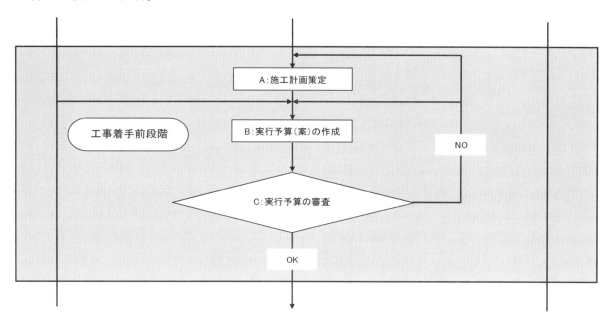

図 5.14 工事着手前段階フロー図

5.3.1　工事の全体像を把握する

　この段階で重要なのは、「施工計画」と「実行予算」によって、工事の全体像を把握することである。ここでは、これを重点として作業フローを説明する。

「施工計画」

　請負者が発注者との契約内容を満たしつつ、かつ適正な利益を確保して、人、物、金を調達し、最も適正と考えられる具体的な施工方法を計画することである。

「実行予算」

　工事管理の方針・施工計画の内容をその費用を積み上げることにより表現し（予算化）、施工担当者が施工する基準を設定するものであり、実行予算の粗利益は企業の利益計画と直結するものである。

　また工事の進捗に伴って発生する費用（工事原価）を管理することが現場の原価管理であり、その基準となるものが実行予算である。

　「いかに適正な利益をあげられるか」という、施工計画を金額換算したものが実行予算である。実行予算の作成に当たっては、施工計画を検討し、工事原価の低減に創意工夫をしなければならない。つまり、「施工計画」と「実行予算」は、建設企業活動の最重点事項といえる。

　工事獲得段階では、通常、概略施工計画を作成する。概略施工計画は入札価格を決定する元積りのベースとなる

施工方法、工程、仮設計画についてアウトラインを決める基本的計画である。また、総合評価の場合は技術提案書のベースとなるが、あくまでも受注のための概略のものである。

これに対して本節の施工計画と実行予算は、契約後、実際に工事を施工するための基礎となるものである。

5.3.2　施工計画は何のために作るか

土木工事の特徴は、受注請負生産、現地における大規模一品生産にある。

受注請負生産とは、ある工事目的物について、これを必要とする者（発注者）から要求されるさまざまな条件を元に、目的物築造についての契約を交わし、契約により決められた金額でこれを施工し、完成引き渡しをすることである。

また、現地における大規模一品生産とは、工事目的物が特定の場所に固定されていることをいい、一般の工場や商店などが生産設備や営業設備を一定の場所に定着して運営する方式とは違い、人員、資材、設備などの必要な資源を、個々の工事ごとの現場に移動しなければならない。また、施工は屋外生産にならざるを得ない場合が多く、施工組織体は工事完成後には解散されるものであり、極めて特殊な生産形態である。同じ受注生産でも、生産設備を固定している産業とは根本的に異なっている。

このような生産形態の中で施工計画は、顧客である発注者の要求事項（工事目的物の品質、形状、工期）を正確に読みとり、これを満たし、無事故で、良いものを、早く、安く、生産する指標となるものである。

実際の計画立案に際しては、現地を詳細に調査し、契約条件を認識のうえ、受注前に作成した概略施工計画を根本から見直して、詳細な施工の計画としなければならない（**図 5.15** 参照）。

図 5.15 要求事項を正確に読み取って無事故で良いものを早く安く

5.3.3　施工計画策定　（A）

　施工計画で、留意すべき事項をまとめると、以下のとおりである。

① 工事を施工するための基本方針を具体的に示した施工方法を計画する。

② 工事の施工にあたり、与えられた契約図書（工事請負契約書、仕様書、図面、現場説明書等）に基づき、構造物を構築するための施工方法、施工順序、資源調達方法などについて検討した詳細な計画とする。

③ 指定された施工条件のもとで、選定した施工方法（工法、機械、材料、労務編成）により施工する場合の工程を算定する。

④ 安全、品質、工程、原価の4要素を満たす管理計画を策定し、施工の管理基準とする。

⑤ 適正な利益を確保して、「 安全・品質・工程・原価 」の 4 大管理を達成するために、「人（労働力）、材料、機械、方法、資金」これら 5 つの生産手段をバランスよく勘案・選定する。

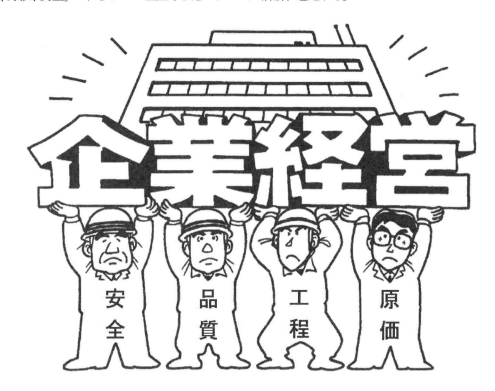

図 5.16 企業経営をささえる 4 大管理

5.3.4　施工計画作成の流れ

　施工計画作成の流れは、大きく分けて下記の 4 つになる。

①工事施工における種々の条件の調査・把握・確認を行う事前調査
②基本的な方針と施工の流れを決定する基本計画
③細部の工種別・作業別計画を検討する詳細計画
④これら計画をどのように管理していくかという管理計画

　総合評価制度で受注した工事では、提出した「技術提案書」の履行も求められる。提案書記述者と現場配属者が異なる場合は、提案内容を会社内で引継ぎをし、適切に施工計画に盛り込むべきである。

(1)　事前調査

建設工事の特殊性である工事ごとの条件の違いは、直接的に工事の成否に影響を及ぼす。したがって、これらの諸条件や不確実な事象をできる限り正確に予測し、現実を正しくつかんで計画に反映させるための事前調査が重要である。これを補完するために、通常は、受注後速やかに工事受注に携わった営業担当者、技術提案作成者、積算担当者と、作業所に配属される技術者との引継会議が行われる。

①契約条件の調査

これによって、当該工事に対する発注者の意図を正確に理解するとともに、施工を規制する法規や条例などの調査が必要である。また、机上での調査だけにとどまらず、発注者の意図を正確に把握するための打合せも十分に行う必要がある。契約図書には一般的に次のような書類がある。

- ・　工事請負契約書
- ・　仕様書（共通仕様書、特記仕様書、各種管理基準、電子納品要領　等）
- ・　図面
- ・　現場説明書
- ・　現場説明に対する質問回答書
- ・　工事数量総括表
- ・　技術提案書

また、平成 26 年 6 月に公布・施行された改正品確法には「設計図書に適切に施工条件を明示するとともに、必要があると認められたときは適切に設計図書の変更及びこれに伴い必要となる請負代金又は工期の変更を行うこと」が規定された。これを受け、国土交通省では受発注者間で認識・解釈の違いが出ないよう、平成 27 年 6 月に設計変更ガイドラインが改定され、改正品確法の趣旨が記載されると共に、「設計変更ガイドライン」は契約図書に位置づけられ、特記仕様書へその旨を明記するよう義務化されている。

②現場条件の調査

以下に、調査すべき主な項目を示す。調査の際は、上記の契約条件（契約図書）と差異があるかどうかの照査（条件変更の有無）も重要である。

- ・地形、地質、土質、地下水位の現状と変化
- ・施工に関する水文・気象・海象
- ・施工方法、施工機械の現場での適合性
- ・近隣環境、第三者に与える損害、工事公害
- ・動力、工事用水の入手可否
- ・機材の供給と価格、運搬経路
- ・労働力供給、労働環境、賃金水準
- ・用地(本体、仮設)の確保

①に示した「設計変更ガイドライン」と同様に、改正品確法の理念に基づき、国土交通省では工事発注の際、条件の不足や、不明瞭な条件明示により円滑な設計変更が図られないケースが見受けられたことから、「土木工事条件明示の手引き(案)」を策定し公表している。国土交通省ではこれについても応札時の質問事項、契約締結後の条件変更、施工途中における施工条件の変更による設計変更等に活用することを奨励している。

(2) 基本計画

　基本計画では、事前調査を分析整理し、いくつかの施工方法を考え、手順や機械の組み合わせ、必要な仮設物などの検討を行い、概略工程と概算工事費をもとに評価して最適なものを絞り込むことになる。このとき考慮しなければならない項目は次のようなものがある。

- a) 全体的な工程・工費に影響を及ぼす重要な工種を選定し優先させる。
- b) 施工上の制約(立地、部分工程、調達能力)を勘案して、材料・労働力・機械などの工事資源の円滑な調達・転用を図る。
- c) バランス調整を行い、過度の集中を避ける。
- d) 一つ一つの作業を単純化し、熟練による効率を高める工夫をする。
- e) 主要機械の能力を最大限に発揮できるように、従作業の組み合わせを考える。

　このような項目を考慮して、以下の手順で基本方針を決定する。

①工種、作業の分類

　土木工事における工種、作業の分類方法は発注者によっても異なり、請負者の立場として施工計画、実行予算作成、施工管理に必ずしも便利なものであるとは限らない。したがって次のような要件を満たすような工種、作業の組み替えを行うことが望ましい。

- a) 施工計画、元積り、実行予算、実績収集、原価管理などにすべて共通して使用できるようにする。
- b) 分類の考え方は一貫した基準を作りそのもとに行う。
- c) 発注者の分類体系と基本的には整合性のあるものにする。

②工事、工種、作業数量の算出

　工事数量は発注者から全て示されているわけではなく、構造物築造に伴う仮設物(型枠、型枠支保工、足場)などは示されない場合があるので、施工計画、実行予算作成に必要な数量については自ら計画し算出しなければならない。その際には実際の施工方法に即した段取り上のロス分を考慮しなければならない。また発注者からの提示数量についてもチェックを行い、設計数量の誤算の有無やその精度を確認しておく必要がある。なお、発注者から示される掘削数量等は総数量であり、掘削深度により選定する重機別の数量などは策定した施工計画に基づき、自ら算出する必要がある。

③概略工程と概算工事費の検討

　①②で求めた分類と数量から工事内容を十分理解し、施工方法や施工順序を検討して、工事全体の概略工程と概算工事費を考慮して最適工法を決定する。

(3) 詳細計画

　基本計画の段階で、主要工種の具体的施工方法を検討し、施工順序、概略工程を立案し、それが工程面で妥当であり、概算工事費の算定により最適の施工方法であると評価されれば、工事を構成している工種ごとに詳細計画を立てる。

①工程計画

　工程計画は、工種ごとに、稼働日1日当りの施工可能量を算定して、工事数量を消化するのに必要な日数を積み

上げ、作成する。具体的には以下の手順となる。

a）日程計画（稼働日1日当りの施工量の計算）

　　稼働日1日当り施工量＝作業1時間当り施工量（施工速度）×1日当り作業時間

　　施工速度＝1時間当り標準作業量×作業効率

　　作業効率＝作業時間×作業能率

b）稼働日数

　　稼働日数は、暦日日数から休日数と作業不能日数を差し引いたものである。実施工における作業不能日数には、自然条件によるものの他に段取り待ち、指示待ち、承認許可待ち、材料や機械の納入待ちなどの手待ちと機械などの故障によるものなどがある。ここで、稼働日数を暦日日数で割ったものを「稼働率」という。

　　「稼働率」については工事の種類、地域等により異なるが、休日を4週8休、祝祭日、夏期休暇2日、年末年始休暇4日とし、作業不能日数を降水量10mm以上（過去5年間の気象データ）とした場合、0.57〜0.58程度が一般的な値として紹介されている。

　　稼働率の向上はこれまでコストダウンの一つとして着目されてきたが、建設業界では担い手確保・育成の観点から現場の休日拡大が喫緊の課題となっている。国土交通省の調査によると平成25、26年度竣工の3億円以上の工事では4週8休が実施された工事はわずか1.8％であり、4週4休以下の工事は69.2％といった実態となっている。現在、発注者からは「週休二日モデル工事」や「週休二日を選択できる週休二日制を推進する工事」のような形態で工事が発注されており、稼働率を向上させるがため、安易に休日を減らして施工計画を行うことは好ましくない。

　　政府は2017年3月に「働き方改革実行計画」を策定し、それを受け日本建設業連合会（日建連）では同年9月に「働き方改革推進の基本方針」、同年12月に「週休二日実現行動計画」を発表している。それによると、他産業では当たり前の週休二日が建設現場で普及していないことが、若者が建設業に入職しない大きな理由となっているとし、建設業界全体一丸となり週休二日を定着させようとするものである。行動計画によると2021年度末には適用困難事業所を除く全事業所で週休二日を実現することとされている。したがって、これらをふまえて施工計画をたてることが望ましい。

c）所要暦日日数の算定

　　所要稼働日数を稼働率で除すれば所要暦日日数が求められる。この所要暦日日数を元に工程計画をすることにより、機械の仕様や台数、労務などの最適な組み合わせを求めることができる。

　このようにして求められた工種・作業ごとの工程計画から、必要な資源の投入量を算出して取りまとめ、全体のバランスを検討し調整を行い工程表を完成させる。

②直接工事計画

　前記①工程計画で得た主要工種の作業工程を積み上げ、直接工事すべての工種の作業に対する詳細計画を立てる。このとき、各工種・作業工程の重複集中により、工事に投入される資源（資材、労働力、機械、資金など）が過度に集中することを避けるために、集中度をチェックする資源の山積み計算を行って、この集中度合いを調整するため資源の山崩しを行う。この試行錯誤を、合理的な工程計画ができあがるまで何度も繰り返し行う。

③仮設工事計画

　仮設工事は、原則として直接工事を施工するために直接的・間接的に必要な準備工事で、永久構造物ではなく、特

殊な場合を除き大部分は撤去されるものである。仮設工事計画の善し悪しが工事の成否を決定するような場合も多く、その時期、規模、容量などについて十分な検討を要する。

　また、目的物については発注者により法規的な検討は十分に行われているが、仮設工事については、用地、設備、材料などに関係法規や条例などによる届出義務や制約があることもあり、それらの確認と制約に合致した計画をする必要がある。主要な仮設工事を次に示す。

　　　運搬設備、揚重・荷役設備、仮締め切り、給排水設備、換気設備、プラント設備、仮設電気設備、安全衛生設備、
　　　仮設建物設備、加工設備、組立解体設備、準備、調査、試験等

④調達計画

　資源の山積みや山崩しの検討過程を経て決定された実施工程表に従いながら、材料、機械、労働力などの調達計画、輸送計画を立案する。

　a) 材料調達計画

　　直接工事や仮設工事計画から、使用する各材料を種類別に集計し、材料搬入計画を作成する。特に仮設材料はその償却と回収、転用回数などを考慮して合理的な計画とする必要がある。

　　材料搬入計画に従い、材料置き場・倉庫などの計画を行い、これをもとに材料の有効な購入計画を行う。

　b) 機械調達計画

　　直接工事・仮設工事計画から、工種・作業ごとに選定した機械を機械工程表に書き、全体のバランスを考え調整する。工事全体を検討して、機械損料、修理費、賃借料、電気料、搬出入費等を考慮した上で最も経済的になるような機械の調達計画を立案する。

　c) 労務調達計画

　　直接工事・仮設工事計画を立案し、各工種に必要な作業人員を計算し、工事の工程表に従い、月別の必要作業員を積み上げて労務工程表を作成する。月ごとの需要量のばらつきと季節による供給量を考慮して、工程計画の見直しを行う。これらの計画値を使用し作業員手配の経費、仮設宿舎の経費などの計算を行う。

(4) 管理計画

　これまで述べてきた事前調査・基本計画・詳細計画を実行するための管理計画が必要となる。これには、どのような組織で工事を行うかという組織の計画、工事を安全に進めるための安全衛生計画、道路交通を円滑にするための運行計画、近隣対策、環境保全のための計画などがある。

① 組織の計画

　現場を実際に担当する人の管理能力や技術力も工事の成否に大きく影響を与えるため、それぞれの工事に合った組織を確保することが重要になる。また、人材の育成も永続的な会社の運営にとっては欠くべからざることであり、計画に盛り込むことが必要である。

② 安全衛生計画

　施工計画の中で考慮しなくてはならない安全管理上の事項を列挙する。

　a) 安全衛生管理重点目標
　b) 災害防止の具体的実施計画
　c) 安全衛生管理機構
　　　イ) 安全衛生委員会組織

　　　　　ロ）　安全衛生協議会組織

　　　　　ハ）　安全衛生行事計画

　　　　　ニ）　安全衛生管理業務分担表

　　　　　ホ）　緊急連絡先一覧表

　　　　　ヘ）　緊急時業務分担表

③　品質管理計画

　　施工に当たっては、発注者・受益者等の顧客に対して必要十分な品質を確保することが、公益性と企業の信頼性確保という観点からも求められている。現在、施工の段階で多く行われている代表的な品質管理活動とその内容について述べる。

　　a）品質管理計画

　　　　各管理項目の重要度に応じて工程の進捗に合せた適切な管理方法を設定する。

　　b）品質検査、試験

　　　　生コンクリートや土、コンクート二次製品などの工事材料の品質を確保するために行う。各々のデータが管理基準値を満足しているかどうかをチェックする。

　　c）計測計画

　　　　情報化施工などの重要な要素として行う。計測結果を直ちに施工へフィードバックすることにより、品質の確保はもちろんのこと、より安全・確実かつ経済的に工事を行うことを目的とする。

　　d）測量計画

　　　　完成品に要求されることは、必要とされる性能および形状を満足することであり、品質管理作業の中でも最も重要なものである。

　　e）工事写真

　　　　できあがった構造物に対して、設計図書に基づいた施工（材料、施工方法、形状寸法など）がなされているかどうかを記録する資料の一つとして実施する。

　　f）出来形測定

　　　　できあがった構造物が設計図書に従い許容誤差範囲内に仕上がっていることを確認する作業である。

　　g）竣工図作成

　　　　出来形測定の結果をまとめたものであると同時に、品質管理結果の集大成である。成果物は保管され、その後の維持・管理・補修段階で重要な役割を果たす。

④　交通管理、環境保全計画

　　工事の施工にあたっては、道路交通の安全と円滑化を図り、道路機能を損なわないよう配慮する。騒音、振動、水質汚濁など工事公害の防止に関しても検討が必要である。

⑤　現場作業環境の整備

　　現場労働者の意識高揚や、地域との積極的なコミュニケーションを図るためには、快適な作業員休憩所や地域への広報看板などの環境整備が必要である。

⑥　再資源の利用の促進と建設副産物の適正処理方法

　　工事により発生した建設廃棄物の取扱い・処理方法については、「廃棄物処理及び清掃に関する法律」、「建設工事

に係る資材の再資源化等に関する法律」および「資源の有効な利用の促進に関する法律(リサイクル法)」に基づき検討する必要がある。

5.3.5　施工計画書の構成

　施工計画書は、社内ノウハウによる施工計画書(作業標準等)と官公庁の規定による施工計画書がある。国土交通省は施工計画書について、「受注者が実施する工事手法の概要を作成することにより、円滑な工事の促進を図るものである」としており、土木工事共通仕様書で「受注者は、工事着手前に工事目的物を完成させるために必要な手順や工法等についての施工計画書を監督職員に提出しなければならない」と規定している。

　受注者は、施工計画書に次の事項について記載する。なお別途提出する総合評価計画書と整合を図るものとし、総合評価の提案内容が※印や下線等でわかるように記載する。

　また、計画に変更が生じた場合は、その都度「変更施工計画書」を作成し、監督職員に提出する必要がある。

　　①工事概要
　　②計画工程表
　　③現場組織表
　　④指定機械
　　⑤主要船舶・機械
　　⑥主要資材
　　⑦施工方法(主要機械、仮設備計画、工事用地等を含む)
　　　　a)「主要な工種」毎の作業フロー
　　　　b)施工実施上の留意事項および施工方法
　　　　c)該当工事における使用予定機械を記載する
　　⑧施工管理計画
　　　　a)工程管理
　　　　b)品質管理
　　　　c)出来形管理
　　　　d)写真管理
　　　　e)段階確認
　　　　f)品質証明
　　⑨安全管理
　　　　a)工事安全管理対策
　　　　b)第三者施設安全管理対策
　　　　c)工事安全教育および訓練についての活動計画
　　⑩緊急時の体制および対応
　　⑪交通管理
　　⑫環境対策
　　⑬現場作業環境の整備
　　⑭再生資源の利用の促進と建設副産物の適正処理方法

5.3.6　より良い施工計画を作るために

　一品生産である土木工事は、「段取り」すなわち計画が大切であり、担当者による実行予算額の相違は、物価・賃金の差というよりは、施工計画の差から発生するといってよい。建設現場においては、安全・品質・工程などの与えられた条件の下、原価面での創意工夫の余地は、一般的に施工方法、仮設段取りに求められる。したがって実行予算作成に当り、この施工方法、仮設段取りが原価低減に関して重要な検討課題となる。また、施工に際し安全・品質・工程の与えられた条件を満足するための具体的方策を施工計画書に示し、発注者に明らかにするとともに、自らの指針とする必要がある。**図 5.17** に、土木工事の業務の流れと施工を計画するうえでの要点を示す。

　良い施工計画とは、安全・品質・工程・原価の4要素を満たす最適な計画である。発注者の要求を満足しつつ、同時に「適正な利益をあげる」という目標のためには経済的な物量計画、つまりは施工計画の品質向上が不可欠である。施工計画の品質向上のためには、現場施工の経験が豊富な熟達した技術者が中心となり、十分な時間をかけて与えられた条件を分析・検討し、それぞれの現場に適応した綿密な計画を立てる必要がある。

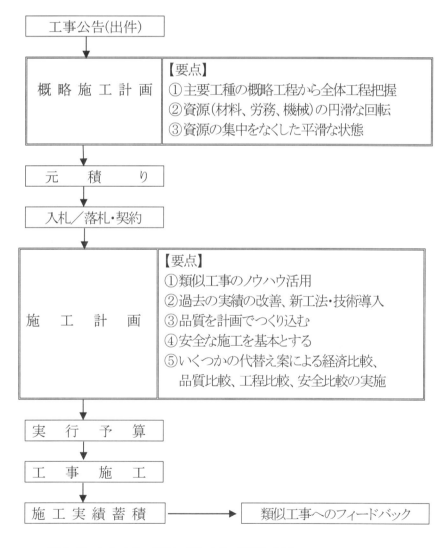

図5.17　土木工事の業務の流れと施工計画の要点

5.3.7　実行予算（案）の作成　（B）

(1) 実行予算（施工計画を実行予算に反映させる）

　実行予算（実施予算ともいう）とは、具体的な施工計画、工程計画に基づいて算出した事前原価である。実行予算には施工改善努力や経営方針などが盛り込まれ、施工段階の様々な判断に利用される。

　実行予算の算出方法は工種毎に「数量×単価＝金額」で積上げて集計される。実行予算の構成は、発注者の設計書に基づいた工種別に分類する方法（工種別実行予算）が基本となるが、場合によっては原価管理が行いやすいように工種を組み替えて作成することもある。また、実行予算は専用ソフトで作成した場合、工種別実行予算を作成することにより、要素別（材料、労務、外注、経費）の集計表を自動作成されるものが多く、要素別の実行予算は調達計画、発注業務の際に便利なツールとなる。

　実行予算は、工事実施および原価管理のうえで重要な指標となるものであり、誰が作成し、どこで管理するかは、その工事の内容、規模などによって決める必要がある。一般的に土木工事の場合は、現場の諸条件を熟知し、工事を直接担当指揮する工事現場の作業所長が作成する場合が多い。また、工事契約時以前には、概略施工計画に基づいて見積り（元積り）を行っているが、契約後は現地を詳細調査し、契約図書を再度照査したうえで、本格的な施工のための詳細施工計画をたて、元積りを見直して実態に適応した実行予算を作成しなければならない。

　実行予算は、施工計画を金額に置き換えたものであり、原価管理における物差しといえる。そのため、施工段階において材料、施工の発注をする際、実行予算より費用が多くかかっているからといって安易な修正を行ってはならない。ただし、設計変更等により工事の内容が変更される場合は実行予算の見直しを行う。

(2) 実行予算の重要性

　土木工事は一般の製造販売業と違い、工事ごとに

　　　① 受注請負生産

　　　② 現地における大規模一品生産

　　　③ 同じ形状のものを造るとしても地形・地質・環境などの施工条件が異なる

　　　④ 受注生産のため、工事目的物が築造される前に契約により売価が決まる

という特徴がある。

　すなわち製造販売業が、製品の原料資源を購入し、加工・製造し、原価計算して売価を決定するのに対し、土木工事はまず契約により売価が決められた後、工事目的物を築造する資源を購入し工事を完成させるものである。ゆえに資源の購入を無計画に行えば、最終原価がいくらになるか見当もつかず、それが集計されれば買値が売価を上回り、赤字になる危険が起こりうる。

　実行予算は船舶の羅針盤のように、その工種内訳ごとに資源数量をいつ購入して、いくらで施工すれば最終的に売値内に収まり、適正な利益を確保できるかの指針となる（**図 5.18** 参照）。

図 5.18 実行予算は羅針盤

(3) 実行予算の役割

実行予算の工事運営管理における主な役割は、次の3つである。

① 計画機能

工事を具体的に数値化(コスト化)し、目標設定と目標達成のシステム作りの役割を果たす機能。

② 調整機能

工事担当者、本・支店の工事関係者が、目標に対し矛盾のない行動をとることができるように、あらかじめ関係者により検討審議し、相互間の調整を図り、納得のいく予算案とし具体化する機能。

③ 統制機能

工事の出来高に対応する実績原価と実行予算上の予定原価の比較チェックにより、実際の工事運営が目標どおりに実行されたか否かを判定し、評価を行い、支出状況について制御・歯止め策の重要性を、工事担当者に認識させる機能と今後の工事の進め方の修正、変更を促す機能。

5.3.8　元積りから実行予算へ

工事公告から、現場説明、元積り、入札、契約までの流れの中で「受注の意志決定」のために行う元積りは、利益計画には欠くことのできない重要な業務である。この元積りは、限られた時間内で少ない情報によって作成した概略施工計画書をもとに、基本的・原則的な方法で工事を行うことと想定して算出するが、時間的に余裕がないことが多い。限られた時間であっても、当該工事の原価を左右するような重要な工種については、品質、工程、原価、安全などの各方面から検討を加えて最適方法を決定して見積ることが重要である。

これに対し、実行予算は請負金額の枠内で原価の低減をはかり、利益を追求するための予算であり、工事管理の指針となるものである。

(1) 元積りと実行予算

元積りと実行予算は、どちらも積み上げ計算によって適正な工事原価を算定するという点では同じであるが、前記の

ように目的が異なるため次のような相違点がある。

① 元積りは一般的、標準的な方式で積上げ算定するのに対し、実行予算は詳細施工計画を作成し、十分な時間をかけて綿密に検討し、実際の調達に即して作成する。

② 元積りは応札を目的とし、内訳を発注者に提出することを前提に作成するため、発注者の設計書に準拠した体系としなければならない。

③ 実行予算は、工事管理の指針として原価管理、経理処理などのために使用されるので、発注者の設計書の体系では原価管理等が困難な場合は独自の体系に変更することもある。また、工種別の内訳の他に要素別の内訳を作成しておけば資機材の調達計画、発注業務の際に便利なツールとなる。

(2) 元積りから実行予算への移行・展開

　元積りから実行予算を作成するときは、種々の検討チェックを行うのはもちろんのこと、下表に示す組み替え、補足、修正の作業等も行わなければならない（**表 5.6** 参照）。

表5.6 元積りと実行予算の対比

項　目	元　積　り	実　行　予　算
目　的	受注意志決定のため、工事がいくらかかるか算定する	契約金額の枠内で可能な限り原価低減をはかり利益を追求する
作成場所	現場以外の場所	当該現場
作成時期	工事入札前	工事契約後
作成方法	社内見積り基準	社内実行予算基準
作成期間	短い	比較的長い
体　系	工種別 （発注者の設計書に準拠）	工種別＋要素別 （原価管理に適した体系）
様　式	一般的、標準的	実態に即した方式
精　粗	粗　ニーズに応じた内容	精　詳細な内容
作成順位	社内標準、過去の施工実績、協力業者の見積りを参考に積み上げる	元積り、協力業者の見積りを参考に詳細な施工計画を元にして積み上げる
算定基礎資料	少ない	多い
施工計画との関係	概略施工計画に準拠	施工計画(詳細)に準拠
文書の形式	社内正式文書	社内正式文書
原価低減	厳しい	より一層厳しい

① 詳細施工計画への対応

　元積りは概略施工計画に基づいて作成するが、実行予算は受注後 現地を詳細に調査し、新たに判明した施工条件を反映して策定した詳細施工計画をもとに作成する。元積りの間接工事費は想定で積み上げざるを得ないのに対し、実行予算の間接工事費はその時点で具体的になった事務所・宿舎計画、職員配置計画等を反映して積み上げる。なお、新たに判明した施工条件が発注時の設計書と異なり、設計変更協議の対象となる場合、実行予算は当初の施工条件により作成するのが一般的であり、設計変更対象となる施工条件に対する予算は変更予

算で考慮する。

② 予算体系の見直し

　　元積りの体系は入札時の提出内訳書に対応するため、発注者の設計書に準拠しなければならないが、施工者側にとって必ずしも原価管理がしやすい体系になっていない場合がある。発注者は積算基準に則り、たとえ数量が非常に小さなものでも形状別、場所別に分轄して工種を定めるが、施工者側は共通する材料や労務・機械等を分轄・仕訳することが困難なことも多く、このような場合は工種をまとめたり、組み替えたりすることもある。

③ 歩掛りを元にした代価表の作成

　　元積りでは時間の制約上、協力業者からの見積を元に作成する場合が多いが、実行予算ではそのような工種についても、できるだけ材料費、労務費、外注費、経費に分類して歩掛りを元にした代価表を作成して積み上げることが重要となる。その際に使用する歩掛りは個人・社内の施工実績、見積り内訳、協力業者からのヒアリングにより総合的に判断する。歩掛りにより作成された実行予算書は、その後の資材業者、協力業者との価格交渉の際に有効な指標となるだけでなく、実際の原価が予算と乖離した場合の原因追及のツールとなる。また、代価内の数量、単価、歩掛りについて実施工の実績と比較検討をしておくことで、将来の応札時の元積りや実行予算作成に対して有効となる。

④ 要素区分と要素別集計

　　実行予算では、工種別集計表の他に要素別の集計表を作成しておくとその後の管理に有効なツールとなる。実行予算における要素決定については、社内ルールがある場合はそれに従わなければならないが、そうでない場合は要素別の集計を行うにあたり、自分なりのルールを定め、各単価の要素設定を行う。最近では元請けが直接作業員を雇用する直備施工は非常に少なくなっており、要素の内「労務費」については、ほとんどが「外注費」となる場合が多い。「材料費」についても同様で、材工で工事を発注する場合は全て「外注費」となり、集計すると予算の大半が「外注費」になってしまう。そのような場合は、要素別の集計表を作成しても原価上の重点管理項目をとらえることができなくなってしまう。実行予算では、このようにほとんどが「外注費」となる場合においても可能な限り材料費、労務費、経費に分類して積上げることもある。

財務会計上の工事原価の要素別分類は**表 5.7** のとおりである。

表5.7 費目分類による要素

科 目	内 容	備 考
Ⅰ.材料費	施工(直接、間接を問わず)に伴って消費される材料の価額で、現場に搬入されるまでの諸掛り(引取運賃、保険料、荷役費等)を含めたものとする	材料費には次のようなものがある。 セメント、生コンクリート、鉄筋、骨材、木材、アスファルト、ブロック、鋼材金物等であり、なお建築工事にあたっては、骨材、割栗石、屋根材料、金物板金費、建具金物費、内装工事材料費などが含まれる(このほか、盛土工の土砂、隧道工事等で必要な火薬は材料費となる)
Ⅱ.労務費	名称の如何を問わず、使用者が工事にかかる労働の対価として、労働者に支払うすべてのもの(現物給与を含む)である	以下のような工種における労務者に対する支払い賃金をいう 土木工事では、土工、道路工、橋梁工、隧道工、暗渠工、仮締切工、サイフォン工、水路工、整地工、その他の雑工事等の工賃があり、また、建築工事では、鳶土工、はつり工、鉄骨工、木工、大工、内装工、金物板金工、雑工事に対する工賃が含まれる
Ⅲ.外注費	下請契約に基づき出来高に応じて下請人に支払う費用で、工事材料、半製品または製品を作業とともに供給するものに対する支払額をいう	外注費に含まれる内容は、労務費の工種における工事内容がほとんど適合される
Ⅳ.経 費		
1.仮設経費	仮設経費としては、仮設材賃借料、仮設損料、仮設工具修繕費、仮設損耗費、仮設撤去引当金繰入額等が含まれる	仮設資材には足場丸太、パイプ、型枠、パネル、やり方の資材などがある このほか、仮設経費には消耗工具、土木一般工事における火薬台を含む 社有現場宿舎などの損料
2.動力用水光熱費		電力、ガソリン、石油等の動力費、水道などの用水費、ガス、薪炭、電灯等の光熱費が含まれる
3.運搬費	運搬に要する費用で、材料費、機械等経費に算入されるものを除く	支払運賃、機械運賃等に限る

4.機械等経費	機械等賃借料	外部から借り入れた機械装置等の賃借料
	機械等損料	機械装置等の社内使用料
		社内損料制度を採用していない場合には、機械等原価償却費配賦額、機械等修繕費配賦額等の費用で処理する
	機械等修繕費	機械等の修繕のため支出した費用で、機械等賃借料、機械等損料または機械等修繕費配賦額に含まれないもの
	機械等運搬費	機械等を運搬するために要する車両運搬具賃借料、車両運搬具損料または、車両運搬具原価償却費負担額、車両運搬具修繕費負担額等および支払運賃等の費用
	その他の機械等経費	機械部門に発生した原価差額の調整額等
5.設計費		社内設計費および支払設計料をいう
6.労務管理費		労務者の募集、解散に要する費目ならびに作業用具、作業用被服、宿舎用品等の費用および衛生、安全、厚生、労災法による事業主負担補償費、残業食事代、その他労務管理上必要な費用
7.租税公課		印紙税、固定資産税、自動車税、軽自動車税等の損金算入が認められ税金および罰課金等損金とならない税金、ならびに道路、河川占有料等の公課である。その他、会社が負担する交通関係の罰金(申告では益金に戻入すること)、各種証明料等
8.地代家賃		工事で使用する事務所、倉庫、宿舎、下小屋などに関わる地代および家賃
9.保険料		火災保険料、運送保険料、工作用自動車、その他の自動車保険料、建設工事保険料等
10.従業員給料手当	給料手当　　賞　与	正社員および準社員に対する給料、手当(役付手当、現場手当等)、ならびに賞与
11.退職金	退職金　　退職給与引当金操入額	退職給与引当金操入額ならびに引当金超過支払額および退職給与引当金の対象とならない従業員に対する退職手当金

12.法定福利費		工事に従事している正社員、準社員、労務者に対する健康保険料、厚生年金保険料、雇用保険料、ならびに労災保険法の規定に基づき事業主が負担する法定保険料
13.福利厚生費	厚生費	現場従業員(労務者を含む)に対するレクリエーション費用補助、医薬品代、健康診断経費、職員食事代補助、慶弔見舞金など
	福利施設費	現場作業員が使用する社宅、寮等厚生施設に対する維持、管理費用
	建設業退職金共済組合掛金	建退共掛金の事業負担額。
14.事務用品費	事務用消耗品費	帳簿・用紙類・消耗品の購入代
	事務用備品費	机、椅子、書庫等(耐用年数1年未満または取得価額10万円未満のもの)の購入費
	図書その他	新聞・参考図書・雑誌等の購入費、工事に関する青写真・竣工写真等の費用
15.通信交通費	通信費	郵便、電報、電話の料金
	旅費	出張旅費、転勤旅費等
	交通費	自家用自動車(労務者輸送マイクロバスを含む)の燃料費、駐車料、交通料、近距離出張交通費、通勤定期代
16.交際費		得意先、来客の接待費、慶弔見舞、進物品代等の費用
17.補償費	補償費 完成工事保証引当金繰入額	工事施工に伴う道路、河川等の毀損補修費、隣接物毀損補償費、事故その他の補償費および完成工事補償引当金繰入額 その他、交通事故補償費(以上に多額な場合は特別損失に入れる)
18.雑 費	会議費	各種打合せに要する費用
	諸会費	諸団体等に対する会費
	雑費	日用品代、その他いずれかの科目にも属さない経費

5.3.9　実行予算作成の留意点

　実行予算の作成にあたって留意しなければならないことは、施工中の原価管理において、如何に予算と工事原価の対比が容易な予算を作成するかということにある。実行予算と発生原価の比較対象が容易でなければ、原価の悪化に対する的確な処置のタイミングを逃すことになる。したがって、以下のことに着目して作成することが望ましい。

(1)　実行予算と発注金額の対比ができること

　資機材の注文、外注工事の発注を行う際、必ず実行予算と対比し、予算内に収まっているかどうかを把握しておかなければならない。また、その実績をもとに残り工事の発生予想を行うことも重要である。そのためには、実行予算は発注形態に合わせたものにしておいたほうが良い。例えば、工事を材工で発注する場合は材工単価で表現された予算とし、材料と施工を別々に発注する場合はそれぞれの管理が可能な予算にしておく。

(2)　実行予算と実績投入資源の対比ができること

　外注工事を発注する際、その内訳書は工種の数量と単価により構成され、単価の根拠となる材料、労務、機械等の投入資源を積み上げた代価が添付されているとは限らない。しかし、協力業者と外注工事の価格交渉をする際は代価を根拠に交渉を行った方がお互いに納得できるものとなる。そのためには、実行予算ではできるだけ投入資源と歩掛りを元にした代価を作成しておくことが望ましい。また、実際の施工時には実績の歩掛りを徴集し、予算代価、発注代価の範囲内で施工できているかどうかを確認することで、将来　同様の工事をする際の施工計画、実行予算の作成に活かすことができる。

5.3.10　実行予算の審査　　（C）

　作成された実行予算（案）は、本・支店の工事部門の審査を受け承認される。ここで承認されて、初めて実行予算（案）から（案）がとれ実行予算へと名称が変わり、これが原価管理の目標値となる。

5.3.11　施工計画と実行予算の課題

　施工計画のもとは、標準の1日（原則として8時間）当りの生産（出来）高を算定することであり、実行予算のもとは、1日当りの生産高に対応する1日当りの投入資源量（材料、労務、機械等からなる）を把握することである。

　施工計画を元に実行予算を作成し、それをもとにして施工中は実績と対比しつつ（原価管理）、工事を進め、さらに改善を行う事が重要である。

　多くの建設作業現場において工事着手前段階では、施工計画と実行予算の作成が並行して行われ、あわせて施工の準備を進めなくてはならない場合が多く、十分な検討時間を確保することがむずかしい。

　昨今ではCAD図面、デジタルカメラ、電子メールなど業務の効率化を進めるためのOAツールが普及した反面、ISO（品質・環境）や地球環境に配慮した資源の再利用など、社会的要請に応えるために、現場での書類作成業務が増加していることも事実である。さらに、「総合評価方式」による入札対応などの受注確保のために、現場配属よりも受注活動部門への人材移動が図られた結果、現場の実務経験豊かな技術者が減少し、現場職員の経験不足、意識の低下を招きつつある。

　このような状況のなか、個人レベルのノウハウをすくい上げ、組織的レベルのノウハウを確立する必要があり、施工計画においても過去のデータ、経験、蓄積されたノウハウが標準化された技術として活用されるべきである。その経験と蓄積データが反映された現実的で管理のしやすい実行予算を、効率的に短期間で組み立てていけるシステムも模

索していかなければならない。そのためにも工事竣工後は施工実績を集成し、これらのデータを、類似工事に適切にフィードバックするための資料としておく事も必要である。

5.4　工事施工段階

　ここでは、いよいよ施工計画書と実行予算書に基づき、工事施工に取り掛かる。その際の作業フローは
A:調達管理、B:支払管理、C:収支管理、D:取下金管理の順となる（**図 5.19** 参照）。

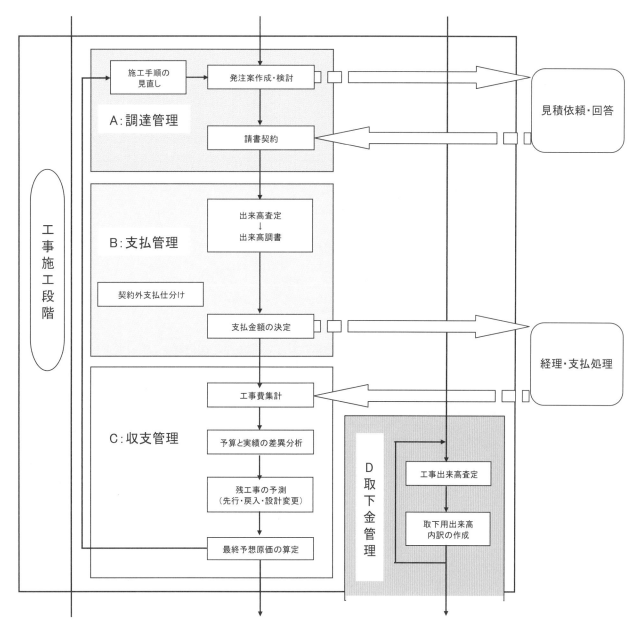

図5.19 工事施工段階フロー

　施工者にとって現場は生産現場であり、利益を生み出す最前線である。そのために本・支店の管理者は、散在する
複数の作業所ごとに人材、資金などを効率良く統制し、経営していかなければならない。つまり、各工事現場において
原価管理が適正ならびに確実になされることは、企業経営の礎といえる重要事項である。
　ここでは、その作業フローと現場における原価管理の考え方について述べる。

5.4.1　調達管理　（A）

　調達管理とは、工事の進捗にあわせて、協力業者を選定し、適切な価格で発注を行うための管理のことである。

　調達業務は大きく「材料（資材）」と「施工（労務・機械）」に分けられ、施工の調達は特に外注と呼ばれ、外注の中でも材料を含む場合は材工と呼ばれている。

　施工をすすめる建設現場の一般的形態は、発注者と請負契約を締結して工事を請負っている総合工事業者（元請業者）と、総合工事業者と下請契約を交わして工事の部分あるいは専門分野の直接施工を担当する協力業者（専門業者）による分業制である。

　施工を円滑に行うには、「人、物資、資金、情報をムダ無く組み合わせ効率的に実施していく」 ための専門的な管理活動が必要になってくる（**図 5.20** 参照）。

　つまり総合工事業者は、企画力・技術力などの総合力を発揮して管理監督業務を行い、協力業者はパートナーとして専門的技能を提供して工事施工を担当する。 それゆえに総合工事業者としては、どの協力業者をパートナーとするかという調達管理は、安全・品質・工程・原価に大きく影響を及ぼす非常に重要な事項である。

図 5.20 人、物資、資金、情報をムダ無く組み合わせ効率的に実施していく

　協力業者決定に至る具体的手順は、次の順番にて進行する。

　　① 施工計画に基づき、数社と作業内容の説明や施工方法の打合せをする。

　　② 協力業者に見積り条件を提示し、見積りを徴収する。

　　③ 各社と交渉し、その交渉結果を発注案としてまとめ、社内稟議にかけて協力業者を決定する。

　　④ 協力業者を決定した後、相互に契約（注文書・請書）を取り交わす。

留意点としては、

- 協力業者との交渉にあたって、市場の動向に着目する。
- 施工内容の打合せで、工数低減のための施工方法改善を目指し、計画の質的向上でコストダウンを図る。
- 協力業者間に競争原理を導入しコストダウンを図る。
- 協力業者からも積極的にコストダウンの提案を出してもらう。
- 必要な社会保険料等が計上されていることを確認する。
- 社内部署にて市場の動向を適時把握し、システムとして全社内に水平展開ができる体制が望ましい。
- 協力業者との交渉で施工方法の改善提案が出来る技術的ノウハウの蓄積が企業および個人レベルで求められる。

以下、調達管理に際しての留意事項を、資材・機械・労務の3つの分野管理として述べていくこととする。

(1) 資材管理

資材管理とは、資材の必要数量を算定し工程の進捗にあわせて調達して、効率よく使用・運用し、使用状況・在庫状況を把握し、今後の見通しを含めて数量的に管理することである。

資材を使用目的および調達手段から区分すると **表 5.8** のようになる。

表 5.8 資材区分

区分	種別	摘要
使用目的	本設材	目的構造物を構成する資材であり、通常、設計図書に明記されているもの
	仮設材	目的構造物を築造するために必要な仮設材料
	消耗材	施工のため間接的に使用され消耗してしまうもの
調達手段	購入材	市場から購入するもの（工事において使用する大部分の資材がこれに相当）
	賃借材	賃借契約のもとで使用する仮設材
	支給材	発注者から支給される本設材、仮設材
	発生材	現場内で発生する材料を転用して使用するもの

このように建設現場で使用される資材は種々の区分に分けられ、それぞれに応じた管理が要求される。

資材調達は、他の関連業務と相互に関係している。例えば、

- 資材の搬入、保管管理は、品質管理と密接に関係している。
- 仮設材の転用を考慮した運用計画は、工程計画、予算作成、原価検討のための重要なファクターとなる。

- 大規模なコンクリート構造物の築造では、型枠工をはじめとする作業員の動員計画とともに、型枠材・型枠支保
工材の運用計画が重要であり、工程計画が原価に大きく影響する。

などがあげられる。

(2) 機械設備管理

　機械設備管理とは、機械設備の能力から必要台数を算定し、工程進捗に合わせてタイムリーに調達し、使用状況、効率、原価等を把握して、今後の見通しをたてて運用することである。機械設備は調達手段の違いにより、「自社保有、リース・レンタル、外注」に区分され、機動性の違いにより、「定置式、可搬式、移動式」に区分される(**表 5.9**)。

表 5.9 機械設備区分

区分	種別	摘要
調達手段	自社保有	・高度な技術、性能が要求される機械 ・自社固有の技術に特化した機械 ・自社保有によりコスト面等で有利となる機械
	リース・レンタル	・補助的に使用する一般機械 ・必要数量の変動要素が多い機械 ・気象変動、トラブル等に対応する常時配置の予備機械 (水中ポンプ、小型クレーン、ミニバックホウ等)
	外注(労務込み)	・熟練した技能を有する運転手が必要な機械(クレーン、土工事用重機等) ・特殊技能が要求される特殊機械(地盤改良工事等) ・機械と作業員の一体化が要求される外注工事の機械(杭打、舗装工事、コンクリートポンプ車等) ・現場近くで調達可能な工事で、短期間・少数必要となる機械(土質調査工事等)
機動性	定置式	・目的構造物を構成する一次材料を生産するものや、間接工事的な作業を行うもので、一定の場所で一定の期間稼働するもの (骨材プラント、アスコンプラント、コンクリートプラント、給排気設備、受電設備、濁水処理設備などがあり、これらは大型大規模設備で集中管理が比較的容易であるものが多い)
	可搬式	・比較的小型軽量であり、必要に応じて移動可能なもの (コンプレッサー、発電機、水中ポンプ、ベルコンなどであり、これらは工事の主機械ではなく、補助作業に用いる機械で使用する種類や数量も多く管理が煩雑になりやすい)
	移動式	・それ自体が移動能力を有するもの、別の動力により牽引されるもの(船舶(自航式、曳航式)、車両(自走式、牽引式)、シールドマシン、トンネル掘進機などで、これらは工事の主機械となる場合が多いが、特に車両系では一般に投入台数が多くかつ移動が頻繁であるために、稼働状況の把握が管理上重要である)

　機械設備管理の目的は、工事の要求する諸条件に適合した機械を選定することのほかに、機械化施工による工事の安全、品質の向上、工期の短縮および原価の低減を図ることにある。よって、効果的な機械設備の管理を行うには、第一に施工計画の段階で綿密な機械設備計画を立案することが大切である。第二に施工段階では常に運用状況を把握し、計画と対比し計画の見直しを含めたフィードバックが重要である。

(3) 労務管理

　労務管理とは、労務の必要数量を職種別に把握し、工程の進捗に合せて調達して、安全・健康状況に留意しながら効率よく運用するとともに、就労状況を常に把握し今後の見通しを含めて数量的に管理することである。

　建設現場の労務管理は、他の製造業と比べ生産性が低く、かつ災害や事故が多いという問題点をかかえている。工事に従事する作業員を業務上の災害から守る安全管理は、人道上、社会道徳上きわめて大切なことである。建設業の労務事情は高齢化が著しく、安全の確保は工事施工管理の最優先課題であり、工事進捗および工事管理の重要なファクターになっている。一方、土木工事においてもプレハブ化、機械化さらにはロボット化などの努力が重ねられているが、まだまだ労働集約的な作業が多い。したがって生産性向上は労務管理の重要な課題である。

　2015年12月 国土交通省は、「ICT の全面的な活用（ICT 土工）」等の施策を建設現場に導入することにより、建設生産システム全体の生産性向上を図り、魅力ある建設現場を目指す取組み「i-Construction（アイ・コンストラクション）」の導入を表明した。また、ICT建機の普及に向けて、ICT建設機械のリース料などに関する新たな積算基準や施工パッケージ型の積算基準をICT活用工事に補正する積算基準が策定された。このような施策により i-Construction の推進が図られ生産性の向上が期待されている。

　労務管理を有効に実施するためには、労務の投入人員を工種、場所別まで分解して管理すべきであり、また年齢、習熟度まで考慮した評価も必要となる。基準となる計画歩掛りは、過去の実績データをもとにし工事の施工条件を勘案して設定することが重要である。

　労務管理は、次に示すような形で他の関連業務と密接に関連している。

- ・ 労務データは、原価管理の基礎データである。
- ・ 労務運用計画は、工程計画の重要なファクターである。

　例えば、大規模な鉄筋コンクリート構造物の築造では、型枠工・鉄筋工をはじめとする作業員の動員計画と運用計画が重要であり、工程と原価に大きく影響する。

　建設業全体で担い手不足が問題となる中、建設技能者のキャリアアップを支援し処遇改善をしていくため、また、建設業に若い人を呼び込むことをねらっての施策として、国土交通省は2019年4月より建設キャリアアップシステム（CCUS）の運用を開始した。建設技能者にICカードを交付し、建設現場の入場の際にICカードを読み取ることで資格、就業履歴、社会保険加入状況などを登録・蓄積する仕組みであり、情報が蓄積されていくことで、技能者のキャリアパスが明確になり、今 働いている人が今後も建設業界で働き続けられるよう処遇を改善し、離職を防ぐねらいもある。事業者と技能者でひもづけた情報を見れば、適切な社会保険に加入しているかどうかが明確になり、未加入の場合、元請企業が指導を行ったり、現場入場を認めなかったりといった加入対策を実施することが可能になる。

5.4.2　建設業法令遵守ガイドライン

　調達管理では、建設業法および「建設業法令遵守ガイドライン」を理解しておくことが必要である。

　元請会社が協力業者と締結する契約は、発注者と元請負人が交わす請負契約と同様に建設業法（昭和24年法律第100号）に基づく請負契約であり、建設業法に従って契約をしなければならない。元請負人と下請負人との関係に関して、どのような行為が建設業法に違反するかは、「建設業法令遵守ガイドライン　－元請負人と下請負人の関係に係る留意点－」（初版2007年6月、第5版2017年3月）に述べられている。

　建設業法では、見積り依頼・契約・支払の各段階で、詳細に守るべき点が定められている。契約段階では「下請契約の締結」に関する8つのルールがある。[3]

① （見積条件の明確化と適正な見積期間）　見積依頼は、工事内容、工期等の契約内容をできる限り具体的に提示し、下請負人が見積りを行うに足りる期間を設けなければならない。

② （内訳を明らかにした見積り）　建設工事の見積書は、「工事の種別」ごとに「経費の内訳」が明らかとなったものでなければならない。

③ （書面契約の締結）　下請契約の締結・契約変更に当たっては、契約の内容を明示した適正な契約書を作成し、元請下請の双方が相互に交付しなければならない。

④ （契約変更）　下請工事に関し追加工事が発生した場合、又は工期が変更となった場合には、着工前に書面による変更契約を締結しなければならない。

⑤ （不当に低い請負代金と指値発注の禁止）　自己の取引上の地位を不当に利用し、通常必要と認められる原価に満たない金額で請負契約を締結してはらなない。

⑥ （不当な使用資材等の購入強制の禁止）　下請契約の締結後に、自己の取引上の地位を不当に利用して、使用資材等又はこれらの購入先を指定して、下請負人の利益を害してはならない。

⑦ （やり直し工事）元請負人が費用を全く負担することなく、下請負人に対して工事のやり直しを求めることができるのは、下請負人の施工が契約書に明示された内容と異なる場合又は下請負人の施工に瑕疵等がある場合に限られる。

⑧ （工期）　建設工事の請負契約の当事者である元請負人と下請負人は、当初契約の締結に当たって適正な工期を設定し、元請負人は工程管理を適正に行い、できる限り工期に変更が生じないよう努めなければならない。

5.4.3　出来高管理

　工事が始まると、日々協力業者と打合せをしながら、施工計画書・設計図書・工程表にもとづき工事は進捗していく。この進捗度合いを図面や数値情報として管理していくことが出来高管理業務である。ここでいう「出来高」とは、工事の進捗度合いを金額で換算したものである。一方、「出来形」とは寸法や数量で表した工事の進捗度合いの数量である。

　出来高には、請負出来高、協力業者出来高がある。

　　　a) 請負出来高: 発注者への出来高報告や取下げ金管理に用いる

　　　b) 協力業者出来高:協力業者への支払い金額の査定に使用する

　出来高管理業務には前述の「現場マネジメントの概念（ 図 1.13 参照)」に示す出来形測定、出来高算定、取下げ業務が含まれ、後述する支払管理の業務に対しても、出来形および出来高の情報を提供し、現場のさまざまな管理業務の基本データとして利用されることも特徴であって、次の3つの段階に大別される。

(1) データの収集段階

データの収集段階の業務は、次の2種類に分けられる。

- ・日常管理記録業務
- ・月次などの出来形計測・測量業務

日常管理記録業務で集められるデータは、現場の各工種における日々の細かな施工量を把握するもので、労務・資機材・工程管理などにも利用される。具体的な例は、トンネル掘進量、コンクリート打設量、土運搬量などがある。

月次の出来形計測・測量業務は月次や請求時期に記録されるものであるが、工程や品質管理にもそのデータは、利用される。具体的には、切・盛土形状、埋設管布設延長、躯体コンクリート出来形などの計測・測量業務である。

(2) データの整理・加工段階

データの整理・加工段階の業務は、次の4段階の業務である。

- ・出来形図面の作成
- ・出来形数量計算
- ・出来高算出
- ・出来高進捗報告などの書類作成

日次処理や月次処理で集計した出来高にかかわるデータを基に、数量計算ができるように図面にあらわし、前回分と重ね合わせ当月出来高を算出する。この段階では、設計数量データも必要となり設計数量に対する出来形と実際の出来形の両方が求められる。

出来高進捗報告書などの書類作成業務は、各工種別に当月出来形数量、累計出来形数量、残工事数量をまとめる作業が基本となる。例えば発注者に対する出来高報告書の作成、協力会社用の出来高明細書の作成、現場管理のための出来高曲線類の作成などである。また、実績データ蓄積のために歩掛り・施工規模・条件・工期・コストなどを把握することも必要である。

(3) 整理・加工されたデータの使用段階

データ使用段階の業務としては、次のようなものがある。

- ・取下げ業務
- ・実績データの蓄積業務
- ・支払管理等の関連管理業務へデータの提供

出来高管理業務は出来高を把握するとともに、現場運営のためのさまざまな管理業務に対し出来高データを提供することが主な業務である。原価管理でいえば、現在までの原価算定や残工事原価算定時の基本となるデータであり、この精度がそのまま最終粗利益算定に影響してくることになる。

5.4.4　歩掛り徴集

前項では日々、又は月次の出来形数量を把握し、出来高を算出することについて述べたが、もう一つ重要なのはその出来形数量を達成するために要した投入資源(材料、労務、機械等)を把握し、実績の歩掛り徴集を行うことである。

実績の歩掛り徴集を行い、実行予算における代価(投入資源と歩掛りにより求めた各工種の単価の根拠)、外注工事

を発注する際の代価などと比較することによって、将来同類の工事を施工する際の施工計画、予算作成に役立ち、結果的には工事の受注、会社の利益向上にもつながることになる。また、協力業者が発注単価の範囲内で施工できているかどうかを把握することは、協力業者を育成するためにも重要なことである。

施工中の歩掛り徴集は以下のような手順で行う。

① 日々の管理、記録

歩掛り徴集のポイントは日々データの記録をすることである。作業終了後、その日の実績投入資源(材料、労務、機械等)の数量と共に出来形数量を記録する。記録はいつ誰が見てもわかるように工事日報、使用材料受払い簿などに残すことが必要である。データ徴集をする際、予算代価または発注代価を元に、当該工種の単価がどのような代価で成立しているかを前もって認識し、代価を構成している投入資源を的確に把握することが重要である。

② 工事実績の把握と残工事原価予測

日々の管理を継続し、一定期間ごと、エリアごと、対象物ごとに実績投入資源と出来形数量の集計を行う。集計の結果、工種・項目毎に計画工程表、予算代価、発注代価などと比較を行い、計画どおりの成果があがっていない場合はその原因を追及し、施工方法の改善、使用材料の検討等の対策を講ずる必要がある。また、未施工、未発注の同種作業が残っている場合は実績を元に残工事の原価予測を見直し、発注時には実績を考慮する必要がある。

5.4.5　支払管理　（B）

支払管理とは、工事の進捗に伴う協力業者出来高を算出し、協力業者への支払金額の決定を行っていく管理のことである。

（1）出来高査定および出来高調書作成

支払管理に関する出来高とは「**5.4.3　出来高管理**」で示した b)協力業者出来高 のことである。

協力業者出来高 ＝ 直接工事費＋共通仮設費＋現場管理費＋事業主負担法定福利費

直接工事費 ＝ Σ出来形数量×発注単価

共通仮設費 ＝ Σ出来形数量×発注単価

現場管理費 ＝ （直接工事費＋共通仮設費）×現場管理費率

事業主負担法定福利費 ＝ 労務費総額×法定保険料率

法定福利費は、通常、見積内訳書に計上した労務費を賃金とみなして、それに各保険の保険料率を乗じて算出する方法が一般的である。その他の方法として、以下のような算出方法もある。

事業主負担法定福利費 ＝ 工事費×工事費当たりの平均的な法定福利費の割合

事業主負担法定福利費 ＝ 工事数量×数量当たりの平均的な法定福利費

法定福利費の算出方法としては、自社の施工実績に基づくデータ等を用いて工事費に含まれる平均的な法定福利費の割合や工事の数量当たりの平均的な法定福利費をあらかじめ算出した上で、個別工事ごとの法定福利費を簡便に算出することもある。この方法は、その性質上、ある程度定型化した、工事費の増減又は数量の増減が労務費と比例している工事について使用することが適当である。法定福利費の計算手法は調達管理の際に徴収する見積内訳書にあらかじめ明示し、その計算手法に基づいて算出し、支払いを行う。

(2) 支払い金額の決定

上記の出来高を出来高調書に取りまとめ、通常月末に協力業者へ支払う金額を決定する。出来高調書をもとに、協力業者から請求書を受け、社内の担当部署の承認を得た後、支払い金額を決定し、支払処理が行われる。

(3) 下請代金の支払いの適正化のために

下請代金が適正に支払われなければ、下請負人の経営の安定が阻害されるばかりではなく、ひいてはそれが手抜き工事、労災事故等を誘発し、建設工事の適正な施工の確保が困難になりかねない。その防止のために下記の守るべきルールが設定されている。[3]

① （有償支給の資材代金の回収時期）下請工事に必要な資材を注文者が有償支給した場合は、正当な理由がある場合を除き、当該資材の代金を下請代金の支払期日前に下請負人に支払わせてはならない。

② （検査及び引渡し）下請工事の完成を確認するための検査は、工事完成の通知を受けた日から20日以内に行い、かつ、検査後に、下請負人が引渡しを申し出たときは、直ちに工事目的物の引渡しを受けなければならない。

③ （下請代金の支払期日）注文者から請負代金の出来高払又は竣工払を受けたときは、その支払の対象となった工事を施工した下請負人に対して、相当する下請代金を1か月以内に支払わなければならない。

④ （特定建設業者に係る下請代金の支払期日の特例）特定建設業者は、下請負人（特定建設業者又は資本金額が4,000万円以上の法人を除く。）からの引渡し申出日から起算して50日以内に下請代金を支払わなければならない。

⑤ （割引困難な手形による支払の禁止）特定建設業者は、下請代金の支払を一般の金融機関による割引を受けることが困難と認められる手形により行ってはならない。

⑥ （赤伝処理）赤伝処理を行う場合には、元請負人と下請負人双方の協議・合意が必要であるとともに、元請負人は、その内容や差引額の算定根拠等について見積条件や契約書に明示しなければならない。

⑦ （帳簿の備付け・保存及び営業に関する図書の保存）建設業者は、営業所ごとに営業に関する事項を記録した帳簿を備付け、5年間保存しなければならない。

⑧ （関係法令）建設業の下請取引に関する建設業法との関係における独占禁止法や強制加入方式をとっている社会保険・労働保険についても、建設業法と同様に遵守しなければならない。

5.4.6　収支管理　（C）

土木工事において、収支管理とは、工事の進捗にあわせて既に発生した原価を集計し、集計結果をもとに「予算」と「実績」の差異分析を行い、残工事の支出予測をたて、できるだけ早期に正確な「最終予想原価」を算定することである。収支管理は適正予定利益を確保することが目的となる。

工事完成までには長期間を要し、実際に支出した原価が最終的に確定するには時間がかかる。よって工事期間中は、最終的に工事に要する総費用の見込み額を、「最終予想原価」として算定して原価管理を行う。

最終予想原価は、既に発生した原価と現時点で予測する残工事原価の合計である。ここでは、既に発生した原価を既成費、残工事原価を未成費と呼ぶ。

最終予想原価 ＝ 既に発生した原価（既成費） ＋ 残工事原価（未成費）

既成費と未成費の算出方法は大きく分けて契約基準と支払い基準の2種類の考え方がある。

① 契約基準　:材料および工事について、業者と契約した金額を既成費としてとらえ、未契約の原価を未成費と考える場合。

② 支払い基準:材料および工事について、納入または施工済みで、支払いが完了したところまでを既成費、未契約または契約済みであるが未納入・未施工により支払いを行っていない原価を未成費と考える場合。

　既成費・未成費の算出方法は建設会社各社により異なり、①②の考え方を材料・外注工事それぞれで組み合わせ、独自の原価管理を行っているのが現状である。代表的な3タイプを **図5.21** に示す。

凡　例	既成費	未成費

Aタイプ ： 材料・工事とも契約基準

材料費	既契約材料 納入・支払い済み	既契約材料 未納入	未契約材料 未納入
外注工事費	既契約工事 出来高支払い済み	既契約工事 未施工	未契約工事(既契約工事の見直し分を含む) 未施工

Bタイプ ： 材料・工事とも支払い基準

材料費	既契約材料 納入・支払い済み	既契約材料 未納入	未契約材料 未納入
外注工事費	既契約工事 出来高支払い済み	既契約工事 未施工	未契約工事(既契約工事の見直し分を含む) 未施工

Cタイプ ： 材料は支払い基準、工事は契約基準

材料費	既契約材料 納入・支払い済み	既契約材料 未納入	未契約材料 未納入
外注工事費	既契約工事 出来高支払い済み	既契約工事 未施工	未契約工事(既契約工事の見直し分を含む) 未施工

図5.21　既成費と未成費の範囲

(1) 既に発生した原価（既成費）の把握

　原価の集計作業では最初に既成費の集計を行う。既成費は実行予算に基づいて、工種、要素別に仕分けられ、集計する。ここで、工種とは実行予算上で、工事を体系づけたものであり、要素とは工事費を経理面でとらえ経理処理に整合性をもたせるために、勘定科目ごとに分類したもの(要素の例:材料費、労務費、外注費、経費など)である。その集計方法は先に記載のとおり、契約基準の場合と支払い基準の場合で異なるが、いずれにしても日常管理として納品伝票・日報・月報・工事記録といった帳票により、原価の発生日・工種・資源名・業者・担当者等が後で確認できるように整理しておくことが必要である。

① 契約基準の場合

　契約基準の場合、材料業者または外注工事業者との契約書の金額が既成費となる。契約書は納品、施工が開始されるまでに取り交わされるため、早期に既成費を把握できるが、契約済みであっても現場の状況が契約時の想定と異なり、契約を変更せざるを得ない場合はその都度見直さなくてはならない。この見直し部分は変更契約が完了するま

では未成費としてとらえることになる。

　契約基準における既成費は、見積書・契約書の金額を実行予算の工種・要素に仕分け・集計して把握する。したがって、既成費の仕分け・集計、未成費の見直し作業は業者との契約の都度となり、契約内容どおりに現場が進行している場合は未成費を見直す必要がないため、支払い基準に比べて手間がかからない。しかし、最終予想原価を把握することだけに限っては支払金額を集計する必要はないが、昨今の決算処理は従来の工事完成基準ではなく、進行基準で行われるため、工事進行割合を算出する目的として、原価(≒支払金額)を別途集計する必要がある。決算処理については「5.4.7 決算処理」において記載する。

② 支払い基準の場合

　支払い基準の場合、材料納品または施工完了部分を査定(出来高査定)し、支払いが完了したところまでを既成費とする。

　支払い金額の把握は請求書により行うが、材料業者からの請求書は材料名、数量、金額のみが記載されているだけで、どの工種に使用されたかは明確でない場合が多い。原価管理をする上で、それぞれの材料を実行予算の工種・要素に仕分けをしなくてはならないため、材料注文時には材料注文明細等を作成し、該当する工種・要素を明確にしておくと請求書の仕分けをするときに有効である。また、外注工事費は見積書に基づいた請求書により仕分けを行うため、あらかじめ見積書の項目を実行予算に合わせ、仕分けしやすいようにしておいた方がよい。

　通常、材料および外注工事は月毎に出来高査定を行い、その結果により支払いが行われるため、支払い基準の場合、既成費の仕分け・集計、未成費の見直し作業は毎月行わなければならない。また、支払い基準における決算処理(「5.4.7 決算処理」参照)では、既成費が支払額と同じであるため、契約基準とは異なり工事進行割合を算出するために支払額を集計し直す必要はない。

(2) 予算と実績の差異分析

　工事の進捗に伴い、工事着手時に作成した実行予算と既成費(契約実績または支払い実績)は差異が生じてくる。材料費や外注工事費の契約金額または支払金額の集計結果、現場の出来高等を総合的に比較し、予算と実績の差異分析を行う。差異分析は、この後の残工事原価(未成費)の予測をするために非常に重要な作業となる。予算と実績の差異分析の例を項目ごとに示す。

① 材料費の差異の分析

　材料費に差異が生じる場合の主な原因としては、数量によるものと単価によるものとがある。

　数量によるものとしては、単純な計算ミス・設計数量が現状と合わない・作業中に生じるロス率が予定と異なった・仮設材料の転用回数が当初計画と異なったなどがある。

　単価によるものとしては、予算作成時と実施工時のタイムラグ・地域ごとの工事量の増減による資機材の需給バランスの崩れなどがある。

　ここでは、使用数量の計画と実績の対比がポイントである。作業中にロスの生ずる材料は、日常管理として使用部位別に設計数量と実際の使用数量を比較し、材料ロスが実行予算の想定と差異がないかを常に把握しておかなくてはならない。また、その結果を元に、材料ロスが最小限となるように施工計画の見直しや、未成費の材料ロス率の見直しを行う必要がある。

　仮設材は、売買方式と損料方式とがあるが、損料の場合は返納を迅速に行い、損料の無駄をなくすことが重要であ

るが、損料以外に運搬費、整備費、損耗費等が必要となるため、再入荷の予定がある場合はこれらを総合的に判断し、原価が最も小さくなるようにしなくてはならない。仮設材はその転用回数や損耗の発生度合いにより損益を大きく左右するので、仮設材の転用計画・使用方法を十分検討する必要がある。

② 労務費の差異の分析

　労務費に差異が生じる場合の主な原因としては、労務賃金の差異および歩掛りの差異によるものがある。

　労務賃金によるものとしては、予算作成時と実施工時期のタイムラグ・地域ごとの工事量の増減による作業員の需給バランスの崩れなどがある。

　歩掛りによるものとしては、予算作成時の歩掛の見込み違い・熟練工の不足による当初予定出来高の未達成・予算作成時に計画していていた作業方法や作業条件あるいは作業時間の変更などがある。

③ 機械費の差異の分析

　機械費に差異が生じる場合の主な原因としては、時間当たりの作業量の見込み違い・損料や燃料の差異・作業方法や作業条件の差異・稼働率の差異によるものなどがある。機種の選定と早期の調達が必要なクレーン・運搬車等は日々の打合せにおいて作業間の調整を行い、効率よく活用することが重要である。

④ 外注費の差異の分析

　外注費に差異が生じる場合の主な原因としては、材料費や労務費および機械費が複合されて生じる場合が多く、それぞれの費用を個別に分析する必要がある。契約数量との増減生産の額を早めに把握することが重要である。

　また、土木工事では実行予算作成時に想定しておらず、協力業者との契約に見込まれていない作業が必要になる場合が少なくない。このような場合は、契約時の見積条件書、打合せ資料等を元に、協力業者と変更契約の必要性を協議し、必要に応じて変更契約をしなくてはならない。また、同様に発注者に対しても設計変更の可能性がある事項に対しては、必要な資料を用意して協議を行い、設計変更を獲得する努力が必要である。土木技術者はこれらに備え、常日頃から日報、月報、工事記録を整理し、発注者および協力業者との契約内容・契約数量、現場の出来形を把握し、比較・分析しておく必要がある。

⑤ 現場管理費や経費の差異の分析

　現場管理費は工程と関連するものが多く、工程の遅れによる現場配属職員の給料負担増、支払や取下条件の変化による資金利息の増減などがある。

　これらの差異分析結果を検討し、適時修正措置をとる必要がある。修正対策を実施して、次月の原価計算でその対策を評価し、効果が上がらなければ再修正対策を行い原価低減に向けて努力しなければならない（図5.22 参照）。修正措置は、施工方法の改善や計画変更によって社内的に対処する事項と、設計数量と施工数量の差異や施工条件の変化など発注者と設計変更の交渉を要する事項とに分類しておくことも重要である。

　また、施工条件の大幅な変更などが生じ、施工計画が変更になった場合は、当初実行予算が管理基準として不適当なものになっているため、速やかに変更実行予算を作成しなければならない。

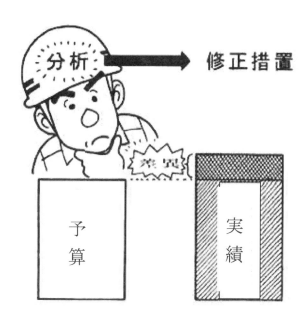

図 5.22　予算と実績に差異があるときはただちに修正措置をとる

(3) 残工事原価（未成費）の予測

　残工事原価（未成費）の見直しは既成費を仕分け・集計後、その都度行う必要がある。既成費の実績より予算との差異分析を行い、その結果により未成費の数量と単価を見直し、今後必要な費用を算出することが未成費の予測において重要であり、単純に実行予算金額から既成費を差し引いたものを未成費としてはならない。

　未成費の予測は、施工実績に基づく工種ごとの単価変更、施工方法の変更、資材調達の見直し等を考慮して算出されなければならないため、工事全体を把握した上で今後の予測をする能力が必要となり、経験、実績、記録等の裏付けが重要で、技術者としての真骨頂が問われるところとなる。実行予算が入札時の元積りの詳細検討であるのと同様に、未成費の予測は施工の進捗に伴い、実行予算で算出された工事原価を詳細に再検討するものである。

(4) 設計変更と先行工事

　原価管理においては発生した原価を各工種に仕分けをする際、その費用が請負契約内の工事であるか、あるいは請負契約外の工事で設計変更の対象となる先行工事かを明確に分類する必要がある。設計変更の詳細については、「第7章　設計変更と原価管理」で詳細に述べるので、ここでは割愛する。請負契約外の先行工事は、設計変更金額が未確定のまま着手し、工事終了後に変更工事価格が確定する場合が多く、当初の実行予算のままでは適切な原価管理を行うことはできない。したがって、先行工事については、設計変更金額が未確定であっても、当初の実行予算とは区別して、先行工事に対する変更実行予算を作成し、出来高管理や残工事の予測を行うことが必要である。

　企業としての適切な利益を確保するために設計変更の協議を行い、妥当な金額を獲得することも現場技術者としての重要な要素といえる。また、可能な限り速やかに、設計変更金額の見込み額を予想し、粗利益額の予想精度を高めることも企業人として求められている。

(5) 最終予想原価・収支の把握

　最終予想原価の算定とは、出来高および支払実績、契約実績などの既成費をもとに、工種ごとの支出予測をたて、未成費や戻入金を予測して最終的な総支出金額を予想することである。

　原価管理の目的は、工事竣工までにかかる費用の合計である最終予想原価を算出し、予算と実績の差異分析により、できるだけ早く原価の悪化を発見し、その対策を立て、原価低減に向けて努力することである。したがって、設計変更金額が未決定でも原価管理は可能であり、前述したように先行工事実行予算を早期に作成し、予算額と最終予想原価との差異を発見し、原価低減に向けて取り組まなければならない。

　一方、収支の把握（粗利益額の予想）は下記のようにおこなわれる。

$$粗利益額＝（\ 最終予想工事価格\ ）－（\ 最終予想原価\ ）$$
$$＝（既契約の工事価格＋設計変更見込額）－（既契約分の最終予想原価＋先行工事の最終予想原価）$$

　ここで、設計変更見込額は、発注者と交渉する前に設計変更金額を予想したものである。

　以上の手順で求めた工事価格、実行予算、最終予想原価、最終予想粗利益、支出金等を取りまとめたものが、工事原価報告書であり、通常、月毎に作成される。工事原価報告書の例を「**6.3.11 工事原価報告書**」に示す。

5.4.7 取下金管理 （D）

　最終原価の予測過程で算出される出来高に基づき、請負契約の支払条件にしたがって発注者へ提出する取下金請求を管理するものである。具体的には、前払金（前渡金）よりも大幅に支出金が上回ってくれば、工事途中であってもできるだけ早く工事の出来高に応じて、段階検査を要望し、適時中間金を入手するべく努力しなければならない。支払条件については、顧客より入札前に提示されるが、契約時には確認しておく必要がある。

　現代は、資材相場・金利変動などによって会社の資金繰りが大きく影響を受ける時代である。例えば前払金などは通常、各社取引金融機関において保管されて金利を得る。実行予算作成時点での材料価格が入手時期には高騰することもある。このように相場変動や入金時期などに十分考慮した先を見据えた管理が求められている。担当者は各々の工事現場単体で考えていては企業運営が成り立たないことを改めて認識する必要がある。

5.4.8 決算処理

　決算とは、契約した単一工事の一定期間の収支のすべてを計算することである。決算処理においては各社の判断により、工事完成基準または工事進行基準を適用する。

　工事期間が短期あるいは会計時期にまたがらないなどの場合は、工事竣工後の清算処理のみ（工事完成基準）となるが、工事期間が長期に渡る工事の場合は、施工企業各社の年度あるいは四半期等の決算時期に応じて、工事現場においても工事途中過程での清算、つまり決算処理（工事進行基準）を行うことが必要となる。

(1) 工事完成基準と工事進行基準

　請負工事に関する工事収益の、決算への計上は、工事完成基準又は工事進行基準の2種類ある。

　①工事完成基準は、工事が完成し、その引渡しが完了した時点で工事収益を計上する。

　②工事進行基準は、四半期等の決算期末にその時点の工事進行程度と最終見込み損益を元に算出した損益の一

部を当該決算の損益として計上する。

　国土交通省は大企業と同様に中小建設業においても、工事進行基準で会計処理をすることを原則とするよう建設業法施行規則を改めた。ただし、建設業法施行規則の完成工事高の定義に、「工事進行基準による場合は」と「工事完成基準による場合は」と並列的に定義してあるとおり、会計処理を工事進行基準に限定しているわけではない。

　工事進行基準では、工事収益総額・工事原価総額・工事進捗度など見積要素が多く、各企業の判断の幅が広くなる。ゆえに工事進行基準の適用にあたっては、信頼性のある原価見積を作成するための体制を構築することが求められる。

　工事進行基準により工事の施工途中で決算をする場合は、工事の進行程度(一般に工事進行割合と呼ばれる)によりその時点の完成工事高と損益を計算する。工事進行基準に基づいた決算におけるそれぞれの数値は以下の式により求められる。

　　　工事進行割合(%)　＝　既払い原価　÷　最終予想原価

　　　最終予想工事価格　＝　既契約工事価格　＋　未契約工事価格

　　　完成工事高　　　＝　最終予想工事価格　×　工事進行割合(%)

　　　損益(粗利益)　＝　（　最終予想工事価格　－　最終予想原価　）　×　工事進行割合(%)

　ここで既払い原価とは、材料費、外注工事費、職員給与等経費の内、既に支払い済みの金額の合計となるが、仮設材料(鋼材、仮設資材など)を売買で契約し、返納時に応分の買い戻し金額が予測される場合は、この金額を戻入費として既払い原価から控除しておく必要がある。

　また、未契約工事価格とは施主との設計変更契約が成立していない先行着手工種の想定工事価格を集計したものであるが、工事進行基準での決算においては、この未契約工事価格の設定が非常に重要となる。未契約工事価格の予測は工事応札時の予定価格の推定と同様に、施主の積算基準等を用いてできるだけ正確な予測が必要となる。

5.5 工事竣工後段階

工事が竣工段階となれば工事原価と請負金額(設計変更処理を含む)はほぼ確定しており、コストをコントロールできる時期は過ぎ去っている(**図5.23**参照)。

この段階で行う作業は以下の3点である。

①工事原価を確定すること(原価確定処理)

②工事精算をおこなって報告すること(最終原価報告)

③工事中に得られたデータを今後の工事に生かす工夫をすること(施工実績の蓄積)

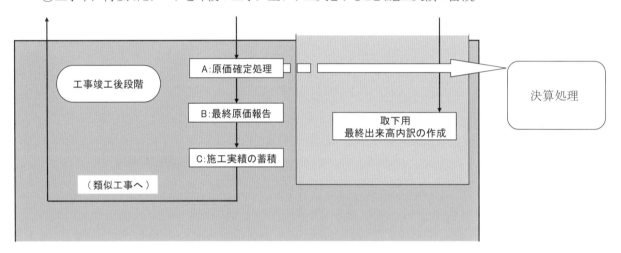

図 5.23 工事竣工後段階のフロー

5.5.1 原価確定処理 (A)

工事竣工間際になってくると、まだ精算されていない支払い額や今後発生すると予測される費用を見越しておく必要がある。例えば竣工検査前後の片付け・場内清掃などの費用、事務所撤去費用、竣工検査における補修費用、工事報告書の作成費用などが該当する。

この竣工する段階でまだ支払っていない費用のことを完成工事未払金と呼び、将来に支払うべき金額を竣工前の工事の中で確保しておくという意味あいの費用である。完成工事未払金が決まることにより、当該工事が最終的にいくらで終了したかが把握され、最終工事原価が確定することになる。また、未払い計上とは逆に未収計上が必要な項目として、労災保険還付金(労災メリット)がある。工事を無事故で完成した場合は労災保険料の40%が労災保険還付金として工事完成後一定期間後に払い戻される。しかし、重篤災害を起こした工事では逆に、最大40%までの追徴金を納付しなくてはならないこともあるため注意を要する。

5.5.2 最終原価報告 (B)

工事原価が確定し工事が竣工すると、工事完成報告書を作成して工事予算と精算の対比を行う。また、会計部門では当該工事の決算作業を行い、社外報告ができるような状態にする。

5.5.3 施工実績の蓄積 （C）

施工経験は土木技術者にとって貴重な財産であり、その実績を蓄積することは個人、企業にとって重要な作業となる。土木工事は常に一品生産、現地生産という特徴から、施工実績を他工事にそのまま流用することはできない。しかしながら同じ名称の代価は何度も現れるため、施工の途中で発生した原価管理に関する情報の保存・整理は、将来の工事の参考データとなる。保存すべきデータは工事の状況や当該施工会社の事情などで様々に考えられるが、例えば以下のような項目をあげることができる。

- ・請負金額の内訳書
- ・施工計画書
- ・実行予算書とその代価表
- ・工事で調達した資機材の単価
- ・外注工事の発注金額・内訳書
- ・各作業の歩掛り
- ・竣工図面、実施工程表、施工体制台帳、契約書類など

以上のような情報を的確に整理して蓄積しておけば、類似工事の工事獲得段階における元積りや工事着手前段階における実行予算の作成に役立ち、作業の迅速化が図れることとなる。ただし、資機材単価は市場の変化により大きく変化しており、適宜見積もりを徴収し整合性を図る必要があり、歩掛りについても施工方法、施工条件により大きく変化するため、その使用に当たっては万全なものではないことを十分に認識し活用しなければならない。

一方、近年の入札においては配置技術者の経験が問われているため実績証明が必要となる。国土交通省発注工事においては配置予定技術者の能力として、同種工事の従事経験が求められており、CORINS 工事カルテが基本となるものの、資格審査の厳正化に伴い対象工事期間の従事証明等が求められる場合も多い。書類としては、工程表、工事の設計図面等の資料（発注者の証明があるものが望ましい）などが必要とされる。工事の記録がないために入札機会を逸しないためにも図面、工程表、施工体制台帳、契約書類などは電子ファイルにして保存し、新規工事が公告になった際、すぐに検索できる形にするとよい。

施工実績の整理は工事の最終段階での作業となり、時間的制約のため簡易的なものとなりがちであるが、会社、個人の貴重な財産であることを認識し、施工状況（不具合など）を十分加味した上で社内報告することが望ましい。

参考文献

1) 国土交通省関東地方整備局:土木工事条件明示の手引き（案）、2019年9月
2) 国土交通省大臣官房地方課ほか:国土交通省直轄工事における総合評価落札方式の運用ガイドライン、2013年3月（2016年4月改正）
3) 一般財団法人建設物価調査会:改訂8版 土木工事の実行予算と施工計画、2017年1月
4) 国土交通省・総務省・財務省:入札契約適正化法に基づく実施状況調査の結果について、2011年1月
5) 国土交通省・総務省・財務省:入札契約適正化法に基づく実施状況調査の結果について、2019年1月
6) 総務省・国土交通省:ダンピング対策の更なる徹底に向けた低入札価格調査基準及び最低制限価格の見直し等について、2019年3月

7) 国土交通大臣・財務大臣：公共工事の入札及び契約の適正化の推進について（各省各庁の長あて）、2006 年 12 月

8) 総務省・国土交通省：公共工事の入札及び契約の適正化の推進について（各都道府県知事あて）、2006 年 12 月

9) 国土交通省：平成 31 年度施工パッケージ型積算方式標準単価表、2019 年 3 月

10) 国土交通省：平成 31 年 3 月から適用する公共工事設計労務単価表、2019 年 3 月

11) 国土交通省：「土木工事工事費積算要領及び基準の運用」の一部改定について、2019 年 3 月

12) 国土交通省：低入札価格調査基準の運用の見直について、2017 年 3 月

13) 国土交通省：低入札価格調査制度対象工事に係る特別重点調査の試行について、2009 年 4 月（最終改正）

14) 国土交通省関東地方整備局：工事請負契約における設計変更ガイドライン（総合版）、2019 年 9 月

15) 国土交通省関東地方整備局：土木工事共通仕様書 平成 31 年版、2019 年 3 月

16) 国土交通省：総価契約単価合意方式の見直し（平成 28 年 4 月 1 日入札公告より適用）、2016 年 3 月

17) 国土交通省：総価契約単価合意方式実施要領の解説、2016 年 3 月

18) 財団法人建設業適正取引推進機構：わかりやすい建設業の元請・下請ルール（改訂7版）、P3、P19、平成 29 年 7 月

第6章　原価管理の実践編

6.1 工事獲得段階: 工事公告から契約まで

前節で述べた工事の獲得前の段階から工事竣工後の段階までに各段階で行う作業の流れについて、ある架空の工事を想定して具体的に述べる。これから例示する工事の種類は下水道工事で、名称を「建マネ下水道管渠工事」ということにし、順に工事完成までを追いかけることにする。

6.1.1　工事公告

工事獲得前段階(工事公告、発注者の予定価格の推定、元積り作成、入札、契約)のフローと注意事項を**図 6.1** に示す。

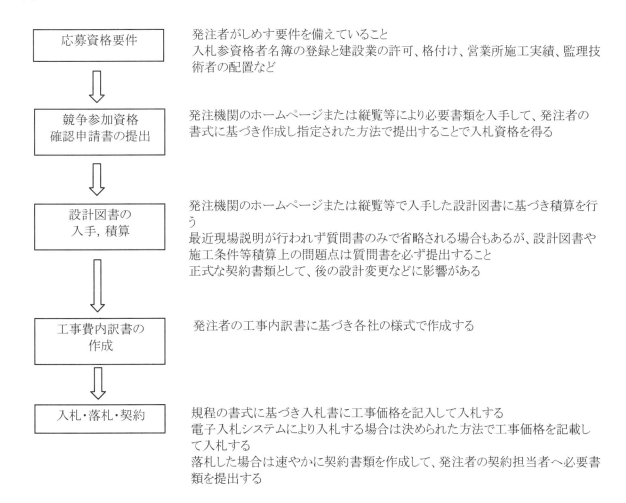

図 6.1 工事公告から契約までのながれ

※「設計図書」とは、「工事公告」、「金抜設計書」、「設計図」、「現場説明書」、「特記仕様書」、「質問回答書」などがある。

工事公告の例(地方公共団体の一般競争入札)を**表 6.1**に示す。

表 6.1　工事公告の例

○○県公告第○○号

○○県工事請負一般競争入札(事後審査型)公告

　建設工事について、下記のとおり一般競争入札を行うので、地方自治法施行令(昭和22年政令第16号。以下「施行令」という。)第167条の○○○契約規則(平成○○年規則第○○号)第○○条の規定に基づき公告する。なお、本公告に記載のない事項については○○県建設工事等一般競争入札(事後審査型)試行要綱の規定によるものとする。

　　　令和○○年○月○日

　　　　　　　　　　　　　　　　　　　　　　　　○○県知事　土木　太郎

1　入札対象工事

　(1)工　事　名　　　建マネ下水道管渠工事

　(2)工事場所　　　　○○県○○市○○町地先(県道○○○号線上)

　(3)工　　　期　　　契約締結日から令和○○年○月○○日まで

　(4)工事概要　　　　公共下水道計画に基づき、φ700mm の汚水管を泥水推進工法により設置するものである。

　(5)施工条件

　　① 地形

　　　　施工場所は、関東平野内陸部の河川に沿った低地帯にある小都市の主要道路である。

　　② 地質

　　　　表面は関東ロームまたは埋め土に覆われ、その下に沖積世の砂・粘土が堆積している。さらに、下位には洪積世の砂礫層が存在する。

　　③ 地下水

　　　　地下水位はGL－1.0m～2.5m。

　　④ 交通

　　　　車道幅員は 9.0m、両側に幅 1.5m の歩道があり、朝夕を除けば車両の通行は多くない。工事は、片側の歩道と車道部 3.0m を占有して施工する。工事中は車道幅員を片側 3.0m に縮小して迂回路を設けるが、工程によっては誘導員を配置して片側交互通行も可能である。

⑤ 作業時間

8:00～17:00の昼間施工とし、日曜日、土曜日および祝祭日を休工日とする。

⑥ 埋設物・架空線

埋設物は移設済みであるが確認を必要とする。

○○電力の架空線(6,600V～110V)は、路線に並列している。

(6) 入札手続等の方法

本工事は、資料の提出、届出及び入札を○○県電子入札共同システム(以下「電子入札システム」という。)により行う。

2 競争参加資格確認申請書の提出

入札参加を希望する者は次に示す期間内に電子入札システムにより競争参加資格確認申請書(以下「確認申請書」)に「ダイレクト入札参加申請書.pdf」ファイルを添付し提出する。

令和○○年○月○日(月) 午前9時から

令和○○年○月○日(金) 午後3時まで

(ただし、電子入札システムが稼動していない時間を除く。)

3 入札執行の日時等

(1) 入札書提出期間

令和○○年○月○日(火) 午前9時から

令和○○年○月○日(木) 午後3時まで

(ただし、電子入札システムが稼動していない時間を除く。)

(2) 開札日時

令和○○年○月○日(金) 午前9時

(3) 上記の期間・日時は変更することがある。この場合、電子入札システム上で案内する。

4 入札に参加できる者の形態 単体企業とする。

5 入札に参加する者に必要な資格

(1) 令和○○年度○○県建設工事等入札参加業者資格者名簿(以下「資格者名簿」という。)に登載されている者のうち、土木一式工事について建設業法に定める特定建設業の許可を受けている者で、次の要件を満たしている者であること。

ただし、本公告日において資格者名簿に登載された内容に変更があり、次の要件を満たさなくなった者、または本公告日以降、新たに資格者名簿に登載された者は除く。

(2) 資格者名簿において、土木一式工事の格付けが、A等級である者。

(3) 県内に本店又は建設業法に基づく許可を受けた営業所がある者。

(4) 過去に、シルード・ミニシールド又は推進工法による下水道管渠工事を完成させた工事実績(下請は除く)がある者。

(5) 本件工事の対象工事に対応する許可業種に係る監理技術者(一級土木施工管理技士またはこれと同等の資格を有し監理技術者資格者証の交付を受けている者に限る)を専任で配置できること。

(6)　建設業法第27条の23第1項に基づき、該当業種に関して、開札日から○年○ヶ月前の日以降の日を審査基準日とする経営事項審査を受けていること。

(7)　○○県契約規則第○○条の規定により、○○県の一般競争入札に参加させないこととされた者でないこと。

(8)　本件工事の公告の日から開札の日までの期間に、○○県建設工事等の契約に関する指名停止等措置要綱に基づく指名停止措置を受けていない者。

(9)　地方自治法施行令第167条の4の規定のほか、次の各号に該当しない者。

　　ア）手形交換所による取引停止処分を受けてから2年間を経過しない者又は本工事の入札日前6カ月以内に手形・小切手を不渡りした者。

　　イ）　会社更生法(平成14年法律第154号)に基づく更生手続開始の申立てがなされている者、又は民事再生法(平成11年法律第225号)に基づく再生手続開始の申立てがなされている者でないこと。ただし、手続き開始決定を受けている者を除く。

6　入札参加資格の有無の確認

　　○○県建設工事請負一般競争入札(事後審査型)試行要綱に基づき入札執行後に確認する。

7　設計図書等

(1)　公開日　　　　令和○○年○月○日(月)

(2)　工事仕様書等、その他入札金額の見積に必要な図書は、電子入札システムからダウンロードして下さい。

　　　仕様書は、ZIP形式圧縮ファイルになっています。解凍フリーソフトを使用するとフォルダーが現れ、PDF形式で保存されます。

8　設計図書に関する質問

　　設計図書に関して質問がある場合は、次のとおり、質問書を電子入札システムにより提出すること。

(1)　受付期間

　　　　令和○○年○月○日(月)　　　　午前9時から

　　　　令和○○年○月○日(水)　　　　午後3時まで

　　　(ただし、電子入札システムが稼動していない時間を除く。)

(2)　質問に対する回答

　　　　質問に対する回答は、電子入札システムにより、令和○○年○月○日(金)までに掲示する。

9　最低制限価格

　　設定する。

　　　最低制限価格を下回る価格にて入札が行われた場合は、当該入札をした者を失格とし、予定価格の制限の範囲内で、最低の価格をもって入札した者を落札者候補とする。

10　入札保証金

　　○○県契約規則第○条の規定により免除する。

11　契約保証金

　　○○県契約規則第○条の規定により契約金額の100分の10以上とする。

12　支払条件

　（1）　前払金　　あり

　（2）　部分払　　なし

13　入札に関する注意事項

　（1）　入札書に記載する金額

　　　　落札決定に当っては、入札書に記載された金額に当該金額の100分の10に相当する額を加算した額（当該金額に1円未満の端数があるときは、その端数金額を切り捨てた金額）をもって落札金額とするので入札者は、消費税に係る課税事業者であるか免税事業者であるかを問わず、見積もった契約希望額の110分の100に相当する金額を入札書に記載すること。

　（2）　提出書類

　　　　入札時に入札書とともに入札金額見積内訳書を提出すること。入札金額見積内訳のファイル名は、会社名を加えたものであること。(例「見積内訳書　○○建設.xls」)

　（3）　入札執行等

　　　ア)入札に参加する者の数が1人であるときは、入札を執行しない。

　　　イ)入札回数は1回とする。

　（4）　入札の辞退

　　　ア)競争参加資格確認申請後も、入札の完了に至るまでは、いつでも入札を辞退することができる。この場合において、システムにより辞退の手続きをする。

　　　イ)入札を辞退しても、これを理由として、以後の入札指名等について不利益な取り扱いを受けることはない。

　（5）　最低価格が同額の場合

　　　　システムの電子くじを利用し、落札者を決定する。

14　開札後に関する事項

　（1）　本入札は事後審査型のため、開札後入札を保留する。落札候補者通知書を受けたものは、「一般競争入札参加資格等確認申請書」「一般競争入札参加資格等確認資料」等の指定された書類を、通知を受けた日から2日以内に提出すること。

　（2）　落札決定後、システムにて入札結果を公表する。

15　談合の不正行為に係る損害の賠償

　　○○県建設工事請負契約約款(令和○○年告示第○○号)第○○により請負金額の○○分の○に相当する額を請求する。

16　電子証明書の不正利用について

　　入札参加者が電子証明書を不正に使用した場合には、指名停止等の処分を行うことがある。電子入札に参加し、開札までに不正使用等が判明した場合は、当該案件への参加資格を取り消す。落札後に不正使用等が判明した場合には、契約締結前であれば、契約締結を行わず、また、契約締結後に不正使用等が判明した場合には、着工工事の進捗状況等を考慮して契約を解除するか否かを判断する。

17　契約条項等

　　この公告に定めるもののほか、本件工事に係る入札・契約手続きについては、○○県契約規則、○○県建設工事執行規則、○○県建設工事請負契約約款、○○県建設工事検査規則及び設計図書の定めるところによる。

18　その他

（1）　提出された確認申請書は返却しない。

（2）　落札者は、確認資料に記載した配置予定技術者を当該工事の現場に専任で配置すること。

（3）　入札参加者は入札後、この公告、設計図書等、現場等について不明を理由として異議を申し立てることはできない。

19　この公告に関する問い合わせ先

　　○○県土木部契約室　工事契約担当　　電話○○○○-○○-○○○○

　　　　　　　　　　　　　　　　　　　　　　　　　　　　　　　　以上

　　工事公告時に発注者から提供される工事内訳書の例を**表 6.2**に示す。

　工事内訳書には工事種別と数量のみが記載されており、一般に「金抜設計書」と呼んでいる。

表 6.2 工事内訳書(金抜設計書)の例

建マネ下水道管渠築造工事内訳書

種別	計上寸法	数量	単位	単価	金額	摘要
直接工事費						
立坑築造工		1	式			(例題で解説)
薬液注入工		1	式			
泥水推進工	φ700mm	1	式			
マンホール設置工		1	式			
立坑撤去工		1	式			
付帯工		1	式			
共通仮設費		1	式			
安全費(交通誘導員)		1	式			
直接工事費 計		1	式			
間接工事費						
共通仮設費						
共通仮設費(積上分)						
運搬費		1	式			
事業損失防止施設費		1	式			
役務費		1	式			
営繕費		1	式			
共通仮設費(率計上分)	率計上	1	式			
純工事費						
現場管理費	率計上	1	式			
間接工事費 計						
工事原価						
一般管理費	率計上	1	式			
工事価格						
消費税相当額						
合計						

6.1.2 概略施工計画の作成

予定価格と元積もりと算出に当たっては、施工計画と工事工程の作成が必要である。

まず、概略の施工計画を立案し、それに基づき概略の工事工程を作成する。

(1) 概略施工計画

まず概略の施工計画を立案する。

① 発注者から示された施工条件から、作業時間帯は、8:00〜17:00 とし、夜間は一般交通を開放する

② 昼間の工事期間中は、片側交互通行として、交通誘導員を配置する

③ 立坑築造工は、4ヶ所あるが4ヶ所とも同時に片側通行にならないので、1ヶ所ずつ施工する

④ No.1 到達立坑は次回工事のために覆工しておき、マンホールは No.2〜No.5 までとする

⑤ 発進立坑は No.2 と No.4 である

⑥ 土留工の鋼矢板圧入引き抜きはサイレントパイラー90t 級を使用する。

日施工量は、ウォータージェット併用で最大N値 50 以下で1日当り圧入長 15m 以下で 11 枚とする

⑦ 推進工は、泥水推進で φ700mm より1日 5.6m とする。

(2) 概略工程表

概略工程表を作成する。

ただし、予定価格の推定を行う場合で発注者から工程表が提示される場合は、それを使用する。

概略の施工計画に基づき算出された推進工事の工事日数を**表 6.3** に示す。

概略工程で9ヶ月とする。概略工程表を**図 6.2** に示す。

表 6.3 推進工程日数

区　　間	推進延長(m)	実稼動日	稼働率	暦日換算日
NO.2〜NO.1	104.0	19	1.4	26
NO.2〜NO.3	100.1	18	1.4	25
NO.4〜NO.3	105.1	19	1.4	26
NO.4〜NO.5	116.0	21	1.4	29

推進機械は1台で施工する。また、1ヶ所当りの据付準備は2週間とする

実稼動日→稼働率→暦日換算日

雨休率、休日等を考慮し、稼働率は「1.4」とする

建マネ下水道管渠築造工事　概略工程表

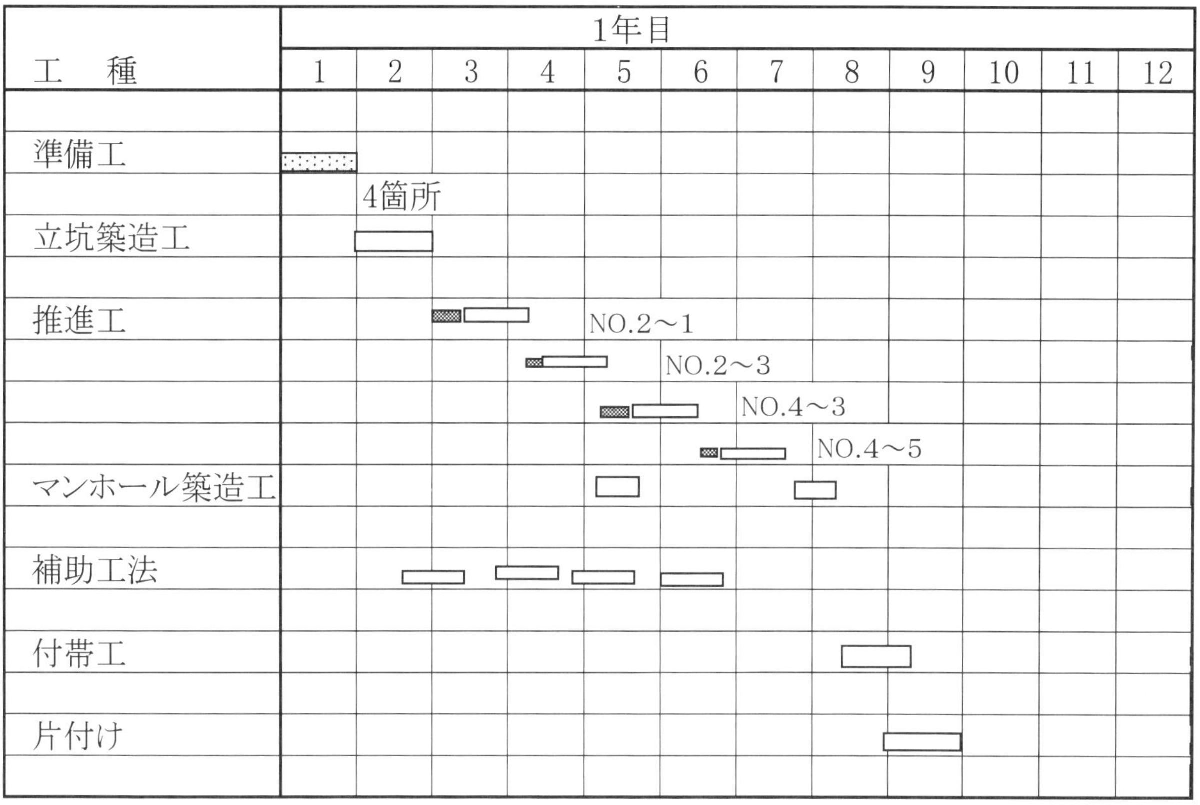

工　種	1年目											
	1	2	3	4	5	6	7	8	9	10	11	12
準備工	▨											
立坑築造工		4箇所 ▭										
推進工			▨▭		NO.2〜1							
				▨▭		NO.2〜3						
					▨▭		NO.4〜3					
						▨▭		NO.4〜5				
マンホール築造工					▭		▭					
補助工法		▭	▭	▭	▭							
付帯工								▭				
片付け									▭			

図 6.2　概略工程表

6.1.3　予定価格（推定）の算出

　各発注機関は、自らが制定する「積算基準」に基づき予定価格を算出している。

　応札者は入札に向けてこの予定価格を算出・推定し入札に臨む。

(1)　工事費の構成

　一般的に公共工事では、工事公告時に発注機関から「金抜設計書」が提供される。

　「金抜設計書」は、発注機関の積算基準に基づいた積算体系で設計書を構成しており、応札者はこの構成に従って工事費を算出するのが一般的である。

　また、工事費の構成は各発注機関によって異なるが、地方自治体等多くの発注機関では国土交通省の「土木工事標準積算基準」に準拠していることが多い。詳しくは「**3.2.1　原価の費目による区分　(1) 積算における構成項目**」を参照されたい。

　なお、「共通仮設費」は一部を除けば率計上であり、「現場管理費」、「一般管理費」も率計上が基本である。

(2)　直接工事費の算出

　直接工事費は、積算基準に基づき算出した工種ごとの単価を、金抜設計書に示された構成に従って記入することで算出する。基本的な算出手順は以下の通りである。

　　作業単価の算出＝Σ歩掛（単位当りの所要資源）×基本単価（資源単価）

　　工種単価の算出＝Σ 作業単価×作業数量

　　直接工事費の算出＝Σ工種単価×工種数量

　ここでは、「バックホウ床堀」を例に単価の算出方法を説明する。

積算基準は国土交通省の「土木工事標準積算基準書」によるものとする。

「土木工事標準積算基準書」では、平成24年度から「施工パッケージ型積算方式」を一部の工種で導入しており、「バックホウ床掘り」でもこれが採用されている。

「施工パッケージ型積算方式」の詳細な説明は、「**5.2.5**」を参照されたい。

　「施工パッケージ型積算方式」では、各条件区分に対応した東京地区（東京17区）における基準年月の施工単位当り単価（標準単価）を基に地区や年月等の補正を行い、積算単価を算出する。

標準単価は毎年度更新され、国土交通省 国土技術政策総合研究所（国総研）のホームページにて公開されている。

「施工パッケージ型積算方式」での積算方法を「床掘り」を例に解説する。

　　・施工パッケージ名称　　　床堀り
　　・条件区分　　　　　　　　土質：土砂、施工方法：標準、土留方式の種類：無し、障害の有無：無し
　　・標準単価　　　　　　　　270.62 円
　　・機労材構成比　　　　　　次ページに示す表通り

「条件区分」は、発注者から提供される「金抜設計書」や「特記仕様書」等を参考に選定する。

「標準単価」は、「施工パッケージ型積算方式標準単価表」に掲載されている標準単価である。

「機労材構成比」は標準単価に対する機械経費(K)、労務費(R)、材料費(Z)、市場単価(S)の金額構成比率である。

K、R、Z は機械経費、労務費、材料費それぞれの合計金額構成比率であり、K1〜K3、R1〜R4、Z1〜Z4、S は各代表

的な規格の金額構成比率である。これについても「施工パッケージ型積算方式標準単価表」に「施工パッケージ名称」、「条件区分」別に構成比が定められている。

「バックホウ床堀」の代表規格・構成比を**表6.4**に示す。

表6.4 バックホウ床堀の代表規格・構成比

規格			構成比(%)	基準地区単価	積算地区単価
K			46.04		
	K1	バックホウ(クローラ型) [標準型・排出ガス対策型(第2次基準値)] 山積0.8m3(平積0.6m3)	46.04	18,500	18,500
R			37.32		
	R1	運転手(特殊)	37.32	22,200	23,200
Z			16.64		
	Z1	軽油 1,2号 パトロール給油	16.64	101	113

積算地区補正単価(P')は以下の計算式で算出される。

$$P' = P \times \left\{ \left(\frac{K1r}{100} \times \frac{K1t'}{K1t} + \cdots + \frac{K3r}{100} \times \frac{K3t'}{K3t} \right) \times \frac{Kr}{K1r + \cdots + K3r} \right.$$

$$+ \left(\frac{R1r}{100} \times \frac{R1t'}{R1t} + \cdots + \frac{R4r}{100} \times \frac{R4t'}{R4t} \right) \times \frac{Rr}{R1r + \cdots + R4r}$$

$$+ \left(\frac{Z1r}{100} \times \frac{Z1t'}{Z1t} + \cdots + \frac{Z4r}{100} \times \frac{Z4t'}{Z4t} \right) \times \frac{Zr}{Z1r + \cdots + Z4r} + \frac{Sr}{100} \times \frac{St'}{St}$$

$$\left. + \frac{100 - Kr - Rr - Zr - Sr}{100} \right\}$$

P'	：	積算単価(積算地区、積算年月)
P	：	標準単価(東京地区、基準年月)
Kr	：	標準単価における全機械(K1～K3,他)の構成比合計
K1r~K3r	：	標準単価における代表機械規格 K1~3 の構成比
K1t~K3t	：	代表機械規格 K1~3 の単価(東京地区、基準年月)
K1t'~K3t'	：	代表機械規格 K1~3 の単価(積算地区、積算年月)
Rr	：	標準単価における全労務(R1～R4,他)の構成比合計
R1r~R4r	：	標準単価における代表労務規格 R1~4 の構成比
R1t~R4t	：	代表労務規格 R1~4 の単価(東京地区、基準年月)
R1t'~R4t'	：	代表労務規格 R1~4 の単価(積算地区、積算年月)
Zr	：	標準単価における全材料(Z1～Z4,他)の構成比合計
Z1r~Z4r	：	標準単価における代表材料規格 Z1~4 の構成比
Z1t~Z4t	：	代表材料規格 Z1~4 の単価(東京地区、基準年月)
Z1t'~Z4t'	：	代表材料規格 Z1~4 の単価(積算地区、積算年月)
Sr	：	標準単価における市場単価 S の構成比
St	：	市場単価 S の所与条件における単価(東京地区、基準年月)
St'	：	市場単価 S の所与条件における単価(積算地区、積算年月)

表6.4に示す条件で計算式に基づき計算すると補正単価は、280.6 円≒281 円となる。

P'積算地区補正単価 = 270.62

$$\times \Bigg\{ \left(\frac{46.04}{100} \times \frac{18,500}{18,500} \right) \times \frac{46.04}{46.04}$$

$$+ \left(\frac{37.32}{100} \times \frac{23,200}{22,200} \right) \times \frac{37.32}{37.32}$$

$$+ \left(\frac{16.64}{100} \times \frac{113}{101} \right) \times \frac{16.64}{16.64}$$

$$+ \frac{100 - 46.04 - 37.32 - 16.64}{100} \Bigg\} = 280.5195794038 = 280.6 \,(円/m3)$$

次に、従来の歩掛に基づく単価表による単価を計算する方法を次に示す。

まず、日当り施工量を求める。

日当り施工量は、土木工事標準積算基準書において施工条件に応じた日当り施工量が示されている。

バックホウ床堀における日当り施工量の例を**表6.5**に示す。

表 6.5　日当り施工量

土質	施工方法	土留方式の種類	障害の有無	作業日当り標準作業量
土砂	標準	無し	有り	180 m3/日
			無し	220 m3/日
		自立式	有り	180 m3/日
			無し	220 m3/日
		グランドアンカー式	有り	180 m3/日
			無し	220 m3/日
		切梁腹起式	有り	180 m3/日
			無し	220 m3/日

施工条件「土質：土砂、施工方法：標準、土留方式の種類：無し、障害の有無：無し」に該当する日当り施工量は、**表6.5**により220m3/日となる。

この日当り施工量からバックホウの機械運転歩掛を計算する。

単位数量(100m3)当りの歩掛として作成するため、機械の運転歩掛は、100/220=0.455(日)となる。

表6.6にバックホウ床堀の歩掛表とバックホウの機械単価表を示す。

次に機械運転単価表を計算する。機械損料、材料単価、労務単価で構成される。

表6.6 バックホウ床堀の歩掛表とバックホウの機械単価表

バックホウ床堀の歩掛表

名称	規格	単位	数量	摘要
バックホウ運転	排出ガス対策型(第2次基準値) クローラ型、山積 0.8m3(平積 0.6m3)	日	0.455	100/D D=220(日当り施工量)
諸雑費		式	1	

機-18　運転1日当り単価表

名称	規格	単位	数量	摘要
運転手(特殊)		人	1.00	
軽油	小型ローリー、パトロール給油	L	110.00	
バックホウ	排出ガス対策型(第2次基準値) クローラ型、山積 0.8m3(平積 0.6m3)	供用日	1.48	
諸雑費		式	1	

表 6.7 代価表(上段)とバックホウ運転当り単価表(下段)

バックホウ床堀 単価表

名称	規格	数量	単位	単価	金額	摘要
バックホウ運転	排出ガス対策型(第2次基準値) クローラ型、山積 0.8m3(平積 0.6m3)	0.455	日	63,010	28,670	
諸雑費		1.000	式	0	0	
				100m3当り	28,670	
				1m3当り	287	

バックホウ運転単価表　　　　　　　　　　　　　　　　　　　　　　　　　　　1日当り

名称	規格	数量	単位	単価	金額	摘要
運転手(特殊)		1.00	人	23,200	23,200	公共工事設計労務単価
軽油	小型ローリー、パトロール給油	110.00	L	113	12,430	物価資料による
バックホウ	排出ガス対策型(第2次基準値) クローラ型、山積 0.8m3(平積 0.6m3)	1.48	供用日	18,500	27,380	建設機械等損料表
				1日当り	63,010	

(3) 積算の集計

　工種ごとに工事金額を算出し、それらを合計して直接工事費を集計する。その後間接工事費を計算する。

間接工事費（共通仮設費、現場管理費）と一般管理費等の積算について次にのべる。

イ) 共通仮設費

　共通仮設費は、工事のため一時的に設置される事務所・休憩所や、現場内で色々な工事に共通に使用される電力や用水など設備の費用である。

　予定価格（推定）積算では、直接工事費に対する共通費用の割合（共通仮設費率）で計上するもの（率計上分）と、発注者の指定する項目において積上げを行うもの（積上げ計上分）が発注機関ごとの積算基準により決められており、これに従って計上する。

　表 6.8 に国土交通省の土木工事積算基準による共通仮設費率を示す。

表 6.8 主要工事の共通仮設費率（平成 31 年度版）

第1表

工種区分 ＼ 対象額・適用区分	600万円以下 下記の率とする	600万円を超え10億円以下 (2)の算定式より算出された率とする。ただし、編数値は下記による。		10億円を超えるもの 下記の率とする
		A	b	
河　川　工　事	12.53	238.6	−0.1888	4.77
河川・道路構造物工事	20.77	1,288.3	−0.2614	5.45
海　岸　工　事	13.08	407.9	−0.2204	4.24
道　路　改　良　工　事	12.78	57.0	−0.0958	7.83
鋼　橋　架　設　工　事	38.36	10,668.4	−0.3606	6.06
Ｐ　Ｃ　橋　工　事	27.04	1636.8	−0.2629	7.05
舗　装　工　事	17.09	435.1	−0.2074	5.92
砂防・地すべり等工事	15.19	624.5	−0.2381	4.49
公　園　工　事	10.80	48.0	−0.0956	6.62
電　線　共　同　溝　工　事	9.96	40.0	−0.0891	6.31
情　報　ボ　ッ　ク　ス　工　事	18.93	494.9	−0.2091	6.50

第2表

工種区分 ＼ 対象額・適用区分	600万円以下 下記の率とする	600万円を超え3億円以下 (2)の算定式より算出された率とする。ただし、編数値は下記による。		3億円を超えるもの 下記の率とする
		A	b	
橋　梁　保　全　工　事	27.32	7050.2	−0.3558	6.79

第3表

工種区分 ＼ 対象額・適用区分	200万円以下 下記の率とする	200万円を超え1億円以下 (2)の算定式より算出された率とする。ただし、編数値は下記による。		1億円を超えるもの 下記の率とする
		A	b	
道　路　維　持　工　事	23.94	4,118.1	−0.3548	5.97
河　川　維　持　工　事	9.05	26.8	−0.0748	6.76

第4表

			対象額 1,000万円以下	1,000万円を超え20億円以下		20億円を超えるもの
		適用区分	下記の率とする	(2)の算定式より算出された率とする。ただし、編数値は下記による。		下記の率とする
工種区分				A	b	
共 同 溝 工 事	(1)		8.86	68.3	−0.1267	4.53
	(2)		13.79	92.5	−0.1181	7.37
ト ン ネ ル 工 事			28.71	4,164.9	−0.3088	5.59
下 水 道 工 事	(1)		12.85	422.4	−0.2167	4.08
	(2)		13.32	485.4	−0.2231	4.08
	(3)		7.64	13.5	−0.0353	6.34

第5表

	対象額 3億円以下	3億円を超え50億円以下		50億円を超えるもの
適用区分	下記の率とする	(2)の算定式より算出された率とする。ただし、編数値は下記による。		下記の率とする
工種区分		A	b	
コ ン ク リ ー ト ダ ム	12.29	105.2	−0.1100	9.02
フ ィ ル ダ ム	7.57	43.7	−0.0898	5.88

共通仮設費率は、以下の算定式により計算する。

　　算定式　　$Kr = A \times P^b$

　　　　　　ただし、Kr ：共通仮設費率(%)　　P：対象額(円)　　A, b：変数値

　　　　　　(注)Krの値は、少数点以下第3位を四捨五入して2位止めとする。

[計算例]

Pの対象額＝直接工事費＋(支給品費＋無償貸付機械等評価額)＋事業損失防止施設費となる。

例題では(支給品費＋無償貸付機械等評価額)は0とし、事業損失防止施設費として12,810,630円を計上する。

直接工事費の合計は121,188,081円 ①であり、対象額Pは以下の値となる。

　(**表 6.11** 予定価格(推定)の総括表参照)

　　　　P＝121,188,081＋12,810,630＝133,998,711円 ①'

次に、共通仮設費率Krを求める。

第3表の下水道工事(2)の1,000万円を超え20億円以下のA, bの変数を使用する。

　　　　$Kr = A \times P^b$ ＝485.4×133,998,711$^{-0.2231}$＝485.4×0.015376＝7.4635≒7.46%

　　　　　ただし、Kr:共通仮設費率, P: 133,998,711円　A, b: 485.4、−0.2231

したがって、共通仮設費率が7.46%となるので、

　　　共通仮設費(率計上分)＝133,998,711×0.0746＝9,996,304＝9,996,000円 (1,000円未満切捨)

　となる。

積み上げ計上分はそれぞれ計上して計が15,800,676円となったので、率計上分を加算して共通仮設費の合計は

　15,800,676円＋9,996,000円＝25,796,676円 ②となる。

ロ) 現場管理費

　現場管理費は主として現場に派遣された現場従業員の給与手当や現場従業員および現場労働者の労災保険料、健康保険料等の法定福利費など、現場を管理していくために必要な費用をいう。

　予定価格(推定)の積算では、イ)共通仮設費と同様に積算基準に記載されている率を使用して算出する。この率は国土交通省で発注した直轄工事の実績工事について、請負会社が現場管理に費やした費用の総額と純工事費(直接工事費と共通仮設費を合算した費用)の相関を実態調査し、統計処理をして出した数字である。これをもって工種別および工事規模(純工事費の金額)別に現場管理費率を設定し、この率を純工事費に乗じることにより算出する。

表 6.9　現場管理費率

第1表

工種区分	純工事費 700万円以下 下記の率とする	700万円を超え10億円以下 (2)の算定式より算出された率とする。ただし、編数値は下記による。		10億円を超えるもの 下記の率とする
		A	b	
河　川　工　事	43.20	1,270.0	−0.2145	14.90
河 川・道 路 構 造 物 工 事	42.50	457.7	−0.1508	20.11
海　岸　工　事	27.72	113.6	−0.0895	17.78
道　路　改　良　工　事	33.65	86.9	−0.0602	24.96
鋼　橋　架　設　工　事	48.12	302.3	−0.1166	26.98
Ｐ　Ｃ　橋　工　事	30.73	120.5	−0.0867	19.98
舗　装　工　事	40.32	667.7	−0.1781	16.66
砂 防・地 す べ り 等 工 事	45.49	1,362.7	−0.2157	15.60
公　園　工　事	42.43	385.5	−0.1400	21.18
電　線　共　同　溝　工　事	60.30	2,406.6	−0.2339	18.89
情　報　ボ　ッ　ク　ス　工　事	53.99	1,690.4	−0.2185	18.26

　(注) 基礎地盤から堤頂までの高さが20m以上の砂防えん堤は、砂防・地すべり等工事に2%加算する。

第2表

工種区分	純工事費 700万円以下 下記の率とする	700万円を超え3億円以下 (2)の算定式より算出された率とする。ただし、編数値は下記による。		3億円を超えるもの 下記の率とする
		A	b	
橋　梁　保　全　工　事	64.94	1,622.9	−0.2042	30.15

第3表

工種区分	純工事費 200万円以下 下記の率とする	200万円を超え1億円以下 (2)の算定式より算出された率とする。ただし、編数値は下記による。		1億円を超えるもの 下記の率とする
		A	b	
道　路　維　持　工　事	59.78	628.9	−0.1622	31.69
河　川　維　持　工　事	41.92	171.5	−0.0971	28.67

第4表

		純工事費	1,000万円以下	1,000万円を超え20億円以下		20億円を超えるもの
適用区分			下記の率とする	(2)の算定式より算出された率とする。ただし、編数値は下記による。		下記の率とする
工種区分				A	b	
共　同　溝　工　事	(1)		49.99	397.3	−0.1286	25.29
	(2)		38.33	119.6	−0.0706	26.37
ト　ン　ネ　ル　工　事			44.93	219.8	−0.0985	26.66
下　水　道　工　事	(1)		34.44	56.4	−0.0306	29.29
	(2)		37.59	228.2	−0.1119	20.77
	(3)		32.26	52.4	−0.0301	27.50

第5表

	純工事費	3億円以下	3億円を超え50億円以下		50億円を超えるもの
適用区分		下記の率とする	(2)の算定式より算出された率とする。ただし、編数値は下記による。		下記の率とする
工種区分			A	b	
コ　ン　ク　リ　ー　ト　ダ　ム		22.90	332.0	−0.1370	15.57
フ　ィ　ル　ダ　ム		33.52	184.6	−0.0874	26.21

現場管理費率は、以下の算定式により計算する。

$$Jo = A \times NP^b$$

　　ただし、Jo　：現場管理費率(%)　　NP　：純工事費(円)　　A, b：変数値

　　(注)Krの値は、少数点以下第3位を四捨五入して2位止めとする。

[計算例]

　NP：純工事費＝直接工事費＋共通仮設費＝121,188,081＋25,796,676＝146,984,757円　③であるから

　　Jo＝228.2×146,984,757$^{-0.1119}$＝228.2×0.12192＝　27.823＝27.82(%)

　　　ただし、Jo：現場管理費率(%)、NP　：146,984,757円、A, b：228.2、−0.1119

　したがって、現場管理費は、率が27.82%となるので

　　現場管理費＝146,984,757×0.2782＝40,891,159円＝40,891,000円　④となる(1,000円未満切捨)。

ハ）一般管理費等

　一般管理費等とは、工事とは直接関係はないが、請負会社の本・支店の従業員給与手当、事務経費、新技術開発経緯費など企業活動を継続運営するために必要な経費であり、比較的原価性の強い一般管理費と税金、配当金、支払い利息などの付加利益からなる。算定方法は、工事原価(純工事費＋現場管理費)に対する一般管理費等率を求め、工事原価にこれを乗じて算出する。

　　　一般管理費等費＝工事原価(Cp)×一般管理費等率(Gp)

　表 6.10 に一般管理費等率を示す。

表 6.10　一般管理費等率

工事原価　　　　(Cp)	500万円以下	500万円を超え30億円以下	30億円を超えるもの
一般管理費等率　(Gp)	22.72%	一般管理費等率算定式により算出された率	7.47%

一般管理費率は、以下の算定式により計算する。

[一般管理費等率算定式]

　Gp＝-5.48972×Log(Cp)＋59.4977(%)

　　　　　ただし、Gp　：一般管理費等率(%)

　　　　　　　　Cp　：工事原価(円)

　　　　(注)Gp の値は、少数点以下第 3 位を四捨五入して 2 位止めとする。

[計算例]

Cp：工事原価＝純工事費＋現場管理費＝146,984,757＋40,891,000＝187,875,757 円　⑤より、

Gp=-5.48972×Log(187,875,757)+59.4977＝-5.48972×8.274＋59.4977＝14.0765＝14.08%

したがって、一般管理費等は、率が14.08%となるので、

　　　一般管理費等＝187,875,757×0.1408＝26,446,268 円

一般管理費等の金額は、工事価格の端数調整にも使われる。

「土木工事　工事費積算要領」には、「工事価格は、10,000 円単位とする。工事価格の 10,000 円単位での調整は、一般管理等で行うものとする。」との記述がある。

　上記の一般管理費等の金額で積み上げた工事価格は、214,322,025 円となる。

これを 10,000 円単位の工事価格とするために、2,025 円を端数調整する。

すると、一般管理費等は

　　　一般管理費等(改め)＝26,446,268-2,025＝26,444,243 円　⑥となる。

これにより、工事価格は

　　工事価格＝工事原価＋一般管理費等＝187,875,757＋26,444,243＝214,320,000 円　⑦となる。

計算の結果を**図 6.3** に示す。

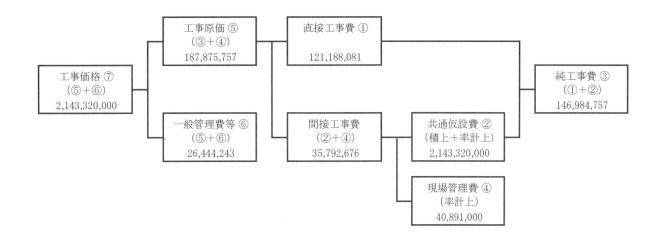

図 6.3 工事費の計算結果

ニ) 消費税等相当額の算出

　消費税の現在の値は10%である。工事価格に10%を乗じたものが消費税相当額となる。

　　　消費税等相当額＝214,320,000×0.10＝21,432,000 円　⑧

　したがって、この工事の予定価格（推定）は次のとおりとなる。

　　　予定価格（推定）＝工事価格＋消費税等相当額＝214,320,000＋21,432,000＝235,752,000 円⑨

　入札には消費税込みの金額を記入する場合と除く場合があるので注意が必要である。

どちらを使用するかは工事公告に示されているので間違わないようにする。

　表 6.11 に建マネ下水道工事の予定価格（推定）の積算総括表を示す。

表 6.11 予定価格(推定)の総括表

建マネ下水道管渠築造工事内訳書

種　　別	計上寸法	数 量	単位	単 価	金 額	摘　　要
直接工事費						
立坑築造工		1	式		18,340,764	（例題で解説）
薬液注入工		1	式		2,218,270	
泥水推進工	φ700mm	1	式		89,027,033	
マンホール設置工		1	式		2,006,010	
立坑撤去工		1	式		3,285,049	
付帯工		1	式		565,355	
交通管理工		1	式		5,745,600	
交通誘導員		1	式			
直接工事費 計		1	式		121,188,081	①
間接工事費						
共通仮設費					25,796,676	②
共通仮設費（積上分）					15,800,676	
運搬費		1	式		2,043,646	
事業損失防止施設費		1	式		12,810,630	
役務費		1	式		673,300	
営繕費		1	式		273,100	
共通仮設費（率計上分）	率計上	1	式		9,996,000	
純工事費					146,984,757	③
現場管理費	率計上	1	式		40,891,000	④
工事原価					187,875,757	⑤
一般管理費	率計上	1	式		26,444,243	⑥
工事価格					214,320,000	⑦
消費税相当額					21,432,000	⑧
合計					235,752,000	

6.1.4　元積り（実力価格）の作成

（1）直接工事費の元積り

　元積り価格の作成方法は、作成する人によりあるいは会社によりそれぞれ異なる。ここでは、主な作成例を数種類あげる。実際の作成に当ってはこれらの中で使いやすい方法を組み合わせて作成している。

　工事費は、　　　　材料費　＝　材料単価×材料数量

　　　　　　　　　労務費　＝　労務単価×労務歩掛×工事数量

　　　　　　　　　機械経費　＝　機械運転単価×機械運転歩掛×工事数量

で計算し積み上げる方法と、

　　　　　　　　　工事費　＝　複合単価（材料・労務・経費）×工事数量

で計算し積み上げる方法があり、通常は両者を組み合わせて計算する。ここに使用する材料単価、労務単価、労務歩掛、機械運転単価、機械運転歩掛、複合単価などをどう決定するかが重要である。これらの単価の作成方法の例は次のとおりである。

---

① 　自社の実績工事から類似工事の内訳構成を使用し、当該工事に適用調整する

② 　自社の実績工事から類似工事の実績単価を使用する

③ 　協力業者から見積書をとり査定する

④ 　公開された施工単価データベースや積算単価を参考に当該工事に適用調整する

それぞれの詳細について述べる。

① 　自社の実績工事から類似工事の内訳構成を使用し、当該工事に適用調整する

　自社が過去に施工した類似工事の内訳構成を引用する。過去の実績から1日当たりの床掘土量を 150 m³ と設定して代価表を作成する。バックホウ山積0.8m³を使用して立坑内を床掘する場合、1日当たりの配置機械、配置人員はバックホウ山積 0.8m³1台と普通作業員1人とした。1日当たりの合計金額を床掘数量(150m³)で除した値が床掘単価となる。計算例を**表6.12**に示す。ここで使用する単価は、労務経費を含んだ単価(実際に専門工事業者に外注するときの単価)にしなければならない。

表 6.12 バックホウ床掘代価表

名　称	規　格	数量	単位	単　価	金　額	摘　要
床掘機械	バックホウ 山積0.8m³（平積0.6 m³）	1	日	57,500	57,500	運転単価 運転手、燃料込み 法廷福利費込み
普通作業員		1	人	20,000	20,000	
雑材工具等		1	式	2,000	2,000	
計					79,500	150m³当り
1m³当り				530		

② 自社の実績工事から類似工事の実績単価を使用する

　自社で施工した過去の工事実績から、同規模の類似工事を探してその単価を使用する。使用にあたり少し調整することもある。自社で原価管理システムを所有している場合はこの作業を容易に行うことができる。全体床掘量と施工期間の違いを考慮し、当該工事用に調整をおこなった例を**表 6.13** に示す。それぞれの工種について、A工事の単価を参考にして建マネ下水道工事の単価を算出する。

表 6.13 バックホウ床掘単価比較表

種　別	床掘規模 (m³)	床掘期間 (月)	1m³当り単価(円)	備　　考
A工事の床掘工	1,000	1ヶ月	530	誘導、路面清掃費を含めて実施
建マネ下水工事	707	1ヶ月	535	上記の 1%up の単価

③ 協力業者から見積書をとり査定する

　主要工種について、協力業者から見積りをとり、その単価を査定して使用する。見積り期間に余裕のある場合に可能である。見積りを依頼する場合は、見積り条件を相手に提示しなければ適正な単価とならないので、しっかりと条件を把握し指示することが必要である。例を**表 6.14** に示す。協力業者から出された、バックホウ床掘の 530 円／m³ は過去の類似工事の単価から判定して適正とみなし、この単価を採用する。

表 6.14 協力業者から出された見積り書

建マネ下水道管渠築造工事　立坑築造工事　見積り書

名　称	規　格	数量	単位	単　価	金　額	摘　要
バックホウ床掘	山積 0.8m³(平積 0.6 m³)	476	m³	530	252,280	
クラムシェル床掘	平積 0.6m³	231	m³	590	136,290	
残土運搬		707	m³	1,500	1,060,500	
諸経費		1	式		150,000	
法定福利費		1	式		14,000	
合　計					1,613,070	

④ 公開された施工単価データベースや官積算単価を参考に当該工事に適用調整する

　いろいろな施工単価が実態調査・統計処理され、本または電子データのかたちをとって公表されている。(一財)建設物価調査会の建設物価、(一財)経済調査会の積算資料、各種の施工単価などである。材料単価、労務単価、労務歩掛、機械運転単価、複合単価など各方面にわたる。

　官積算単価(予定価格推定)をそのまま使用したり、当該工事に適用し調整したものを使用したりすることもある。**表 6.15** は、床掘工の単価を計算した例である。床掘工の積算は施工パッケージのため、積算ソフトを使用して条件を現場の実態に合わせて調整した。現地調査の結果、掘削土は「土砂」だけではなく、「玉石」混じりであることが判明し、全体の 2 割に玉石が含まれていると想定して、計算した例である。

　このようにして計算すると、バックホウ床掘1m³当りの予定価格（推定）が 517.4 円に対して、元積りでの単価は 634 円となる。

表 6.15 単価比較表

工 種	土質条件	施工条件	施工パッケージ単価 （円）	備 考
床掘り	土砂	切梁腹起式障害有り	517.4	積算ソフトより
床掘り	岩塊・玉石	切梁腹起式障害有り	1,100	積算ソフトより
元積単価	\(1,100－517.4\)×2 割＋517.4＝633.9		634	

　元積りを計算するときのよりどころとなる単価、歩掛の出所を整理すれば**表 6.16** のとおりである。
　以上いろいろな元積りの計算方法を述べてきたが、適正な元積りを作成するためには、われわれ土木技術者は日頃より原価意識を持ち、土木工事の特徴である「一現場一品生産」、「現場ごとの施工条件の相違」を常に念頭に置き、各自の担当工事の施工歩掛を把握してデータベースとして蓄積することが重要である。また、会社は過去の工事実績の施工歩掛や施工単価をデータベースとして整理して、元積り作成の参考資料にできるようにする必要がある。
　このことから、元積りは、前記した①〜④の作成方法の内①の手法を基本として、③の方法を考慮して作成していくことが好ましいといえる。

表6.16 元積り算出の基準となる単価、歩掛

元積り方法	材料単価	労 務		機 械		複合単価
		単価	歩掛	運転単価	運転歩掛	
①自社の内訳構成						○
②自社の実績単価	○	○	○	○	○	○
③協力業者の見積書	○					○
④公開施工単価	○	○	○	○		○

(2) 共通仮設費の元積り

　共通仮設費は、工事のために一時的に設置される安全施設、事務所・休憩所や電力・用水などの設備費用である。詳細については、「**6.2.2 施工計画を実行予算に反映させる**」に示す。
　官積算額（推定）の計算では、共通仮設費は項目毎に発生する費用の積上げ分と対象額（直接工事費等）に一定の率を乗じて算出した率計上分とを加算した。元積りでは過去の類似工事を参考として、当該工事の設計図書や工程計画および現場条件等を考慮して、項目毎に必要な数量を算出する。これに価格調査で得られた単価を乗じて項目金額を算出し、これを積上げていく。
　積上げる項目は実行予算と同様であるが、応札時に内訳書の提出が必要な場合は、官積算における率計算分と積上げ分の各項目に仕分け直す必要がある。
　建マネ下水道管渠築造工事の共通仮設費の元積り例を、**表6.17** の間接工事費内訳書に示す。

(3) 現場管理費の元積り

　現場管理費は、主として現場従業員の給料手当や労災保険、社会保険料等の法定福利費など現場を管理していくために必要な費用である。官積算額(推定)の計算では、対象額(純工事費)に積算基準書による現場管理費率を乗じて算出した。元積りでは、工事公告、設計図書、施工条件、工期等を考慮した上で項目毎に必要な数量を算出する。これに単価を乗じて項目金額を算出し、これを積上げていく。

　現場管理費の項目は、国土交通省が定める積算基準と同一とするのが一般的である。ただし、共通仮設費までの元積り(純工事費)の労務費には、労務管理費、作業員の社会保険料、下請け経費等を含んでいる場合が多い。この場合、現場管理費ではこの分を除外し、重複しないように積上げる必要がある。詳細は「**6.2.2　施工計画を実行予算に反映させる**」に示す。

　上記したように、労務管理費や下請け経費等を除外した元積り現場管理費は、官積算額(推定)の現場管理費より少額となることが多い。もし予定価格の現場管理費より大きな元積り額となった場合は、現場環境、工期等が標準積算の内容に対して厳しい条件であることを示している。現場管理費は、現場従業員の給料手当等が多くを占めていることから、総額が大きい場合は、工期、配置人員に起因するといえる。この場合、受注しても採算が取れない可能性が高く、再度社内で十分に検討して入札参加への是非を審議すべきである。

　建マネ下水道管渠築造工事の現場管理費の元積り例を**表6.17**の間接工事費内訳書に示す。当該工事においては特別重点調査額が設定されており、前記したような労務管理費や下請け経費等を除外した元積りの現場管理費が、特別重点調査額を下回った場合は失格となる。当該建マネ工事の入札額の決定においては、このことを考慮して調整を行い、純工事費から下請け経費(外注経費)相当額を控除して、これを現場管理費に加算して計上した。

(4) 一般管理費等の計上

　元積りにおける一般管理費等は、現場では粗利益として扱われ、本支店等の経費および純利益に相当する額である。現場管理費までの積算額すなわち工事原価に対して、どのくらいの比率の一般管理費を計上するかは、それぞれの会社の運営にかかわる問題であるので、十分な協議を経て決定することになる。

　社内決裁の迅速化、効率化を図ることを目的に、過去の経営実績を踏まえて、当該年度あるいは当該工事工種について、「一般管理費等の計上額は、工事原価に対して一律〇〇%とする」として、事前に設定してある場合もある。

　建マネ下水道管渠築造工事の一般管理費等の元積り例を、**表6.17**の元積り総括表に示す。当該工事では、一般管理費等の額は、工事原価の10%相当として計上した。

表 6.17 元積り総括表および間接工事費内訳書

建マネ下水道管渠築造工事：元積り総括表

種　別	形状寸法	数量	単位	単価	金額	摘要
直接工事費						
立坑　築造工		1	式		18,422,687	
薬液注入工		1	式		2,170,520	
泥水推進工	φ700mm	1	式		86,975,799	
マンホール設置工		1	式		1,958,029	
立坑撤去工		1	式		3,304,562	
付帯工		1	式		558,282	
交通管理工	交通誘導員	1	式		5,760,000	
直接工事費　計					119,149,879	①
間接工事費						
共通仮設費						
運搬費		1	式		5,583,850	
準備費		1	式		2,213,250	
事業損失防止施設費		1	式		3,323,000	
安全費		1	式		4,250,250	
役務費		1	式		971,200	
技術管理費		1	式		287,500	
営繕費		1	式		5,558,800	
共通仮設費　計					22,187,850	②
（純工事費）					141,337,729	③＝①+②
現場管理費		1	式		34,931,870	④
間接工事費計					57,119,720	＝②+④
工事原価		1	式		176,269,599	⑤＝③＋④
一般管理費等	（率計上）	1	式		17,630,401	⑥＝⑤×10％相当
工事価格					193,900,000	⑦＝⑤＋⑥
消費税相当額					19,390,000	⑧＝⑦×10％
合　計（工事費計）					213,290,000	⑨＝⑦＋⑧

建マネ下水道管渠築造工事:間接工事費内訳書

名　称	規　格	単位	数　量	単　価	金　額	摘　要
（共通仮設費）						
運搬費					5,583,850	
建設機械分解組立、輸送					2,341,600	
建設機械分解組立+輸送（往復）	油圧クラムシェル	回	1.00	501,600	501,600	(経費)
建設機械輸送（往復）	バックホー	回	2.00	120,000	240,000	(経費)
立坑構築撤去工事機械運搬費		式	1.00	400,000	400,000	(経費)
推進資機材運搬		式	1.00	800,000	800,000	(経費)
舗装機械運搬費		式	1.00	400,000	400,000	(経費)
仮設材運搬					2,127,250	
鋼矢板Ⅳ型（往路）	L=16.0m　84枚	t	102.30	6,500	664,950	(材料費)
鋼矢板Ⅳ型（復路）	L=16.0m　77枚	t	97.50	6,500	633,750	(材料費)
鋼矢板Ⅲ型（往路）	L=14.5m　35枚	t	30.50	6,000	183,000	(材料費)
鋼矢板Ⅲ型（復路）	L=5.0～11.5m　35枚	t	21.00	5,000	105,000	(材料費)
切梁、支保材（往復）	H型鋼	t	47.00	9,500	446,500	(材料費)
覆工板（往復）	45.0m2×220kg/m2	t	9.90	9,500	94,050	(材料費)
共通運搬費					1,115,000	
場内運搬	4tユニック車	台	20.00	40,000	800,000	(経費)
場内運搬	10t平トラック	台	5.00	46,000	230,000	(経費)
リース機器等運搬		月	8.50	10,000	85,000	(外注費)
準備費					2,213,250	
測量費					749,500	
測量工具		月	8.50	5,000	42,500	(材料費)
雑材	測量杭、貫板等	月	8.50	20,000	170,000	(材料費)
トータルステーション賃料		月台	8.50	50,000	425,000	(経費)
トータルステーション整備費		回	1.00	41,000	41,000	(経費)
レベル賃料		月台	17.00	3,000	51,000	(経費)
レベル整備代		回	2.00	10,000	20,000	(経費)
外注基本測量					401,750	
基準点測量		m	425.00	120	51,000	(外注費)
水準測量		m	425.00	60	25,500	(外注費)
役杭測量		m	425.00	180	76,500	(外注費)
中心点測量		m	425.00	350	148,750	(外注費)
報告書作成		式	1.00	100,000	100,000	(外注費)
準備工					608,000	
準備作業	除草等	日	4.00	127,000	508,000	(外注費)
雑材		日	2.00	50,000	100,000	(材料費)
竣工検査準備工					454,000	
竣工検査準備作業	清掃、美装	日	2.00	127,000	254,000	(外注費)
雑材	土嚢袋他	日	2.00	30,000	60,000	(材料費)
雑材処分費	4t車　廃棄	台	2.00	70,000	140,000	(外注費)
事業損失防止施設費					3,323,000	
降雨対策費					1,080,000	
材料費		月	4.00	30,000	120,000	(材料費)
降雨対策作業		組日	8.00	120,000	960,000	(外注費)
水質汚濁対策		月	8.50	10,000	85,000	(材料費)
交通量調査		回	1.00	100,000	100,000	(外注費)
家屋調査					1,908,000	
事前調査（木造）	70m2未満	棟	10.00	27,000	270,000	(外注費)

(間接工事費内訳書 続き)

名　称	規　格	単位	数　量	単　価	金　額	摘　要
事前調査(木造)	70m2以上130m2未満	棟	10.00	34,500	345,000	(外注費)
事前調査(非木造)	200m2以上400m2未満	棟	3.00	55,500	166,500	(外注費)
事後調査(木造)	70m2未満	棟	10.00	27,000	270,000	(外注費)
事後調査(木造)	70m2以上130m2未満	棟	10.00	34,500	345,000	(外注費)
事後調査(非木造)	200m2以上400m2未満	棟	3.00	55,500	166,500	(外注費)
報告書作成	事前、事後調査	棟	46.00	7,500	345,000	(外注費)
井戸調査	分布調査	式	1.00	150,000	150,000	(外注費)
安全費					4,250,250	
現場保安員					1,120,000	
現場保安員	日曜、GW、盆、正月	人	56.00	20,000	1,120,000	(外注費)
安全施設費					2,452,000	
安全標識、看板		月	8.50	9,000	76,500	(材料費)
臨時道路作業帯材料		式	1.00	100,000	100,000	(材料費)
現場内保安材料	安全掲示板、カラーコーン他	月	8.50	100,000	850,000	(材料費)
安全掲示板設置撤去		式	1.00	280,000	280,000	(外注費)
安全設備維持費		月	8.50	36,000	306,000	(外注費)
安全関係測定機器	ガス検知器等	月	8.50	45,000	382,500	(経費)
安全用品	保安帽、安全帯他	月	8.50	20,000	170,000	(材料費)
担架、消火機器等		式	1.00	287,000	287,000	(材料費)
転落防止柵					303,000	
転落防止柵材料	単管パイプ、クランプ他	m	100.00	1,500	150,000	(材料費)
運搬費	4t車	台	1.00	33,000	33,000	(経費)
柵設置撤去		m	100.00	1,200	120,000	(外注費)
昇降設備工					375,250	
昇降設備材料	自在ステップ、単管他	m	45.00	3,550	159,750	(材料費)
運搬費	4t車	台	2.00	33,000	66,000	(材料費)
昇降設備設置撤去		m	45.00	2,800	126,000	(外注費)
アルミ梯子	2連7m	本	1.00	13,500	13,500	(材料費)
アルミ梯子	1連4m	本	1.00	10,000	10,000	(材料費)
役務費					971,200	
借地料(資材置き場)	9箇月	m2	100.00	4,500	450,000	(経費)
電力基本料	低電圧臨時9箇月	kw/月	204.00	2,500	510,000	(経費)
用水基本料		m3	140.00	80	11,200	(経費)
技術管理費					287,500	
コンクリート品質管理					287,500	
コンクリート試験練		回	3.00	30,000	90,000	(外注費)
コンクリート圧縮試験	公的機関	回	5.00	3,500	17,500	(外注費)
コンクリート試験代行	基本料	日	5.00	20,000	100,000	(外注費)
コンクリート単位水量試験	基本料	日	5.00	10,000	50,000	(外注費)
カンタブ	12組入り	箱	1.00	10,000	10,000	(材料費)
シュミットハンマー	賃料	台	1.00	20,000	20,000	(経費)
営繕費					5,558,800	
監督員詰所設置撤去	損料+設置撤去	m2	10.00	50,000	500,000	(外注費)
現場事務所地代					895,000	
事務所借地料		月	9.00	90,000	810,000	(経費)
駐車場借地料		月	8.50	10,000	85,000	(経費)
事務所建物費					2,908,800	
本体賃貸料		月	9.00	192,000	1,728,000	(経費)
本体基本料		式	1.00	96,000	96,000	(経費)

(間接工事費内訳書 続き)

名 称	規 格	単位	数 量	単 価	金 額	摘 要
空調設備費	リース料	月	9.00	7,200	64,800	(外注費)
組立費	運搬費含む	坪	24.00	16,000	384,000	(外注費)
内装工事	運搬費含む	坪	24.00	12,000	288,000	(外注費)
空調工事		坪	24.00	3,600	86,400	(外注費)
給排水工事	水道申請料含む	坪	24.00	900	21,600	(外注費)
解体費	運搬費含む	坪	24.00	10,000	240,000	(外注費)
休憩所他					821,000	
ユニットハウス損料	単棟	棟月	8.50	48,000	408,000	(経費)
空調設備費	リース料	台月	8.50	3,000	25,500	(経費)
空調工事		台	1.00	15,000	15,000	(外注費)
現場用トイレ	快適トイレ リース料	月	8.50	35,000	297,500	(経費)
トイレ設置撤去		台	1.00	15,000	15,000	(外注費)
運搬費		回	2.00	30,000	60,000	(経費)
用水光熱費					434,000	
電気代		月	9.00	26,000	234,000	(経費)
上下水道代		月	9.00	5,000	45,000	(経費)
ガス代		月	9.00	15,000	135,000	(経費)
灯油		月	2.00	10,000	20,000	(経費)
（共通仮設費計）					22,187,850	
(現場管理費)						
労務管理費	(直接工事費に含む)				170,000	
作業員の福利厚生費	清涼飲料等	月	8.50	20,000	170,000	
安全訓練等に要する費用					145,500	
安全活動・訓練費		月	8.50	10,000	85,000	
会議費・講習費		月	8.50	5,000	42,500	
救急医薬品他		月	9.00	2,000	18,000	
租税公課					94,300	
契約印紙代	当初契約時	回	1.00	60,000	60,000	
契約印紙代	変更契約時	回	1.00	10,000	10,000	
道路使用許可申請書		回	9.00	2,700	24,300	
保険料					1,161,070	
任意保険料					899,370	
賠償責任保険	その他地下工事	式	1.00	873,570	873,570	
労災上積み保険	その他の建設事業	式	1.00	25,800	25,800	
保証料等					261,700	
契約保証料(履行保証)	請負の10%に対して	式	1.00	25,700	25,700	
前受金保証料	請負の40%に対して	回	1.00	236,000	236,000	
従業員給料手当					16,808,000	
社員給与					14,846,000	
担当土木部長	50才(5%負担)	月	10.00	36,500	365,000	
現場代理人	45才	月	10.00	557,000	5,570,000	
監理技術者	40才	月	10.00	460,500	4,605,000	
工事担当(土木)	30才	月	10.00	391,100	3,911,000	
工事担当(電気)	35才(10%負担)	月	10.00	39,500	395,000	
賞与引当金					1,962,000	
社員賞与引当金		式	1.00	1,962,000	1,962,000	
退職金					1,276,000	
社員退職金引当金		式	1.00	1,276,000	1,276,000	

(間接工事費内訳書　続き)

名　称	規　格	単位	数　量	単　価	金　額	摘　要
法定福利費					3,335,000	
労災保険	労務費24％×その他0.015	式	1.00	720,000	720,000	
建退共証紙代	延1,500人	枚	1,500.00	310	465,000	
社会保険(総合職分)		式	1.00	2,150,000	2,150,000	
福利厚生費					438,300	
作業服等費用		月	8.50	24,000	204,000	
健康診断費用		回	3.00	12,700	38,100	
宿直用寝具		月	9.00	10,800	97,200	
残業夜食代		月	9.00	6,000	54,000	
慰安娯楽費		月	9.00	5,000	45,000	
事務用品費					1,428,000	
事務所部品(購入)	購入	式	1.00	50,000	50,000	
事務所部品(損料)	机、椅子、書庫他	月	9.00	17,000	153,000	
事務用品(消耗品)		月	9.00	10,000	90,000	
コピー代		月	9.00	38,000	342,000	
その他事務用品費					793,000	
システム管理費	常駐社員	人月	30.00	7,500	225,000	
工事写真代		月	8.50	5,000	42,500	
デジカメ購入費		台	1.00	50,000	50,000	
パソコン等損料		月	10.00	9,000	90,000	
プロッター損料		月	9.00	9,500	85,500	
書籍等購入費	仕様書等類	式	1.00	100,000	100,000	
竣工図書		式	1.00	200,000	200,000	
通信交通費					1,601,700	
通信費					411,200	
電話設置		式	1.00	16,200	16,200	
電話撤去		式	1.00	17,000	17,000	
電話機損料		月	9.00	6,000	54,000	
電話料金	インターネット含む	月	9.00	16,000	144,000	
携帯電話		月	9.00	15,000	135,000	
郵便・宅配等		月	9.00	5,000	45,000	
交通費					1,190,500	
通勤定期代		人月	30.00	17,700	531,000	
業務用車両		台月	8.50	35,000	297,500	
車両燃料費		台月	8.50	10,000	85,000	
タクシー他交通費		月	9.00	13,000	117,000	
その他交通費		月	10.00	16,000	160,000	
交際費					454,000	
交際費		月	8.50	15,000	127,500	
沿道対策費		月	8.50	15,000	127,500	
中元、歳暮		回	1.00	15,000	15,000	
安全祈願祭		回	1.00	150,000	150,000	
来客食事代		月	8.50	4,000	34,000	
外注経費等					7,800,000	
外注法定福利費(※1)	外注労務費の約15％相当	式	1.00	2,800,000	2,800,000	
外注経費		式	1.00	5,000,000	5,000,000	
雑　費					220,000	
雑費		月	8.50	20,000	170,000	
地元説明会費		回	1.00	50,000	50,000	
(現場管理費計)					34,931,870	

(※1)外注法定福利費の計上について
　一般的に、元積りにおける純工事費(直接工事費及び共通仮設費)の労務費には、外注経費等が含まれている。ここでは、入札額における現場管理費が、少額となって特別重点調査額を下回ることがないように、調整として、外注労務の法廷福利費相当額を純工事費から控除して現場管理費に計上した。

6.1.5　入札価格の決定

　元積り価格と官積算額（推定）を比較して、会社の営業・積算・工事・購買など各部門の合同会議により意思決定をして応札価格を決定する（図 6.4 参照）。元積りが工事原価の実行予算のレベルになっているため、最終的には一般管理費等をいくらにして入札価格とするかの問題になる。

　低入札価格調査基準が設定されている場合は、直接工事費、共通仮設費、現場管理費および一般管理費に定められた率を乗じて調査基準価格を算定する（4.2 低入札価格調査基準 参照）。表 6.18 に官積算額（推定）、調査基準価格の算定結果と元積り価格の比較表を示す。応札額は、調査基準価格以上であることを条件に、元積り価格を検討して決定する。表 6.19 に応札価格の検討結果表を示す。

　低入札価格調査の実施においては、特別に重点的な調査（特別重点調査）が実施される。決定した応札額の各構成費用額は、それぞれが特別重点調査額以上であることが必要である。すなわち、直接工事費は90,891,061円以上、共通仮設費は18,057,673円以上、現場管理費は28,623,700円以上、一般管理費は7,933,273円以上であることが必要で、かつ応札額は調査基準価格の 192,115,681 円以上とする。これらを踏まえて検討した結果、応札額（工事価格）は元積り額の 193,900,000 円とした。

表 6.18 官積算額（推定）と元積り価格の比較表

種　別	官積算額（推定）		（注1）調査基準価格乗率（%）	調査基準価格（円）	元積り価格（円）
	構成比率(%)	（円）			
直接工事費	56.5	121,188,081	97 ⇨	117,552,439	119,149,879
共通仮設費	12.0	25,796,676	90 ⇨	23,217,008	22,187,850
現場管理費	19.1	40,891,000	90 ⇨	36,801,900	34,931,870
工事原価	87.7	187,875,757		177,571,347	176,269,599
一般管理費	12.3	26,444,243	55 ⇨	14,544,334	17,630,401
工事価格	100.0	214,320,000	89.6 ⇦	192,115,681 <	193,900,000

（注1）平成16年6月10日：国土交通省大臣官房通達「予算決算及び会計令第85条の基準の取扱いについて」及び平成29年3月14日「低入札価格調査における基準価格の見直し等について」より

表6.19 特別重点調査額と応札価格

種　別	官積算額（推定）（円）	（注2）特別重点調査額算定乗率 （%）	特別重点調査額（円）	応 札 額		
				応札額（円）	構成比率(%)	予定価格比率(%)
直接工事費	121,188,081	75 ⇨	90,891,061 <	119,149,879	61.4	98.3
共通仮設費	25,796,676	70 ⇨	18,057,673 <	22,187,850	11.4	86.0
現場管理費	40,891,000	70 ⇨	28,623,700 <	34,931,870	18.0	85.4
工事原価	187,875,757			176,269,599	90.9	93.8
一般管理費	26,444,243	30 ⇨	7,933,273 <	17,630,401	9.1	66.7
工事価格	214,320,000			193,900,000	100.0	90.5

（注2）平成18年12月8日：国土交通省大臣官房通達「低入札価格調査制度対策工事に係る特別重点調査の試行について」、平成21年4月3日「その一部改正について」及び、平成23年3月29日「その一部改正について」より、平成23年4月1日公告工事より実施

　最近は、直轄工事出件数の 99％以上が「総合評価落札方式」を適用しており、多くの地方自治体においても直轄と同様に総合評価落札方式を導入してきている。総合評価落札方式で低入札価格調査が実施される場合は、施工体制を含め品質が確実に確保されることに疑義が生じ、評価点が下げられるまたは失格となる場合が多く、落札者となるのは稀である。しかし、一部の地方自治体など総合評価落札方式の非適用工事において特別重点調査基準額以上であれば、低入札価格調査を経て落札者となる場合もある。また、特別重点調査は調査決定から資料の提出期限が 7 日間と大変短く、膨大な資料の提出が必要となり、ひとつでも未提出や不備があれば「失格」となることから、落札者となることはまずない。

6.1.6　入札内訳書の作成

　入札内訳書が必要な場合は、元積りの内訳書にそって、発注者の指定する書式で内訳書を作成し、内容を良くチェックしたうえ営業担当者に渡し、入札にのぞむ。最近では入札時に、入札書のほか、同時に入札内訳書の提出を要望する発注者が多くなってきている。

6.1.7　入札・契約

　入札により発注者の予定価格の範囲内で、調査基準価格、重点調査価格をクリアした上で、最低の価格を入札した者が落札者となる。なお、総合評価落札方式では、価格と価格以外の要素（品質など）を総合的に評価して落札者が決定されている。

　落札者が決定したら、契約関係書類を作成して契約を結ぶ。

　工事の請負契約は、建設業法の第 18 条に定める「発注者と受注者が各々の対等な立場における合意に基づいて公正な契約を締結し、信義に従って誠実にこれを履行しなければならない」という原則に基づき実施されている。

　契約方式については、第 4 章を参照されたい。

図6.4　こうして入札価格を決定する

(1) 請負契約の内容

　請負契約は、請負契約書および設計図書からなり、請負契約書の例（見出しのみを抜粋）を**表 6.20** に示す。一般に公共工事の各発注機関は、中央建設業審議会の作成した公共工事標準請負契約約款に、必要に応じ若干の修正を加えたものを採用している。

表 6.20　請負契約書の事例（国土交通省の請負契約書から見出しのみを抜粋）

第 1 条　総則	第 29 条　不可抗力による損害
第 2 条　関連工事の調整	第 30 条　請負代金額の変更に代える設計図書の変更
第 3 条　請負代金内訳書及び工程表	第 31 条　検査及び引渡し
第 4 条　契約の保証	第 32 条　請負代金の支払い
第 5 条　権利義務の譲渡等	第 33 条　部分使用
第 6 条　一括委任又は一括下請負の禁止	第 34 条　前金払及び中間前払金
第 7 条　下請負人の通知	第 35 条　保証契約の変更
第 8 条　特許権等の使用	第 36 条　前払金の使用等
第 9 条　監督員	第 37 条　部分払
第 10 条　現場代理人及び主任技術者等	第 38 条　部分引渡し
第 11 条　履行報告	第 39 条　債務負担行為に係る契約の特則
第 12 条　工事関係者に関する措置請求	第 40 条　債務負担行為に係る契約の前金払［及び中間前金払］の特則
第 13 条　工事材料の品質及び検査等	
第 14 条　監督員の立会及び工事記録の整備等	第 41 条　債務負担行為に係る契約の部分払の特則
第 15 条　支給材料及び貸与品	第 42 条　第三者による代理受領
第 16 条　工事用地の確保等	第 43 条　前払金等の不払に対する工事中止
第 17 条　設計図書不適合の場合の改造義務及び破壊検査等	第 44 条　瑕疵担保
	第 45 条　履行遅滞の場合における損害金等
第 18 条　条件変更等	第 46 条　公共工事履行保証証券による保証の請求
第 19 条　設計図書の変更	第 47 条　発注者の解除権
第 20 条　工事の中止	第 47 条の 2　契約が解除された場合等の違約金
第 21 条　受注者の請求による工期の延長	第 48 条　発注者の任意解除権
第 22 条　発注者の請求による工期の短縮等	第 49 条　受注者の解除権
第 23 条　工期の変更方法	第 50 条　解除に伴う措置
第 24 条　請負代金額の変更方法等	第 51 条　火災保険等
第 25 条　賃金又は物価の変動に基づく請負代金額の変更	第 52 条　あっせん又は調停
	第 53 条　仲裁
第 26 条　臨機の措置	第 54 条　情報通信の技術を利用する方法
第 27 条　一般的損害	第 55 条　補則
第 28 条　第三者に及ぼした損害	

6.2 工事着手前段階： 施工計画策定から実行予算作成まで

ここでは契約後の工事着手前段階(施工計画策定から実行予算作成まで)について具体例を示す。
(図 5.1、図 5.14 参照)

6.2.1 施工計画の策定

建マネ下水道管渠築造工事の内の立坑築造工事を取り出し施工計画を作成する。実際に作成した施工計画書を**表 6.21** に示す。

施工計画書作成に先立ち、測量・調査等の現場踏査を実施して現場環境や施工条件を確認し、設計図書の内容を十分に把握しておくことが必要である。

図 6.5　施工環境の把握

表6.21　施工計画書の例

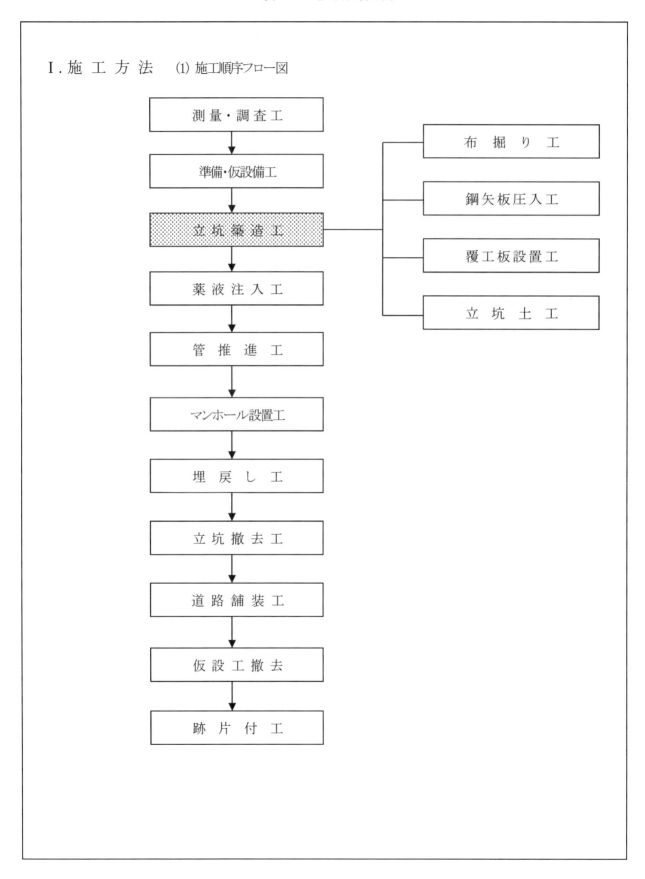

Ⅱ. 立坑築造工

(1)概要

推進工事用の発進立坑又は到達立坑として築造するものである。各立坑は夜間、一般交通に開放するため覆工板を設置する。

(2)施工数量・形状・寸法・仕様

立坑NO.	数 量	形 状 ・ 寸 法	仕 様
NO.1	1	4,400×2,800×H9,558	鋼矢板Ⅳ型 L=15.50m
NO.2	1	6,400×3,200×H9,736	鋼矢板Ⅳ型 L=16.00m
NO.3	1	4,400×2,400×H8,929	鋼矢板Ⅳ型 L=14.00m
NO.4	1	5,600×2,800×H7,981	鋼矢板Ⅲ型 L=14.50m
NO.5	1	4,400×2,800×H7,981	鋼矢板Ⅲ型 L=11.50m

1. 布 掘 工

当工事の立坑は覆工板を設置するため、鋼矢板天端を周辺道路より 20cm 以上下げる必要がある。また鋼矢板打込みの際、サイレントパイラーのチャックのかみしろとして 40cm 程度必要であるため、合わせてGLから 60cm 程度をバックホウ(0.25m³)で掘削する。掘削幅はパイルセンターから左右60cm 程度とする。

夜間は全面開放のため、布掘りは圧入作業当日に行う。また、圧入作業が終了しだい埋め戻し仮復旧後、開放する。圧入作業は各立坑2日、引抜作業は1日で行う。

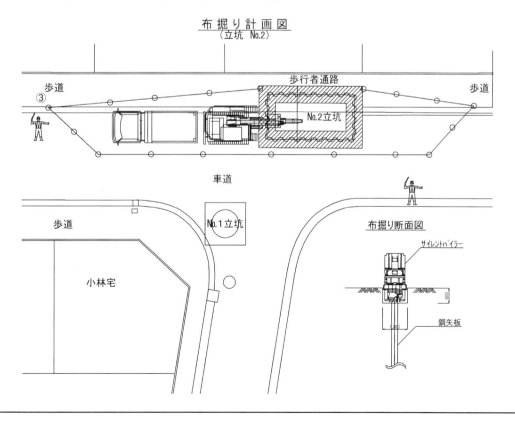

布 掘 り 計 画 図
(立坑 No.2)

2. 鋼矢板圧入工（ウォータージェット併用）

(1) 施工概要

　　鋼矢板は、近隣に振動・騒音の被害を与えないようにサイレントパイラーで行う。設計図書のボーリング調査図から、N値20以上の砂質土でかなり締まった土質と想定されるため圧入にはウォータージェットを併用する。

(2) 施工フロー図

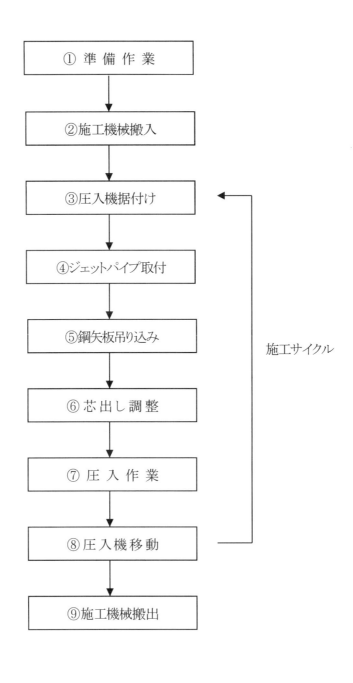

(3)　施工方法

①準備作業

　　　準備作業として、設計図に基づきSP中心線の位置出しを実施する。布掘り内に位置出しを行い、レーザーをセットする。このとき、レーザーはSP天端と同じ高さに据え付け、SP法線と圧入止まり高さを一度に管理出来る状態にする。

　　　また、中心線は引照点も設け、いつでも確認できるようにする。

②施工機械搬入

機　　　械	台　数	規　　　格
圧入引抜機	1	サイレントパイラー90t 級
トラッククレーン	1	ラフタークレーン 25t
ゼネレーター	1	175KVA
ウォータージェット	1	325L／min
貯水タンク	1	4m3
水中ポンプ	1	3吋

③圧入機据付け

　　　①で位置出しした法線上にセットする。

　　　最初の反力は架台を使用し圧入するため、反力架台にウエイトを載せ機械本体をセットする。この作業の善し悪しが後工程に重要な影響を及ぼすので慎重に行う。

④ジェットパイプ取付け

　　　ジェットに使用する水は給水車にて貯水タンクに補給する。

　　　横にしたSPにジェット管をはわせ、固定金具にて3箇所程度溶接し仮止めする。

⑤鋼矢板吊込み

　　　ラフタークレーンで鋼矢板を吊り込み、サイレントパイラーの釜(通称)の中に慎重に建て込む。

　　　安全対策として、仮止めしたジェットパイプが外れて倒れないように、補巻きでジェットを吊り、主巻きでSPを吊り込む。

　　　クレーンは充分安定していることが重要なので、アウトリガーは可能な限り張り出し敷き鉄板にて養生する。合図者、玉掛け者も確実に配置する。

⑥芯出し調整

　　　①でセットしたレーザーにSPセンターを合わせ鉛直に建て込む。

⑦圧入作業

　　さげふりまたはトランシットを使用し、SPを鉛直になるよう管理しながら圧入する。

　　圧入時、ジェットによる泥水が排出される。その泥水は水中ポンプにて一旦沈砂槽に溜め、泥分を沈殿させた後、U型側溝に放流する。

⑧圧入機移設

　　SPがある程度の深さまで圧入され、機械本体の荷重を預けても下がらない状態になった後、本体を浮上させ、下部を前進させる。

　　反力架台はSPを3枚程圧入した段階で撤去する。

⑨施工機械搬出

　　輸送車両に機材を積み込み搬出する。

鋼矢板圧入機械配置計画図

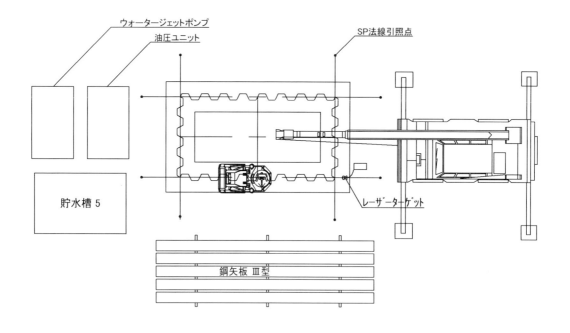

3. 覆工板設置工

(1) 施工概要

施工中は片側通行(一部通行止)で作業を行うが、夜間は全面開放となるため、鋼製覆工板により路面覆工を行う。施工に当たっては覆工板のガタつきが無いように設置し、必要に応じすり付け舗装を行う。

立 坑	覆工寸法	桁 受 け	覆 工 桁	覆 工 板
NO.1	3,000×5,000	[-250 L=5.5m 4本	H-300 L=4.0m 3本	1×2m:4枚 1×3m:4枚
NO.2				
NO.3	3,000×5,000	[-250 L=5.5m 4本	H-300 L=4.0m 3本	1×2m:4枚 1×3m:4枚
NO.4				
NO.5	3,000×5,000	[-250 L=5.5m 4本	H-300 L=4.0m 3本	1×2m:4枚 1×3m:4枚

(2) 施工フロー図

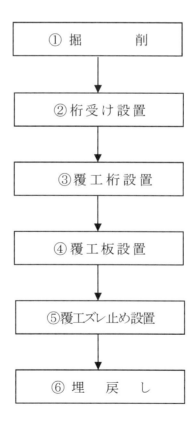

(3) 施工方法

①床　掘

バックホウ0.6m³を使用し、桁受けの高さまで掘削する。

②桁受け設置

道路勾配に合わせるため、既存道路天端から所定の下がりで高さを決める。

溝形鋼([-250)を鋼矢板に溶接し仮どめする、矢板と形鋼共にガス穴をあけボルトで固定する。

③覆工桁設置

桁受けの上に覆工桁(H-300)を据付け、ボルトで固定する。このとき、桁の間隔が平行かつ直角でないと、覆工板のストッパーが桁に当たったり隙間が出来たりするので、SPの引照点などを用いて正確に設置する。

④覆工板設置

ラフタークレーン25tを使い、覆工板を隙間のないように敷設する。

⑤覆工ズレ止め設置

覆工板が一般車両の振動や重機によりずれないように、覆工周りに溝形鋼([-200)を設置する。敷設した覆工板に合わせ、覆工桁に溶接する。

⑥埋戻し工

路盤厚は現況以上の厚さを確保するように埋め戻しを行う。埋め戻しの際は、後で沈下しないよう十分転圧を行い、覆工周りは段差のないように舗装ですりつける。

4. 立坑土工

(1) 施工フロー図

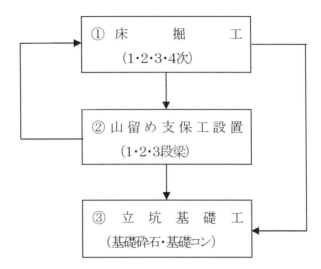

(2) 施工方法

①床　掘　工

　　1次掘削は1段目の山留め支保工より1.0m下がり程度まで、バックホウ0.6m³で掘削する。

　　2次掘削も同様とする。

　　掘削土砂は10tダンプトラックに積み込み、資材置き場に一時仮置きする。最終的には処分場所を選定し、監督職員の許可を得たのちに運搬処分する。

　　3次掘削・4次掘削はクラムシェルおよび10tダンプトラックで行う。床付は人力掘削および人力床均しとし、過掘りや床面を乱さないよう注意する。この際、水替えが必要な場合には、矢板周囲に水切り溝と釜場を設け排水ポンプで排水する。なお、掘削深さ管理は鋼矢板に深度のマーキングを施し、これからの下り値で管理することとする。

　　安全対策として、舗装撤去作業と同様に、交通誘導員を作業箇所の前後に配置し、一般車両は片側交互通行または通行止めとする。バックホウを旋回させて土砂を積み込む場合は、一時車両を交通止めとし、安全を確保する。作業範囲はカラーコーンなどのバリケードで明示し、第三者の立入を防止する。

　　掘削時は覆工を開口することになるが、転落防止のため転落防止柵を設置してから作業する。

　　また掘削時、土べら落としなどで作業員が立坑内に立ち入る際は、重機作業は停止する。立坑の昇降設備として背もたれ付きのはしごを設置する。

②土留め支保工設置

　　床掘作業の進捗に伴い、土留支保工計画図に従い鋼矢板の所定の高さにブラケットを溶接し、鋼製支保材（H鋼）を設置する。設置後、鋼矢板と支保材との隙間は木製キャンバーをかませ、支保工に均等に土圧がかかるとともに、鋼矢板背面の土が緩まないようにする。

　安全対策としては、鋼矢板圧入作業と同様クレーンは充分安定していることが重要なので、アウトリガーは最大に張り出し敷き鉄板にて養生する。合図者、玉掛け者も確実に配置する。

　支保工材を立坑へ荷下ろしする時は、鋼材は長尺であることから作業員は一時地上に避難し飛来災害を防止する。開口部の養生およびバリケードなどは前述と同様である。

山留支保工設置状況図

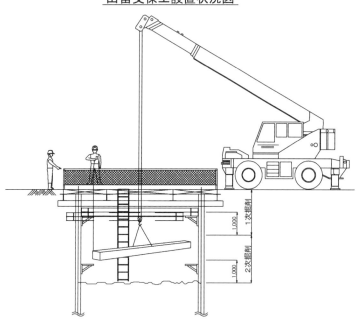

③立坑基礎工

　床付終了後、基礎砕石(0〜40)をバックホウにより床付面に投入し、人力で敷均し、ランマーで締固めを行う。

　基礎砕石完了後、基礎コンクリートを打設する。立坑下へ生コンを投入するときはミキサー車からホッパーに受けシュートで投入する。なお、基礎コンクリートは平坦に仕上げて、推進仮設設備の設置に支障のないようにする。

基礎コン打設状況図

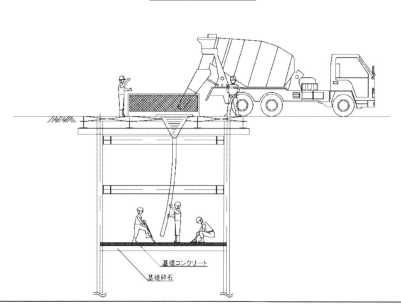

6.2.2　施工計画を実行予算に反映させる

　次に、実行予算書をつくる。施工計画を金額で表したものが実行予算であり(図 6.6 参照)、原価管理を行う上で指標(目標値)となるものである。ここでは、当工事の中の、立坑築造工について工種別実行予算を作成しながら、具体的な作成方法について述べる。

図6.6　施工計画を実行予算に反映させる

(1)　実行予算の体系を作る

　実行予算書は、発注者の設計図書および前節で作成した施工計画書に準じて元積りで設定した工種を参考に、原価管理を行いやすいように工種の体系を作っていく。体系の作成では、実行予算の工種の重複・脱落をチェックし、工事着手から竣工・後片付け作業までに必要な工種が設定されていることが重要である。

　表 6.22 に施工計画のフロー図と大工種の相互関係および実行予算書の科目分類を示す。

　各工種の予算内訳は科目分類、すなわち要素別に分類され、ここでは、直接工事費、共通仮設費および現場管理費について、材料費、労務費、外注費、経費の4要素(**表 3.7** 参照)に分類した。

(2)　内訳書を作る

　大工種の名称・数量を設定した後、中工種あるいは小工種などの工種・種別、仕様・規格、単位、数量の設定を行う。その後、各工種一番下のレベルの単価を算出する。単価の算出方法は、一般的に代価表(施工単価を算出するための明細書)を作成する場合と、単価を直接記入する場合の2つに分けられる。

　表6.23 に立坑築造工の施工フロー図と「立坑築造工」工事内訳書の相互関係を示す。ここでは、大工種に立坑築造工を選定し、その下に中工種としてバックホウ床掘、クラムシェル床掘、残土運搬工、土留工等を設定した。

　完成した工事内訳書を後述する**表6.26** に示す。この表の中で、摘要の欄に代価-1、代価-2……と記入されているものは、代価表を作成して単価を算出しているものである。例えば、バックホウ床掘、クラムシェル床掘などがこれに該当する工種となる。また、摘要の項目に何も記載されていないものは、直接単価を記入しているものである。例えば、残土運搬工、鋼矢板圧入などがこれに該当する。単価が算出された段階で数量と掛け合わせることで工種の金額(工種金額＝単価×数量)が算出される。

　実行予算書は、一番下のレベルの工種金額が計算され、積み上げ計算後これらの内訳を合計することで、工事原価が算出される。

表 6.22 施工フローと大工種の関係

施 工 フ ロ ー 図　　　大工種一覧

工種・種別	単位	数量	金額	要 素 別 内 訳				摘 要
				材料費	労務費	外注費	経費	
立坑築造工	式	1.0						③
薬液注入工	式	1.0						④
推 進 工	式	1.0						⑤
マンホール設置工	式	1.0						⑥
立坑撤去工	式	1.0						⑦、⑧
付 帯 工	式	1.0						⑨、⑩
交通管理工	式	1.0						①～⑫
共通仮設費	式	1.0						①、②、⑪、⑫
現場管理費	式	1.0						
工事原価計								

施工フロー図：

① 測 量・調 査 工
② 準備・仮設備工
③ 立 坑 築 造
④ 薬 液 注 入
⑤ 管 推 進 工
⑥ マンホール設置工
⑦ 埋 戻 し 工
⑧ 立 坑 撤 去
⑨ 路 盤 工
⑩ 舗 装 工
⑪ 仮 設 工 撤 去
⑫ 跡 片 付 工

摘要欄の数字は施工フロー図の番号に対応

表 6.23　施工フローと工事内訳書の中身の関係

（立坑築造工施工フロー図）　　　工事内訳書

工　種・種　別	仕様・規格	単位	数　量	単価	金　額	材料費	労務費	外注費	経費	摘　要
						要素別内訳				
立坑築造工		式	1.0							
バックホウ床堀	0.6m³	m³	476.0							
クラムシェル床堀	0.4m³	m³	231.0							
残土運搬工		m³	707.0							
土留工		式	1.0							
鋼矢板圧入	ジェット併用	m	2,514.0							
鋼矢板圧入		m	2,514.0							
鋼矢板購入	IV型 L=15.5m	枚	41.0							
鋼矢板損料	IV型 L=16.0m	枚	84.0							
鋼矢板損料	III型 L=14.5m	枚	35.0							
土留め支保工		t	47.0							
土留め支保設置	切梁・腹起し	t	47.0							
土留め支保損料	H鋼他	t	47.0							
路面覆工		m²	45.0							
覆工板設置撤去		m²	45.0							
受桁設置撤去		t	2.0							
覆工板損料	120日	式	1.0							
受桁損料	120日	t	2.0							
水替工		箇所	5.0							
立坑基礎工		m²	100.0							
基礎砕石	厚さ20cm	m²	100.0							
基礎コンクリート	厚さ15cm	m³	15.0							

（立坑築造工施工フロー図の左側）

鋼矢板圧入工

　鋼矢板圧入
　　土留め支保設置

覆工板設置工

　覆工板設置撤去
　　受桁設置

立坑土工

　バックホウ床掘
　クラムシェル床掘
　残土運搬工
　基礎砕石
　基礎コンクリート

(3) 代価表を作る

　前節で述べたように、代価表とは施工単価を算出するときの明細書である。ここでは実際にバックホウ床掘を例に代価表を作成してみる。

　「6.2.2　施工計画を実行予算に反映させる」 に示すように、施工計画を金額で表したものが実行予算である。代価表を組む場合は、1日当たりの配置機械、人員を積み上げ、過去の実績等の歩掛りから1日当たりの施工数量を予測し、その数量で割った金額が単価となるように組むことが一般的である。

　ここでは **6.1.4** の元積りの内、①自社の実績工事から作成した代価を元に専門工事業者、機械リース業者と交渉を行い、更なる金額の低減を図った。バックホウ0.6m³を使用して立坑内を床掘する場合、1日当たりの配置機械、配置人員はバックホウ0.6m³（外注費）1台と普通作業員（労務費）が1人とする。元積り段階では1日当たりの床掘土量を150m³としたが、専門工事業者との打合せの結果160m³の施工が可能であると判断した。そこで、1日当たりの床掘土量を160m³に変更して床掘単価を求める。ここで使用する単価は各社で社内標準としている単価、あるいは地域、施工時期で変動する市場単価などがあるのでそれらを考慮する。また、使用する労務単価は元積りと同様に協力会社経費および協力会社の法定福利費を考慮した単価にしなければならない。法定福利費については、CASE1の労務費と切り離し経費として計上する場合と、CASE2のように労務単価に含めた労務費とする場合があり、会社ごとに決められた方法で計上する。

　なお、どちらのCASEにおいても法定福利費の金額は、協力業者との契約および原価管理を行う上で実行予算との対比に不可欠となるため明確に示しておくことが重要である。

　元積りから変更した代価表は **表 6.24** となり、各項目の単価・金額の設定は以下となる。

① バックホウ

　　バックホウは機械ではあるが、特殊運転手を含めた外注費で設定する。

　　数量1.0日、単価50,000円であるから、1.0×50,000=50,000円となる。

② 普通作業員

　　普通作業員は労務費で設定する。

　　数量1.0人、単価19,400円から、普通作業員の労務費は、1.0×19,400=19,400円となる。

③ 雑材工具等

　　雑材工具等の費用は外注費として500円を計上する。

④ 法定福利費

　　法定福利費の保険料率は地域によって異なるため、発注を見込んでいる協力業者の率を採用する、または発注が未定であれば、数社の平均を行うなどの方法が考えられる。なお、所属する会社に定めがあれば、その方法に基づき算出する。

　　ここでは、15.5%を採用し経費として設定する。バックホウ特殊運転手と普通作業員の労務費に対して法定福利費は、(23,200+19,400)×0.155=6,603円となる。

　①～④を合計すると、76,503円となる。この金額が、バックホウで1日160m³の床掘をするときの金額である。1m³当りに換算した単価は、76,503÷160=478円ということになる。478円の要素別内訳は、外注費（50,000円+500）÷

160=316円、労務費19,400円÷160=121円、経費6,603÷160=41円である。なお、バックホウ床掘の施工単価として代価を使用する場合は、経費(法定福利費)を除いた単価437円を用いることがあり、その場合は、法定福利費を現場管理費の協力業者経費として積上げておく必要がある。

　普通作業員の要素の設定にあたっては、直接雇用している場合は労務費として計上し、外注している場合は労務費または外注費のどちらで計上するかは、会社単位での判断となる。

表 6.24　バックホウ床掘りの代価表

代価表-1号＜CASE1：法定福利費を経費して計上＞

バックホウ床掘　　　　　　　　　　　　　　　　　　　　　　　　　　　　　　　　160m³当り/1日当り

要素	名　称	規　格	数量	単位	単　価	金　額	摘　要
外注費	バックホウ運転	クローラ型(平積0.6m³)	1	日	50,000	50,000	特殊運転手労務費23,200円
労務費	普通作業員		1	人	19,400	19,400	
外注費	雑材工具等		1	日	500	500	
	小計					69,900	437円/m3
経費	法定福利費	保険料率15.5%	1	式		6,603	23,200×15.5%=3,596円 19,400×15.5%=3,007円
	小計					6,603	
	合計					76,503	478円/m3

法定福利費を含まない場合	1m³当り単価					437	外注費：316円 労務費：121円
法定福利費を含む場合	1m³当り単価					478	外注費：316円 労務費：121円 経費：41円

代価表-1号＜CASE2：法定福利費を外注費および労務費単価として計上＞

バックホウ床掘　　　　　　　　　　　　　　　　　　　　　　　　　　　　　　　　160m³当り/1日当り

要素	名　称	規　格	数量	単位	単　価	金　額	摘　要
外注費	バックホウ運転	クローラ型(平積0.6m³)	1	日	53,596	53,596	特殊運転手の法定福利費3,596円含む
労務費	普通作業員		1	人	22,407	22,407	法定福利費3,007円含む
外注費	雑材工具等		1	日	500	500	
	計					76,503	
	1m³当り単価					478	外注費：338円 労務費：140円

　次に、代価表から算出された施工単価が、工事内訳書の該当工種の内訳書の単価欄に転記される例を**表 6.25**に示す。

表 6.25　代価表の単価が内訳書に転記される

工　種・種　別	仕様・規格	単位	数量	単価(円)	金額(円)	要素別内訳（円）材料費	労務費	外注費	経費	摘　要
立坑築造工		式	1.0							
バックホウ床掘	0.6m³	m³	476.0	㋐437	208,012		57,596	150,416		代価-1号
クラムシェル床堀	0.4m³	m³	231.0							
残土処分工		m³	707.0							
土留工		式	1.0							
鋼矢板圧入	ジェット併用	m	2,514.0							
鋼矢板圧入		m	2,514.0							
鋼矢板購入	IV型　L=15.5m	枚	41.0							
鋼矢板損料	IV型　L=16.0m	枚	84.0							
鋼矢板損料	III型　L=14.5m	枚	35.0							
土留め支保工		t	47.0							
土留め支保設置	切梁・腹起し	t	47.0							
土留め支保損料	H鋼他	t	47.0							
路面覆工		m²	45.0							
覆工板設置撤去		m²	45.0							
受桁設置撤去		t	2.0							
覆工板損料	120日	式	1.0							
受桁損料	120日	t	2.0							
水替工		箇所	5.0							
立坑基礎工		m²	100.0							
基礎砕石	厚さ20cm	m²	100.0							
基礎コンクリート	厚さ15cm	m³	15.0							

> 代価表で算出されたバックホウ
> 1m3当りの床堀単価437円を
> 工事内訳書の単価に計上する

代価表－1号

バックホウ床掘　　　　　　　　　　　　　　　　　　　　　　　　　　　　　　（160m³当り）

要素	名　称	仕様・規格	単位	数量	単価(円)	金額(円)	摘　　　　　要
外注費	バックホウ	クローラ型0.6m³	日	1.00	50,000	50,000	
労務費	普通作業員		人	1.00	19,400	19,400	
外注費	雑材工具等		日	1.00	500	500	
経費	法定福利費		式	1.00	6,603	(6,603)	法定福利は現場管理費に計上し、代価に加えない
	計					69,900	
	1m³当り					437	外注費：316円,労務費：121円

　代価表で計算されたバックホウ1m³当たりの単価437円が、バックホウ床掘の工種単価に設定される。これによりバックホウ床掘の金額が、476m³×437円=208,012円と算出される。

　内訳書作成の原則は、代価表から施工単価を算出し、その単価を工事内訳書の該当工種に当てはめ、工種の金

額を算出することである。この作業を全ての工種で行い、金額を合計したものが、予算金額となる。**表 6.26**に、合計された工事内訳書の金額が立坑築造工の大工種一覧表に転記されたようすを示す。

表 6.26 工事内訳書から大工種一覧表へ転記される

（大工種一覧表）

工 種 ・ 種 別	単位	数量	金額(円)	材料費	労務費	外注費	経費	摘 要
立 坑 築 造 工	式	1.0	20,878,775	9,762,062	377,609	9,967,103	622,002	
薬 液 注 入 工	式	1.0						
推 進 工	式	1.0						
マ ン ホ ー ル 設 置 工	式	1.0						
立 坑 撤 去 工	式	1.0						
付 帯 工	式	1.0						
共 通 仮 設 費	式	1.0						
工 事 費 計			20,878,775	9,762,062	377,609	9,967,103	622,002	

工事内訳書の立坑築造工の合計金額が、大工種一覧の立坑築造工の金額欄へ転記される

（工事内訳書）

工種・種別	仕様・規格	単位	数量	単価(円)	金 額	材料費	労務費	外注費	経費	摘 要
立坑築造工		式	1.0		20,878,775	9,762,062	377,609	9,967,103	622,002	
バックホウ床堀	0.6m³	m³	476.0	437	208,012		57,596	150,416		代価-1
クラムシェル床堀	0.4m³	m³	231.0	1,700	392,700		40,333	352,367		代価-2
残土運搬工		m³	707.0	2,800	1,979,600			1,979,600		
土留工		式	1.0		13,671,341	7,957,622		5,713,719		
鋼矢板圧入	ジェット併用	m	2,514.0		13,671,341	7,957,622		5,713,719		
鋼矢板圧入		m	2,514.0	2,273	5,713,719			5,713,719		
鋼矢板購入	IV型 L=15.5m	枚	41.0	152,900	6,268,900	6,268,900				
鋼矢板損料	IV型 L=16.0m	枚	84.0	15,493	1,301,412	1,301,412				
鋼矢板損料	III型 L=14.5m	枚	35.0	11,066	387,310	387,310				
土留め支保工		t	47.0		2,500,168	1,105,440	155,006	1,148,478	91,244	
土留め支保設置	切梁・腹起し	t	47.0	29,675	1,394,728		155,006	1,148,478	91,244	代価-3
土留め支保損料	H鋼他	t	47.0	23,520	1,105,440	1,105,440				
路面覆工		m²	45.0		738,490	423,000	59,655	235,195	20,640	
覆工板設置撤去		m²	45.0	5,061	227,733		44,523	168,311	14,898	代価-4
受桁設置撤去		t	2.0	43,878	87,757		15,132	66,884	5,741	代価-5
覆工板損料	120日	式	1.0	378,000	378,000	378,000				
受桁損料	120日	m²	45.0	1,000	45,000	45,000				
水替工		箇所	5.0	180,000	900,000			250,000	500,000	代価-6
立坑基礎工		m²	100.0		488,465	276,000	65,019	137,327	10,118	
基礎砕石	厚さ 20cm	m²	100.0	2,020	202,048	78,000	45,377	70,556	8,115	代価-7
基礎コンクリート	厚さ 15cm	m³	15.0	19,094	286,417	198,000	19,643	66,771	2,003	代価-8

(4) 共通仮設費の予算を作る

実行予算に計上する共通仮設費には次に示すような項目がある。

① 運搬費

機械器具・仮設材の運搬(現場内運搬含む)に要する費用で、材料費に算入されるものを除く。

② 準備費

準備・後片付け、事前調査・測量、伐開・整地・除草等に要する費用。

③ 仮設費

直接工事の各工種に共通して要する仮設物件・資材費、動力用水光熱費等。

④ 事業損失防止施設費

工事施工に伴って発生する騒音、地盤沈下、地下水の断絶等を未然に防止するための仮施設の設置、撤去および維持管理に要するもので、降雨対策費、水質汚濁対策費、家屋調査、井戸調査や交通量調査等に関する費用等。

⑤ 安全費

安全施設、安全対策等に要するもので、保安員、交通看板、安全看板、防護施設、安全用品・備品等に関する費用。国土交通省では、平成28年度積算基準(平成28年4月契約から摘要)により交通整理員は直接工事費に計上する。

⑥ 役務費

工事に必要な資材置き場等の借り上げに要する費用、電力、用水等の基本料金。

⑦ 技術管理費

品質管理、出来形管理、工程管理等に要する各種試験費、測量費、資料作成など。

⑧ 営繕費

現場事務所、試験室、休憩所、倉庫等の営繕に要する費用、労働者の輸送に要する費用、営繕費に係る敷地の借上げ費用。

⑨ 現場環境改善費

広報版、植木・プランター等に要する費用。

表 6.27 に、建マネ下水道管渠築造工事における共通仮設費の実行予算を示す。

共通仮設は直接工事費と同じように、要素別には、材料費、労務費、外注費、経費に分類される。

実行予算では、元積りで算出した共通仮設費について、施工計画に則り費用項目の数量、単価を再度十分に精査してコストの圧縮に努めなければならない。

(5) 現場管理費の予算を作る

現場管理費には次に示すような項目がある。これらの項目は、材料費、労務費、外注費、経費と同じように、財務会計上の工事原価の費目分類(要素別分類)であり、現場管理に要する費用をもれなく計上する。

① 労務管理費

　　現場労働者に係る費用で、募集・解散、福利厚生、作業用具・作業用被服、賃金以外の食事・通勤等に要する費用および労災保険等による給付以外に災害時に事業主が負担する費用。ただし、一般的に元積り、実行予算において、労務管理費は純工事費の労務費（外注費）に含まれている場合が多く、その場合は現場管理費に計上しない。

② 安全訓練に要する費用

　　現場労働者の安全・衛生、研修訓練・教育等に要する費用。

③ 租税公課

　　固定資産税、自動車税等の租税公課。ただし、機械経費の機械器具等損料に計上された租税公課は除く。

④ 保険料

　　自動車保険（機械経費の機械器具等損料に計上された保険料は除く）、工事保険、組立保険、法定外の労災保険、火災保険、その他の損害保険の保険料。

⑤ 従業員給与手当

　　現場従業員の給与、諸手当および賞与。ただし本店および支店で経理される派遣会社役員等の報酬および運転者、世話役等で純工事費に含まれる現場従業員の給与は除く。

⑥ 退職金

　　現場従業員に係る退職金および退職給与引当金繰入額。

⑦ 法定福利費

　　現場従業員および現場労働者に関する労災保険料、社会保険料（雇用保険料、健康保険料、厚生年金保険料）の法定の事業主負担額並びに建設業退職金共済制度に基づく事業主負担額。ただし、一般的に元積り、実行予算においては、現場労働者に関する社会保険は純工事費の労務費（外注費）に含まれている場合が多く、その場合は現場労働者分の社会保険料は計上しない。

⑧ 福利厚生費

　　現場従業員に係る慰安娯楽、貸与被服、医療、慶弔見舞等福利厚生、文化活動等に要する費用。

⑨ 事務用品費

　　事務用消耗品、新聞、参考図書等の購入費。

⑩ 通信交通費

　　通信費、交通費および旅費。

⑪ 交際費

　　現場への来客等の対応に要する費用。

⑫ 補償費

　　工事施工に伴って通常発生する物件等の毀損の補修費および騒音、振動、濁水、交通等による事業損失に係る補償費。ただし、臨時にして巨額なものは除く。

⑬ 外注経費等

　　工事を専門工事業者等に外注する場合に必要となる経費。ただし、一般的に元積り、実行予算において、外注経費（下請け経費）は直接工事費の外注費に含まれている場合が多く、その場合は計上しない。

　　　外注法定福利費は、直接工事費の労務費に含めない場合は、外注経費と分けて協力業者各社分を計上する。

⑭　工事登録等に要する費用

　　　工事実績の登録（通称 CORINS）等に要する費用。

⑮　雑　費

　　　上記項目に属さない費用。

　共通仮設費及び現場管理費の項目は、会社単位でどの費用をどの工種に計上するかは異なっており、各社の方針あるいは規則に則り実行予算書を作成する必要がある。

　表 6. 27 に、建マネ下水道管渠築造工事における現場管理費の実行予算を示す。

　現場管理費は、現場の運営に直接要する費用である。これまでの工事経験や会社内で蓄積されたデータベースを参考に元積りで算出した現場管理費を再度精査し、適切な費用を計上し予算の圧縮に努めなければならない。特に現場管理費の中で、現場従業員の給料手当、賞与、退職金引当金は 50％以上を占める。早期に工事を着手して、適正な工程管理と人員管理で現場を運営し、従業員給与手当を削減することも重要である。

　なお、現場管理費には外注経費等として、直接工事費に含まない作業員の法定福利費、労務管理費等、協力会社の現場管理費等を工種ごと積み上げて計上しておく必要がある。

表 6.27 実行予算における間接工事費内訳書

建マネ下水道管渠築造工事：実行予算間接工事費内訳書

名　称	規　格	単位	数　量	単　価	金　額	摘　要
（共通仮設費）						
運搬費					5,626,350	
建設機械分解組立、輸送					2,341,600	
建設機械分解組立+輸送（往復）	油圧クラムシェル	回	1.00	501,600	501,600	（経費）
建設機械輸送（往復）	バックホー	回	2.00	120,000	240,000	（経費）
立坑構築撤去工事機械運搬費		式	1.00	400,000	400,000	（経費）
推進資機材運搬		式	1.00	800,000	800,000	（経費）
舗装機械運搬費		式	1.00	400,000	400,000	（経費）
仮設材運搬					2,127,250	
鋼矢板Ⅳ型（往路）	L=16.0m　84枚	t	102.30	6,500	664,950	（材）
鋼矢板Ⅳ型（復路）	L=16.0m　77枚	t	97.50	6,500	633,750	（材）
鋼矢板Ⅲ型（往路）	L=14.5m　35枚	t	30.50	6,000	183,000	（材）
鋼矢板Ⅲ型（復路）	L=5.0〜11.5m　35枚	t	21.00	5,000	105,000	（材）
切梁、支保材（往復）	H型鋼	t	47.00	9,500	446,500	（材）
覆工板（往復）	45.0m2×220kg/m2	t	9.90	9,500	94,050	（材）
共通運搬費					1,157,500	
場内運搬	4tユニック車	台	20.00	40,000	800,000	（経費）
場内運搬	10t平トラック	台	5.00	46,000	230,000	（経費）
リース機器等運搬		月	8.50	15,000	127,500	（外）
準備費					2,213,250	
測量費					749,500	
測量工具		月	8.50	5,000	42,500	（材）
雑材	測量杭、貫板等	月	8.50	20,000	170,000	（材）
トータルステーション賃料		月台	8.50	50,000	425,000	（経費）
トータルステーション整備費		回	1.00	41,000	41,000	（経費）
レベル賃料		月台	17.00	3,000	51,000	（経費）
レベル整備代		回	2.00	10,000	20,000	（経費）
外注基本測量					401,750	
基準点測量		m	425.00	120	51,000	（外）
水準測量		m	425.00	60	25,500	（外）
役杭測量		m	425.00	180	76,500	（外）
中心点測量		m	425.00	350	148,750	（外）
報告書作成		式	1.00	100,000	100,000	（外）
準備工					608,000	
準備作業		日	4.00	127,000	508,000	（外）
雑材		日	2.00	50,000	100,000	（材）
竣工検査準備工					454,000	
竣工検査準備作業		日	2.00	127,000	254,000	（外）
雑材	土嚢袋他	日	2.00	30,000	60,000	（材）
雑材処分費	4t車　廃棄	台	2.00	70,000	140,000	（外）
事業損失防止施設費					3,403,000	
降雨対策費					1,160,000	
材料費		月	4.00	50,000	200,000	（材）
降雨対策作業		組日	8.00	120,000	960,000	（外）
水質汚濁対策		月	8.50	10,000	85,000	（材）
交通量調査		回	1.00	100,000	100,000	（外）
家屋調査		式	1.00		1,908,000	
事前調査（木造）	70m2未満	棟	10.00	27,000	270,000	（外）
事前調査（木造）	70m2以上130m2未満	棟	10.00	34,500	345,000	（外）
事前調査（非木造）	200m2以上400m2未満	棟	3.00	55,500	166,500	（外）

（実行予算間接工事費内訳書続き）

名　称	規　格	単位	数　量	単　価	金　額	摘　要
事後調査（木造）	70m2未満	棟	10.00	27,000	270,000	（外）
事後調査（木造）	70m2以上130m2未満	棟	10.00	34,500	345,000	（外）
事後調査（非木造）	200m2以上400m2未満	棟	3.00	55,500	166,500	（外）
報告書作成	事前、事後調査	棟	46.00	7,500	345,000	（外）
井戸調査	分布調査	式	1.00	150,000	150,000	（外）
安全費					4,377,750	
現場保安員					1,120,000	
現場保安員	日曜	人	43.00	20,000	860,000	（外）
現場保安員	GW	人	3.00	20,000	60,000	（外）
現場保安員	盆	人	5.00	20,000	100,000	（外）
現場保安員	正月	人	5.00	20,000	100,000	（外）
安全施設費					2,579,500	
安全標識、看板		月	8.50	10,000	85,000	（材）
臨時道路作業帯材料		式	1.00	100,000	100,000	（材）
現場内保安材料	安全掲示板、カラーコーン他	月	8.50	100,000	850,000	（材）
安全掲示板設置撤去		式	1.00	280,000	280,000	（外）
安全設備維持費		月	8.50	40,000	340,000	（外）
安全関係測定機器	ガス検知器等	月	8.50	45,000	382,500	（経費）
安全用品	保安帽、安全帯他	月	8.50	30,000	255,000	（材）
担架、消化機器等		式	1.00	287,000	287,000	（材）
転落防止柵					303,000	
転落防止柵材料	単管パイプ、クランプ他	m	100.00	1,500	150,000	（材）
運搬費	4t車	台	1.00	33,000	33,000	（材）
柵設置撤去		m	100.00	1,200	120,000	（外）
昇降設備工					375,250	
昇降設備材料	自在ステップ、単管他	m	45.00	3,550	159,750	（材）
運搬費	4t車	台	2.00	33,000	66,000	（材）
昇降設備設置撤去		m	45.00	2,800	126,000	（外）
アルミ梯子	2連7m	本	1.00	13,500	13,500	（材）
アルミ梯子	1連4m	本	1.00	10,000	10,000	（材）
役務費					971,200	
借地料（資材置き場）	9箇月	m2	100.00	4,500	450,000	（経費）
電力基本料	低電圧臨時9箇月	kw/月	204.00	2,500	510,000	（経費）
用水基本料		m3	140.00	80	11,200	（経費）
技術管理費					287,500	
コンクリート品質管理					287,500	
コンクリート試験練		回	3.00	30,000	90,000	（外）
コンクリート圧縮試験	公的機関	回	5.00	3,500	17,500	（外）
コンクリート試験代行	基本料	日	5.00	20,000	100,000	（外）
コンクリート単位水量試験	基本料	日	5.00	10,000	50,000	（外）
カンタブ	12組入り	箱	1.00	10,000	10,000	（材）
シュミットハンマー	賃料	台	1.00	20,000	20,000	（経費）
営繕費					5,558,800	
監督員詰所設置撤去	損料+設置撤去	m2	10.00	50,000	500,000	（外）
現場事務所地代					895,000	
事務所借地料		月	9.00	90,000	810,000	（経費）
駐車場借地料		月	8.50	10,000	85,000	（経費）
事務所建物費					2,908,800	
本体賃貸料		月	9.00	192,000	1,728,000	（経費）
本体基本料		式	1.00	96,000	96,000	（経費）
空調設備費	リース料	月	9.00	7,200	64,800	（外）

（実行予算間接工事費内訳書続き）

名　称	規　格	単位	数　量	単　価	金　額	摘　要
組立費	運搬費含む	坪	24.00	16,000	384,000	(外)
内装工事	運搬費含む	坪	24.00	12,000	288,000	(外)
空調工事		坪	24.00	3,600	86,400	(外)
給排水工事	水道申請料含む	坪	24.00	900	21,600	(外)
解体費	運搬費含む	坪	24.00	10,000	240,000	(外)
休憩所他					821,000	
ユニットハウス損料	単棟	棟月	8.50	48,000	408,000	(経費)
空調設備費	リース料	台月	8.50	3,000	25,500	(経費)
空調工事		台	1.00	15,000	15,000	(外)
現場用トイレ	リース料	月	8.50	35,000	297,500	(経費)
トイレ設置撤去		台	1.00	15,000	15,000	(外)
運搬費		回	2.00	30,000	60,000	(経費)
用水光熱費					434,000	
電気代		月	9.00	26,000	234,000	(経費)
上下水道代		月	9.00	5,000	45,000	(経費)
ガス代		月	9.00	15,000	135,000	(経費)
灯油		月	2.00	10,000	20,000	(経費)
（共通仮設費計）					22,437,850	
(現場管理費)						
安全訓練等に要する費用					188,000	
安全活動・訓練費		月	8.50	10,000	85,000	
会議費・講習費		月	8.50	10,000	85,000	
救急医薬品他		月	9.00	2,000	18,000	
租税公課					94,300	
契約印紙代	当初契約時	回	1.00	60,000	60,000	
契約印紙代	変更契約時	回	1.00	10,000	10,000	
道路使用許可申請書		回	9.00	2,700	24,300	
保険料					1,161,070	
任意保険料					899,370	
賠償責任保険	その他地下工事	式	1.00	873,570	873,570	
労災上積み保険	その他の建設事業	式	1.00	25,800	25,800	
保証料等					261,700	
契約保証料(履行保証)	請負の10%に対して	式	1.00	25,700	25,700	
前受金保証料	請負の40%に対して	回	1.00	236,000	236,000	
従業員給料手当					16,808,000	
社員給与					14,846,000	
担当土木部長	50才(5%負担)	月	10.00	36,500	365,000	
現場代理人	45才	月	10.00	557,000	5,570,000	
監理技術者	40才	月	10.00	460,500	4,605,000	
工事担当(土木)	30才	月	10.00	391,100	3,911,000	
工事担当(電気)	35才(10%負担)	月	10.00	39,500	395,000	
賞与引当金					1,962,000	
社員賞与		式	1.00	1,962,000	1,962,000	
退職金					1,276,000	
社員退職金引当金		式	1.00	1,276,000	1,276,000	
法定福利費					3,335,000	
労災保険		式	1.00	720,000	720,000	
建退共証紙代		枚	1,500.00	310	465,000	
社会保険(総合職分)		式	1.00	2,150,000	2,150,000	

(実行予算間接工事費内訳書続き)

名　称	規　格	単位	数　量	単　価	金　額	摘　要
福利厚生費					438,300	
作業服等費用		月	8.50	24,000	204,000	
健康診断費用		回	3.00	12,700	38,100	
宿直用寝具		月	9.00	10,800	97,200	
残業夜食代		月	9.00	6,000	54,000	
慰安娯楽費		月	9.00	5,000	45,000	
事務用品費					1,478,000	
事務所部品(購入)	購入	式	1.00	50,000	50,000	
事務所部品(損料)	机、椅子、書庫他	月	9.00	17,000	153,000	
事務用品(消耗品)		月	9.00	10,000	90,000	
コピー代		月	9.00	38,000	342,000	
その他事務用品費					843,000	
システム管理費	常駐社員	人月	30.00	7,500	225,000	
工事写真代		月	8.50	5,000	42,500	
デジカメ購入費		台	2.00	50,000	100,000	
パソコン等損料		月	10.00	9,000	90,000	
プロッター損料		月	9.00	9,500	85,500	
書籍等購入費	仕様書等類	式	1.00	100,000	100,000	
竣工図書		式	1.00	200,000	200,000	
通信交通費					1,601,700	
通信費					411,200	
電話設置		式	1.00	16,200	16,200	
電話撤去		式	1.00	17,000	17,000	
電話機損料		月	9.00	6,000	54,000	
電話料金	インターネット含む	月	9.00	16,000	144,000	
携帯電話		月	9.00	15,000	135,000	
郵便・宅配等		月	9.00	5,000	45,000	
交通費					1,190,500	
通勤定期代		人月	30.00	17,700	531,000	
業務用車両		台月	8.50	35,000	297,500	
車両燃料費		台月	8.50	10,000	85,000	
タクシー他交通費		月	9.00	13,000	117,000	
その他交通費		月	10.00	16,000	160,000	
交際費					454,000	
交際費		月	8.50	15,000	127,500	
沿道対策費		月	8.50	15,000	127,500	
中元、歳暮		回	1.00	15,000	15,000	
安全祈願祭		回	1.00	150,000	150,000	
来客食事代		月	8.50	4,000	34,000	
外注経費等					7,773,232	
外注法定福利費		式	1.00	2,573,232	2,573,232	
外注経費		式	1.00	5,200,000	5,200,000	
雑　費					220,000	
雑費		月	8.50	20,000	170,000	
地元説明会費		回	1.00	50,000	50,000	
(現場管理費計)					34,827,602	

6.2.3　実行予算の取りまとめ

前節まで行ってきた実行予算を総括して、社内の決裁書として取りまとめる。

予算決裁は、各社独自の様式をもって行われるが、ここでは汎用的なものを例に取りまとめる。

図 6.7　工事施工に先立って実行予算を作っていく

（1）　工事総括表

まず、工事内訳書の総括表を作成する。これまでに算出してきた大工種の直接工事費、共通仮設費を4つの要素別に総括表に取りまとめ、その集計額を純工事費として計上する。これに、現場管理費を加えた合計額を工事原価とする。

建マネ下水道管渠築造工事の工事総括表を**表 6.28** に示す。

表において、直接工事費および共通仮設費の機械等経費は「経費」として集計し、また、現場管理費についてもこの「経費」欄に計上した。

表 6.28　工事総括表の事例

工　種	総　括　工　事　費					要　素　別　内　訳				摘　要
	単位	数量	単価	金　額	％	材料費	労務費	外注費	経　費	
立坑築造工	式	1.0		20,878,775	10.8	9,762,062	377,609	9,967,103	622,002	
薬液注入工	m³	476.0		1,968,490	1.0	0	472,438	1,496,052	0	
推進工	m³	231.0		83,859,049	43.2	19,255,121	13,310,838	50,707,955	585,134	
マンホール設置工	m³	707.0		1,864,207	1.0	1,546,224	95,395	222,588	0	
立坑撤去工	式	1.0		4,927,215	2.5	2,591,304	608,652	1,420,188	307,070	
付帯工	m	2,514.0		647,778	0.3	0	259,111	388,667	0	
交通管理工	式	1.0		4,880,000	2.5	0		4,880,000	0	
直接工事費				118,875,514	61.3	33,154,712	15,124,042	69,082,553	1,514,207	
共通仮設費				22,437,850	11.6	4,804,000	0	8,407,550	9,226,300	
純工事費				141,313,364	72.9	37,958,712	15,124,042	77,490,103	10,740,507	
現場管理費				34,827,602	18.0				34,827,602	
工事原価				176,140,966	90.8	37,958,712	15,124,042	77,490,103	45,568,109	
						21.6%	8.6%	44.0%	25.9%	(4要素比率)

(2) 実行予算書の審査（決裁書の作成）

　社内決裁を得るためには、決裁書に粗利益を示さなければならない。現場予算の粗利益は以下の式で算出される。

　　　　　粗利益＝工事価格－工事原価

　企業の継続運営に必要な費用などの本支店経費すなわち一般管理費等は、現場予算では粗利益の中に含まれており、費用項目を積み上げ計上しないのが一般的である。

　建マネ下水道管渠築造工事の実行予算書決裁書の例を**表 6.29** に示す。

表 6.29　実行予算書の審査（決裁書）

決裁・受報	決裁・審査	決裁・審査						支店長	工事部長	工事課長	担 当
社 長	本部長	工事部長									
								本社決裁日	本社受付日	支店決済日	支店受付日

決裁者	社長
申請者	作業所長

実 行 予 算 書

部店所名	○○支店	工事名称	建マネ下水道管渠築造工事	工事原価（四要素）請負比率		
工事番号	No.○○○	契 約 日	2019年○○月○○日	要 素	金額（千円）	％
工 種	下水道工事	決算基準	完成・進行	材料費	37,959	21.6
発注者	○○県	提 出 日	2019年○○月○○日	労務費	15,124	8.6
元発注者	---	作成者	原価一郎	外注費	77,490	44.0
施工場所	○○県○○市○○町地先	工 期	2019年○○月○○日～2019年○○月○○日	経 費	45,568	25.9
作 業 所	建マネ下水道工事作業所	変更工期		現場技術者一人/月生産性	16,158	
連絡先		受注形態	単独元請	現場技術者一人/月利益予定	1,480	

		予算額（千円）						記事		
		実行予算額	％	第一回変更	％					
	工事価格	193,900	100.0							
工事原価	直接工事費	118,875	61.3							
	共通仮設費	22,437	11.6							
	現場管理費	34,828	18.0							
	計	176,140	90.8							
損益	粗利益	17,760	9.2							
	計	17,760	9.2							

6.3 工事施工段階： 施工中の作業

6.3.1　発注（調達）案の作成

建マネ下水道管渠築造工事のうち立坑築造工を例に取り実際の帳票を作成しながら具体的な手順を述べる。

まず、工程計画に基づき、数社の協力業者に見積りを依頼する。見積りの依頼は、工程計画に基づき資機材の納入日や工事の実施日までに十分な打合せができるように早めに行うことが望ましい。

見積りを依頼する協力業者の選定にあたっては、次の条件を勘案しておく必要がある。

- ・発注者、設計者からの推薦があるかどうか
- ・商品市況の発注時期（納期勘案）
- ・営業政策上の観点（Give & Take など）
- ・地域特性
- ・協力業者の育成
- ・施工の難易度
- ・協力業者の能力と評価（「協力業者評価表」の活用）

なお、新規の協力業者を選定する場合には事前調査を行い、資産・信用・工事経歴・技術経歴・保有技術などを確認し、必要書類（経歴書、会社案内、建設業登録控など）をそろえ、自社で必要な場合は本・支店に対し協力業者としての申請手続きを行う必要がある。

また、見積りの依頼にあたっては、見積条件書を交付しなければならない。

- ・資材機器の購買における物品等売買契約約款（本・支店で作成）
- ・労務および外注工事における工事下請基本契約約款（本・支店で作成）、工事下請契約付帯条件（本・支店ごとに地域性を加味して作成）

見積条件書の交付にあたっては請負契約書に記載が義務付けられている 14 項目のうち「請負代金」を除くすべての事項が必要となる。（参考例を**表 6.30** に示す）

表6.30　見積条件書及び契約書に記載しなければならない項目

番号	内　　容	見積条件書	契約書
①	工事内容 1. 工事名称　　　　　　　　　2. 工事場所 3. 設計図書(図面・数量表・仕様書 等)　　4. 下請け工事の責任施工範囲 5. 下請け工事の工程及び、工事全体の工程 6. 見積り条件及び、他工種との関係部位、特殊部分に関する事項 7. 施工環境・施工制約に関する事項 8. 材料費・労働災害防止対策・産業廃棄物処理 等に係る元請け下請け間の費用負担区分に関する事項	要	要
②	請負代金の額	不要	要
③	工事着手の時期及び工事完成の時期	要	要
④	請負代金の全部又は一部の前金払又は出来形部分に対する支払の定めをするときは、その支払いの時期及び方法	要	要
⑤	当事者のうち一方から設計変更又は工事着手の延期若しくは工事の全部若しくは一部の中止の申出があった場合における工期の変更、請負代金の額の変更又は損害の負担及びそれらの額の算定方法に関する定め	要	要
⑥	天災その他不可抗力による工期の変更又は損害の負担及びその額の算定方法に関する定め	要	要
⑦	価格等(物価統制令(昭和21年勅令第118号)第2条に規定する価格等をいう。)の変動若しくは変更に基づく請負代金の額又は工事内容の変更	要	要
⑧	工事の施工により第三者が損害を受けた場合における賠償金の負担に関する定め	要	要
⑨	注文者が工事に使用する資材を提供し、又は建設機械その他の機械を貸与するときは、その内容及び方法に関する定め	要	要
⑩	注文者が工事の全部又は一部の完成を確認するための検査の時期及び方法並びに引き渡しの時期	要	要
⑪	工事完成後における請負代金の支払の時期及び方法	要	要
⑫	工事の目的物の瑕疵を担保すべき責任又は当該責任の履行に関して講ずべき保証保険契約の締結その他の措置に関する定めをするときはその内容	要	要
⑬	各当事者の履行の遅滞その他債務の不履行の場合における遅延利息、違約金その他の損害金	要	要
⑭	契約に関する紛争方法の解決方法	要	要

また、見積りを行うために必要な一定の期間を設ける必要がある。

　　ｱ) 工事1件の予定価格が500 万円に満たない工事については、1日以上

　　ｲ) 工事1件の予定価格が500 万円以上5,000 万円に満たない工事については、10日以上

　　ｳ) 工事1件の予定価格が5,000 万円以上の工事については、15日以上

　また、労働者の適切な保険加入に必要な法定福利費を確保するための「法定福利費等相当額」や建設業法施行令の改正(平成28年6月1日施行)、建設工事従事者の安全及び健康の確保に関する法律(法律第111号平成28年12月16日 平成29年3月16日施行)の成立等により「建設業法令遵守ガイドライン(第5版)」が改訂され「安全経費」を見積書に明示するよう指導が進んでいる。

　※. 詳細は、「建設業法令遵守ガイドライン(第5版)国土交通省土地・建設産業局建設業課平成29年3月」を参照。

　これらの条件を把握したのち、実行予算から関連項目を抽出し外注案を作成する。建マネ下水道管渠築造工事の立坑築造工ではつぎのようになる。今回発注する予定の工種内容を**表 6.31**に示す。

　今回、立坑築造に伴い、土工事〜基礎コンクリート工事までを1外注、山留鋼矢板圧入引抜〜覆工設置撤去までを1外注とし2つの協力業者に発注することにした。

図 6.8　工事記録は現場管理にとって重要な作業である

表 6.31　今回外注予定の工種内訳

名　称		摘要・仕様	数量	単位	単価	金額	備考
(外注費：立坑築造工)							
土工事・基礎工事・コンクリート工事							
	バックホウ床掘	0.6m3	476.0	m³	437	208,012	立坑築造工
	クラムシェル床掘	0.6m3	231.0	m³	1,700	392,700	立坑築造工
	残土運搬工(普通土)	自由処分, 10km	707.0	m³	2,800	1,979,600	立坑築造工
	基礎砕石	敷均し, 転圧	100.0	m²	2,020	202,000	立坑築造工
	コンクリート打設		15.0	m³	19,094	286,410	立坑築造工
	(計)					3,068,722	
山留・支保・覆工工事							
	鋼矢板圧入	ジェット併用	2,514.0	m	2,273	5,714,322	立坑築造工
	鋼矢板引抜		2,080.0	m	714	1,485,120	立坑築造工
	土留支保設置	切梁・腹起し	47.0	t	15,903	747,441	立坑築造工
	土留支保撤去	切梁・腹起し	47.0	t	13,772	647,284	立坑築造工
	受桁設置撤去工		2.0	t	43,878	87,756	立坑築造工
	覆工板設置撤去工		45.0	m²	5,051	227,295	立坑築造工
	(計)					8,909,218	
(外注費計)						11,977,940	

立坑築造工計　¥11,977,940

6.3.2　協力業者との交渉

　見積り内訳の作成にあたっては次の点に留意しておく必要がある。

　　a) 内訳作成時にその対象となる実行予算項目と対比しておくこと

　　b) 協力業者各社から徴収する見積書の比較が容易な構成とすること

　　　(工種別に内訳項目を社内標準化しておくことが望まれる)

　　c) 出来高査定が容易な構成とすること

建マネ下水道管渠築造工事の立坑築造工の見積条件書を**表 6.32** に示す。

表 6.32 見積条件書の例

見積及び発注条件書(材料、労務・外注) □:材料 □:労務・外注		

見積依頼日
現場管理責任者　㊞
協力会社名　㊞
見積提出期限

工事件名: ※1		作業所名:

施工場所 ※2

見積期間	① 500万円未満	中 1日以上
	② 500万円以上5000万円未満	中10日以上
	③ 5000万円以上	中15日以上

建マネ建設㈱(以下「甲」という)が発注する当該工事の見積りに関し、協力会社(以下「乙」という)は、設計図書(特記仕様書等を含む)に従い、見積りをする。なお当条件に定めのない事項や、確認できない事項がある場合には、事前に甲と協議するものとする。また当社が実施するISO9001.ISO14001のシステムを遵守するものとする。

※. 建設業法により下記①～⑯の項目について下請契約の具体的内容を提示することが条件付けられています。着色セル部に記述願います。

					工事下請基本契約約款	資材購入契約約款
① 工事内容	1) 工事件名	※1による	2) 施工場所	※2による		
	3) 設計図書(数量等を含む) □:有 □:無					
	4) 下請工事の責任施工範囲					
	5) 下請け工事の工程及び全体工程	上段:下請工程	年 月 日 ～ 年 月 日		-	-
		下段:全体工程	年 月 日 ～ 年 月 日		-	-
	6) 見積条件及び他工種との関係部位他					
	7) 施工環境、施工制約に関する事項	8) 材料費、産業廃棄物処理等に係る元下間の費用負担区分に関する事項				
	下記条件:ア,イ,ウ,エ,オ,カに示す。	材料費負担 □甲 □乙	産廃処理費負担 □甲 □乙			
② 工事着手の時期及び工事完成の時期	年 月 日 ～ 年 月 日					
③ 請負代金の全部又は一部の前金払又は出来形部分に対する支払の定めをするときは、その支払いの時期及び方法					第○～○条	第○～○条
④ 当社の一方から設計変更又は工事着手の延期若しくは工事の全部若しくは一部の中止の申出があった場合における工期の変更、請負代金の額の変更又は損害の負担及びそれらの額の算定方法に関する定め					第○～○、第○～○条	第○～○条
⑤ 天災その他不可抗力による工期の変更又は損害の負担及びその額の算定方法に関する定め					第○条	第○条
⑥ 価格等(物価統制令(昭和21年勅令第118号)第2条に規定する価格等をいう。)の変動若しくは変更に基づく請負代金の額又は工事内容の変更					第○条	第○条
⑦ 工事の施工により第三者が損害を受けた場合における賠償金の負担に関する定め					第○条	-
⑧ 注文者が工事に使用する資材を提供し、又は建設機械その他の貸与するときは、その内容及び方法に関する定め					第○条	-
⑨ 注文者が工事の全部又は一部の完成を確認するための検査の時期及び方法並びに引渡しの時期					第○、○条	第○、○条
⑩ 工事完成後における請負代金の支払の時期及び方法					第○条	第○～○条
⑪ 工事の目的物の瑕疵を担保すべき責任又は当該責任の履行に関して請ずべき保障保険契約の締結その他の措置に関する定めをするときは、その内容					第○条	第○条
⑫ 各当事者の履行の遅滞その他債務の不履行の場合における遅延利息、違約金その他の損害金					第○条	第○条
⑬ 契約に関する紛争の解決補法					第○条	第○条
⑭ 公共工事設計労務単価を参照する場合は、国土交通省ホームページより対象地区・年度を確認すること。					-	-
⑮ 適切な法定福利費を明示した見積を提出すること(材料のみ及び直接建設工事に関わらない場合を除く)					-	-
⑯ 再下請企業(二次以下)においても、『適切に社会保険に加入している企業』とすること					-	-

7: 提出書類					
乙は施工前・中・後に右に記す資料を甲に提出し、承認を得る。	□ メーカー指定( )	□ 保証書		□ 工事写真	
	□ 施工要領書又は作業手順書	□ 見本品・カタログ		□ 出来形図	
	□ 施工図	□ 自主検査報告書		□ 安全衛生関係提出書類	
	□ 出荷証明書・納品書	□ 自主管理報告書		□ 施工体制台帳他	
	□ 施工結果報告書(試験成績書)	□ 計測機器成績書・校正証明書		□ 2次以下の下請がある場合、「契約関係書類」	
	□ レディミクストコンクリート配合報告書	□ 測量成果表、報告書		□ 作業安全ミーティング報告書	
	□ 各種材料試験成績書	□ 使用機器自主検査表		□ 請求に関する出来形数量計算書	

イ:下請負契約先での検証(検査)	□有 □無	甲及び顧客又は代理人を含む。(工場での製品検査の有無について記述)出荷許可の方法:現場管理責任者が出荷許可を伝達。	品名部位等	
ウ:受入・施工中・完成・社内・自主検査	□有 □無	甲の指示による。( )	行事への参加 □有 □無	

エ:作業時間	作業所閉所日	□有 □無	□日曜日 □祝・祭日 □毎土曜日 □隔週土曜日 □その他( )
	作業時間規制	□有 □無	昼( )、夜( ) ※記入例:(21:00～6:00)
	搬入出時間規制	□有 □無	昼( )、夜( ) ※記入例:(21:00～6:00)
	車両規制	□有 □無	□大型車両 □4t車両 □一方通行対策 □作業帯による規制有 □その他の規制

オ:工事用電力・用水、場内小運搬・荷揚げ・荷卸し、休憩所	□甲 □乙	工事用動力	規模	□甲 □乙	支給場所からの配線距離	m
	□甲 □乙	工事用電灯	規模	□甲 □乙	支給場所からの配線距離	m
	□甲 □乙	工事用用水	規模 φ mm	□甲 □乙	支給場所からの配管距離	m
	□甲 □乙	発電機	出力 KVA	□甲 □乙	搬入時の荷揚げ・荷卸し	□有 □無
	□甲 □乙	その他		□甲 □乙	搬出時の積込み	□有 □無

カ:その他の作業所条件		
□ 使用機械は公害対策型を搬入する、(騒音・振動対策型)、(排出ガス対策型)		□ 現場周囲の道路への駐車は厳禁とする。
□ 使用機械、設備は持込前に異常の有無を確認し、持込機械使用届及び使用機械の性能を事前に提出する。		□ 梱包材はできるだけ簡素化する。
□ 重機、工事車両のアイドリングストップを実施する。		□ 産業廃棄物の分別を厳守する。
□ 駐車スペースに限りがあり、省エネのためにも相乗り、又は電車通勤とする。		□ 濁水処理プラント設置時は水質汚染について別途協議する。
□ 作業箇所での駐車車両は必ず車止めの措置をとる。		□ 再利用可能な残材は、「覚書」を取交して全て持ち帰ることとする。
□ 工事車両の移動の際は必ず誘導員を配置、その誘導に従う。		□ 決められた場所での喫煙の厳守
□ 反射式安全チョッキの着用		□ 安全帯の完全着用、使用の徹底
□ 工事施工にあたって、法令で免許を必要とする場合は必ずその資格者によるものとする。		□ 関連する法規制等及び利害関係者等からのその他の要求事項は必ず厳守のこと。
□ 下請代金から相殺する内容( )		□

※. 特別の定めのない事項は全て「工事下請基本契約約款」の定めるところによる。　※. 支払条件:当社支払規定に基づく。

※ 「見積及び発注条件書」には「工事下請基本契約約款」又は「資材購入契約約款」を必ず添付するものとする。

　協力業者に提出を求める見積内訳書の例を **表 6.33** に示す。その手順は元請会社が金抜き内訳書をつくり、複数の協力業者に提示し、協力業者がこの内訳書に金額を入れて提出するという順序である。

　元請会社は提出された見積書を比較検討して、通常は 1 社にしぼる。協力業者との交渉にあたっては、施工手順や工数（人工数および所要日数）の打合せを行い最善の施工方法を追求し工事価格の低減をはかる。数社ある場合は見積り結果を一覧表にして比較し 1 社にしぼり、実行予算と対比した比較表を添付した発注案稟議書を社内の担当部署に提出し決裁をとる。協力業者A社が提出した見積書を**表 6.34** に、協力業者 3 社から提出された見積りの比較表を**表 6.35** に示す。現場は、¥2,844,926 円でA建設に外注を希望し、見積比較表をもとに社内稟議書で申請することにした。

表 6.33　協力業者に見積りを依頼する金抜き内訳書

名　称	摘要・仕様	数量	単位	単　価	金　額	備　考
（立坑築造工）						
土工事・基礎工事・コンクリート工事						
バックホウ床掘	0.6m3	476.0	m^3			
クラムシェル床掘	0.6m3	231.0	m^3		金額を協力業者が記入	
残土運搬工(普通土)	自由処分, 10km	707.0	m^3			当社指定地処分
基礎砕石	敷均し, 転圧	100.0	m^2			材料支給
コンクリート打設		15.0	m^3			材料支給
合　計						

表 6.34　協力業者A建設が提出した見積内訳書

工種コード	名　称	仕　様 (品質・形状・寸法等)	数　量	単位	単　価	金　額	備　考
	直接工事費						
	バックホウ床掘	0.6m3	476.0	m^3	450	214,200	合図者,路面清掃含む
	クラムシェル床堀	0.6m3	231.0	m^3	1,750	404,250	
	残土運搬工(普通土)	自由処分,10km	707.0	m^3	2,500	1,767,500	当社指定地処分
	基礎砕石	敷均し,転圧	100.0	m^2	1,000	100,000	
	コンクリート打設		15.0	m^3	5,500	82,500	
	直接工事費計					2,568,450	
	諸経費		10	%		256,845	
	工事原価計					2,825,295	
	法定福利費 等相当額		1.0	式		19,631	
	小　　計					2,844,926	
	消費税 等		10	%		284,493	
	合　　計					3,129,419	

表 6.35　見積比較表

令和〇〇年〇〇月〇〇日

見 積 り 比 較 表　　　　　　　　　　　〇〇〇工事事務所

外注工事名　立坑築造工:土工事, 基礎工事, コンクリート工事　　　　　工期　自 令和〇〇年〇〇月〇〇日
　　　　　　　　　　　　　　　　　　　　　　　　　　　　　　　　　　至 令和〇〇年〇〇月〇〇日

工　種	単位	数量	実行予算額 単価	金額	A建設 単価	金額	＊＊組 単価	金額	＄＄工業 単価	金額	決定金額 単価	金額	備考
施工費													
バックホウ床掘	m³	476.0	437	208,012	450	214,200	470	223,720	430	204,680	450	214,200	
クラムシェル床掘	m³	231.0	1,700	392,700	1,750	404,250	1,750	404,250	1,680	388,080	1,750	404,250	
残土運搬工(普通土)	m³	707.0	2,800	1,979,600	2,500	1,767,500	2,600	1,838,200	2,550	1,802,850	2,500	1,767,500	
基礎砕石	m²	100.0	1,159	115,893	1,000	100,000	950	95,000	1,200	120,000	1,000	100,000	
コンクリート打設	m³	15.0	5,761	86,414	5,500	82,500	5,400	81,000	5,800	87,000	5,500	82,500	
直接工事費計				2,782,619		2,568,450		2,642,170		2,602,610		2,568,450	
諸経費	%	10		278,262		256,845		264,217		260,261		256,845	
工事原価 計				3,060,881		2,825,295		2,906,387		2,862,871		2,825,295	
法定福利費 等相当額	式	1.0		21,268		19,631		20,194		19,892		19,631	
改　計				3,082,149		2,844,926		2,926,581		2,882,763		2,844,926	

現場は¥2,844,926_でA建設に発注を希望、見積比較表をもとに社内稟議を申請

6.3.3　協力業者と請負契約を締結、予算額と発注(調達)金額の対比の実施

　本・支店の現場を管理している部門では、現場から出された発注(調達)案を審査し、協力業者を承認した後、請負契約を取り交わす。承認にあたって、現場で計画した施工手順を検討し、過去の類似工事の外注実績を考慮したうえ、最終的に決定した協力業者と注文書・注文請書によって契約することになる。

　工事の規模や内容に応じて必要な場合は、経験豊かな技術者を集め社内検討会を開催し発注審査を実施する場合もある（**図6.9**参照）。

　建設工事の請負契約の元請負人と下請負人は、対等な立場で契約すべきであり、建設業法第19条第1項により定められた14の事項を書面に記載し、署名又は記名押印をして相互に交付しなければならないこととなっている。
契約書面の交付については、災害時等でやむを得ない場合を除き、原則として下請工事の着工前に行わなければならない。

※. 詳細の記載内容については**表6.32**を参照。なお、表中の「② 請負代金の額」のみが見積条件書
　　と請負契約書の記載内容の違いとなっている。

※. 詳細については、「建設業法令遵守ガイドライン（第5版）国土交通省土地・建設産業局建設業課平成29年3月」を参照のこと。

図 6.9 社内検討会を開催し発注審査を行う

6.3.4 協力業者との契約実績の記録

契約完了後、契約内容を記録し実行予算をもとに工種、要素との関連づけをはかり、工種別、要素別、協力業者別などの発注状況を常に把握できる状態にしておく（**表 6.36** 参照）。

表6.36 外注額明細書

工種名	実行予算額(外注予算)	既発注予算額	今回発注額	残工事予想額	実行予算額との差
(土工事, 基礎工事, コンクリート工事)					
立坑築造工					
バックホウ床掘	208,012	0	214,200	0	-6,188
クラムシェル床堀	392,700	0	404,250	0	-11,550
残土運搬工(普通土)	1,979,600	0	1,767,500	0	212,100
基礎砕石	115,893	0	100,000	0	15,893
コンクリート打設	86,414	0	82,500	0	3,914
直接工事費計	2,782,619	0	2,568,450	0	214,169
諸経費	278,262	0	256,845	0	21,417
工事原価計	3,060,881	0	2,825,295	0	235,586
法定福利費 等相当額	21,268	0	19,631	0	1,637
合　計	3,082,149	0	2,844,926	0	237,223

6.3.5 協力業者との変更契約、契約実績の記録

現場では契約当初には予想していなかった変更工事が発生することがよくある。この変更工事においても、当初契約と同様に協力業者と注文書・注文請書によって契約変更を行うことが必要である。

当初契約書に揚げる事項を変更するときは、建設業法第19条第 2 項により当初契約を締結した際と同様に変更工事等の着手前にその変更の内容を書面に記載し署名又は記名押印をして相互に交付しなければならないこととなっている。

また、必要な変更を行わなかった場合は、建設業法第19条第 3 項に違反することとなるので注意が必要である。

6.3.6　出来高調書の作成

　出来高(金額)は、毎月出来形(数量)を測定する基準日を設定し、算出された出来形数量に協力業者との契約単価を乗じて計算された金額である。

　出来高をもとに協力業者は請求書を作成・提出し、それを基に工事代金は支払われる。

　表 6.37 に出来高調書の例を示す。

表 6.37　出来高調書

出来高調書(立坑築造工：土工事, 基礎工事)

工　種	単位	累計出来形	前月迄出来形	当月出来形	契約数量	契約単価	契約金額	協力業者累計出来高	協力会社当月出来高	協力会社残高
		①	②	③=①-②	④	⑤	A	⑥=①×⑤	⑦=③×⑤	⑧=A-⑥
立坑築造工										
バックホウ床掘	m³	315	102	213	476	450	214,200	141,750	95,850	72,450
クラムシェル床掘	m³	102	0	102	231	1,750	404,250	178,500	178,500	225,750
残土運搬工	m³	417	102	315	707	2,500	1,767,500	1,042,500	787,500	725,000
基礎砕石工	m²	0	0	0	100	1,000	100,000	0	0	100,000
コンクリート打設	m³	0	0	0	15	5,500	82,500	0	0	82,500
合計							2,568,450	1,362,750	1,061,850	1,205,700

　表 6.38 に当工事の協力業者から提出された請求書の例を示す。

表6.38　協力業者から提出された請求書の例(回数払い)

請 求 内 訳 書

工　種	契約数量	単位	契約単価	契約金額	累計請求額	前月までの請求額	当月請求額
立坑築造工							
バックホウ床掘	476	m³	450	214,200	141,750	45,900	95,850
クラムシェル床掘	231	m³	1,750	404,250	178,500	0	178,500
残土運搬工	707	m³	2,500	1,767,500	1,042,500	255,000	787,500
基礎砕石工	100	m²	1,000	100,000	0	0	0
コンクリート打設	15	m³	5,500	82,500	0	0	0
小計				2,568,450	1,362,750	300,900	1,061,850
諸経費	10	％		256,845	136,275	30,090	106,185
工事原価計				2,825,295	1,499,025	330,990	1,168,035
法定福利費 等相当額	1	式		19,631	10,415	2,299	8,116
合計				2,844,926	1,509,440	333,289	1,176,151

6.3.7 工事費の集計と予算との対比

この集計での実行予算と支出金の差額が集計時点での粗利益である。この段階で大切なことは、毎月の支払い時には直接工事費の支払い金額に比例して、下請経費等は按分計上されていることの確認及び、次節で述べる実行予算と原価実績の差異分析や未成費の算出である。

表 6.39 に工事原価集計表の例を示す。

表6.39 工事原価集計表の例

工事原価集計表

名　称	実行予算 A	既払い金額 ①	未払費 ②	未収費 ③	戻入費 ④	既払合計 B=Σ①〜④	今後発生予想費 ⑤	最終予想工事原価 C=B+⑤	予算との差異 D=A-C
（立坑築造工）									
土工事・基礎工事・コンクリート工事									
バックホウ床掘	208,012	141,750				141,750	72,450	214,200	-6,188
クラムシェル床掘	392,700	178,500				178,500	225,750	404,250	-11,550
残土運搬工（普通土）	1,979,600	1,042,500				1,042,500	725,000	1,767,500	212,100
基礎砕石	202,000	0				0	100,000	100,000	102,000
コンクリート打設	286,410	0				0	82,500	82,500	203,910
直接工事費計	3,068,722	1,362,750	0	0	0	1,362,750	1,205,700	2,568,450	500,272
諸経費	278,262	136,275				136,275	120,570	256,845	21,417
工事原価計	3,346,984	1,499,025	0	0	0	1,499,025	1,326,270	2,825,295	521,689
法定福利費 等相当額	21,268	10,415				10,415	9,216	19,631	1,637
合　計	3,368,252	1,509,440	0	0	0	1,509,440	1,335,486	2,844,926	523,326

6.3.8 実行予算と原価実績の差異分析

実行予算と支出金を比較し、差異が生じている場合はその原因を調査し修正措置を取らねばならない。工事施工においては、ムリ・ムダ・ムラのないように施工管理を行わねばならないが、やむをえず手戻りや予定外の作業が発生する場合がある。したがって、計画との違いやその原因を知るために金額面からの分析を行うことがここで重要なポイントである（**図 6.10** 参照）。

図6.10 ムリ・ムダ・ムラのない施工管理

6.3.9　残工事の予測

残工事とは現時点から竣工する時点までの間に発生すると予想される工事のことをいう。

残工事の予測は、残工事にかかる費用を算出することであり、数量および単価を見直して費用を算出し直すことである。

一般にこの費用を未成費と呼ぶ（未成費の考え方は**5.4.5**に示すとおり各社により考え方が異なる）。

残工事予測では、その費用が請負契約内の工事費かあるいは請負契約外の工事で設計変更の対象となる工事費かを明確に分類する必要がある。設計変更の詳細については、「**第7章　設計変更**」で述べる。この段階で設計変更金額が未決定の工事については、当初の実行予算とは区別して別途に予算を作成し、出来高管理や残工事の予測を行う必要がある（**図6.11**参照）。

図6.11　先行工事の実行予算を作成する

未成費の算出とは、施工実績や施工方法の変更を考慮して残工事を想定し、今後かかる費用を求めることである。実行予算が入札時の元積りをより一層詳細に検討した結果であるのと同様に、残工事の予測は施工の進捗にしたがって、実行予算で算出された工事原価をより一層詳細に再検討するものである。

次に、未成費算出のための留意点を述べる。

① 未成数量は、実行予算数量から既成数量を単純に差し引いたものではなく、残工事数量をあらためて正確に算出したものであること。このとき材料ロスの実績を考慮して未成数量を見直すことも重要である。

② 実行予算の内容に漏れあるいは余裕があった場合は、未成数量あるいは未成単価を修正する。

③ 仮設材料については定期的に在庫確認を行い、損耗材料は損耗費用（減失費、修理費など）を考慮する。

④ 仮設工事費や現場管理費についても期間計算できるものは、1ヶ月当たりの予定金額を算出し、実績金額と対比し検討すること。

6.3.10 最終予想粗利益の算定

原価管理を行う目的は、最終の支出原価の予想にあるといえる。これを最終予想原価の算定という。

粗利益は「＝工事価格－原価」で計算されるから、いいかえれば、最終粗利益の予想ということになる。

工事が着工されてから、竣工を迎えるまでの間、常に原価管理を行っているが、これはいつも最終原価の予想を行うための準備作業である。最終予想原価はいままで述べてきたように、工種ごとに、出来高、支出金、戻入金、未成費などをくわしく計算し、工事竣工までにかかる費用を予想して求めることになる。

ところが、実際には最終予想原価が算出されても、最終予想粗利益の算出はできない。その理由はまだ、最終工事価格が決定されていないからである。最終工事価格はすでに契約済の工事に対する工事価格のほか、設計変更の金額が決定されてはじめて確定される。実際の施工時に設計変更の金額が決まっていることは希である。

しかし、支出した原価は変わらないので、先行工事として実施した工事に対応する設計変更見込み額をいかに早く正確に見込むことができるかも現場の土木技術者にとって大切な役割の一つである。

6.3.11 取下金管理

取下金とは、発注者から工事費の支払いを受けることをいう。取下げ状況は、発注者の別（官公庁、民間）および請負契約の支払条件によって異なり、前途金の有無・立替資金・金利などに左右される。

取下げの時期は契約書に明記されている。出来高に応じて複数回の取下げを行う場合は、発注者と適時打合せを行い、発注者の工事費構成に準拠して作成した出来高算出書により速やかに請求することが必要である。**表 6.40** に、取下金請求用の出来高算出書(内訳)の例を示す。

表6.40 取下金請求用の出来高調書

工 種	仕様・規格	単位	契約額 数量	契約額 単価	契約額 金額	今回迄出来高（○○年○月）数量	今回迄出来高 単価	今回迄出来高 金額	前回迄出来高（○○年○月）数量	前回迄出来高 単価	前回迄出来高 金額	今回出来高 金額
立坑築造工												
バックホウ床掘	0.6m3	m^3	476.0	517	246,092	315.0	517	162,855	102.0	517	52,734	110,121
クラムシェル床掘	0.6m3	m^3	231.0	576	133,056	102.0	576	58,752	0.0	576	0	58,752
残土運搬工		m^3	707.0	1,776	1,255,632	417.0	1,776	740,592	102.0	1,776	181,152	559,440
土留工		式	1.0	12,378,702	12,378,702	1.0	8,665,091	8,665,091	1.0	8,665,091	8,665,091	0
土留支保工		t	47.0	49,466	2,324,782	23.5	49,466	1,162,451	19.0	49,466	939,854	222,597
路面覆工		式	1.0	692,200	692,200	1.0	692,200	692,200	0.0	692,200	0	692,200
水替え工		ヶ所	5.0	186,680	933,400	3.0	186,680	560,040	1.0	186,680	186,680	373,360
立坑基礎工		式	1.0	376,900	376,900	0.0	376,900	0	0.0	376,900	0	0
小計					18,340,764			12,041,981			10,025,511	2,016,470
直接工事費合計					121,188,081			12,041,981			10,025,511	2,016,470
共通仮設費計		式			25,801,676			2,563,811			2,134,492	429,319
純工事費					146,989,757			14,605,792			12,160,003	2,445,789
現場管理費		式			40,896,000			4,063,674			3,383,198	680,476
工事原価					187,885,757			18,669,466			15,543,202	3,126,264
一般管理費		式			26,444,243			2,627,660			2,187,650	440,010
工事価格					214,330,000			21,297,126			17,730,851	3,566,275
消費税 等		式	10%		21,433,000			2,129,713			1,773,085	356,627
請負金額					235,763,000			23,426,839			19,503,937	3,922,902

今回請求額

6.3.12　工事原価報告書

　前節までに計算した工事にかかわるさまざまな数値を工事原価報告書として1枚に取りまとめ、1ヶ月に1度作成し報告する。工事原価報告書は、常に進捗しつつある工事の現在の状況を正確に把握するために必要な書類であり、日常作成している書類を集大成したものであるといえる。この報告書により本・支店は最新の工事の現況を的確に把握することができる。利益額は決算の見込み額であり、不正確な情報は、会社の経営判断を誤らせる恐れがあるので十分留意し、常に最終の状況を見通した的確な報告が必要とされる。

　工事原価報告書の内容は、現在の工事価格、施工高累計、未収施工高などの実績値と最終予想工事価格、最終予想原価、最終予想粗利益額などを記入する欄で構成されている。**表 6.41** に工事原価報告書の例を示す。

表 6.41　工事原価報告書の例

a) 工事原価報告書

令和　年　月　末日　現在

工事名称	工事価格			実行予算			最終予想原価	最終予想粗利益		支出金			工事進行割合
	既契約工事	未契約工事	最終予想	既契約工事	未契約工事	最終予想		金額	率	累計	未払戻入等	修正累計	
	①	②	③ =①+②	④	⑤	⑥ =④+⑤	⑦	⑧ =③−⑦	⑨ =⑧÷③	⑩	⑪	⑫ =⑩+⑪	⑬ =⑫÷⑦
1.									%				%
2.									%				%
3.									%				%
合計									%				%

最終竣工予定　令和　年　月　日

決算組入予定　令和　年　月　日

6.4　工事竣工後段階：　工事完成時以後の作業

工事代金の支払いをうけても、まだまだやるべき仕事は残っている。竣工後に行うべき作業について述べる。

6.4.1　工事精算の対応

工事が竣工すると工事原価や粗利益が最終的に確定する。つまり工事が費用の面で確定されることになりこの事を工事精算という。

(1) 竣工時に行う作業

竣工時に当該工事で管理していた工事原価が確定され、その後の支払いが一切できなくなる。このため、竣工しても支払いが残っている場合には、あらかじめその金額を把握しておく必要がある。これを完成工事未払金とよび、そのための調書を作成しておかなければならない。

原価管理においては、この金額をいくら見積っておくかが最後の焦点となる。なぜならこれにより、最終原価が決定するからである。

(2) 完成工事未払・未収入金の計算のしかた

残工事や事務処理等の諸手続きに掛る費用や戻入されるべき金額を完成工事未払金や未収入金と言う。内容は、契約金額と現在までの累計既払い金との差額がある場合はその金額を算定する。このほか、請負契約以外の費用（小口払い）で今後発生するおそれのある工事費用や労災保険の還付金等（未収入金）についても推定して計上しておく必要がある。完成工事未払・未収入金の例を表 6.42 に示す。

表 6.42　完成工事未払金の例

完成工事未払い金

工　種	摘要・仕様	契約数量	単位	契約単価	契約金額	累計出来高	累計請求額	完成工事未払い金
直接仮設及び共通仮設費								
事務所・詰所撤去	2ヶ所3棟	3.0	棟	120,000	360,000	1.0	120,000	240,000
借地復旧工	2ヶ所	600.0	m²	1,200	720,000	300.0	360,000	360,000
検査及び検査準備費	清掃及び当日GM	1.0	式	100,000	100,000	0.0	0	100,000
小計					1,180,000		480,000	700,000
労災保険還付金	非課税 その他建設40%	1.0	式	-296,295	-296,295	0	0	-296,295
小計					-296,295		0	-296,295
下請け経費		1.0	式	118,000	118,000	0.0	0	118,000
法定福利費相当額		1.0	式	75,520	75,520	0.0	0	75,520
小計					193,520		0	193,520
合計					1,077,225		480,000	597,225

(3) 最終的な工事原価の確定

　完成工事未払・未収入金の報告を行えば工事精算は終了する。ここで原価管理上、工事獲得段階から工事着手前段階、工事施工段階とすすめてきた一連の流れの中で、最終的な原価はどうだったか、原価に対する粗利益はどうだったかという結果があらわれるのである(図 6.12 参照)。

　このため工事精算では、完成工事未払・未収入金として計上した費用をそれまでの既払い金と合算して予算と実績の対照ができるような形式に整理し、当初の予想と実績がどのように違っているかを対比する措置を講ずるようにする。

　そして今後のために、両者の違いがなぜ生じたのかを分析しておくようにする。

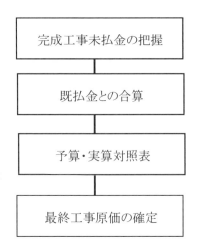

図6.12　最終的な工事原価の確定

6.4.2　施工実績のフィードバック

　土木工事は常に一品生産、現地生産であり、二度と同じ物をつくることがない。したがって、前に施工した工事内容をそのままコピーして次の工事の予算を組んだり、実施したりということは、残念ながらまずできないといってよい。

　しかし、よく予算書の組み立てを検討してみると、同じ名称の「工種」や「構造物」、「機械」などが何度も現れてくる。

　原価管理をより一層システマティックなものにし、データフィードバックによる積算から原価管理までの迅速化や発注単価の適正化などを現実的なものとするためには、データの蓄積が不可欠となる(**図 6.12** 参照)。

　下記に蓄積すべきデータの一例を示す。

　　　　1.資源単価 （労務費・資材費）
　　　　2.施工費の単位当たり単価
　　　　3.代価表の構成
　　　　4.内訳書の構成
　　　　5.歩掛実績契約単価
　　　　6.協力会社契約単価

(a) 実行予算の代価表

代価表－1号

バックホウ床堀　(160) m³当り

要素	名　称	規　格	数量	単位	単　価	金　額
外注費	バックホウ運転	(平積0.6m³)	1.0	日	50,000	50,000
労務費	普通作業員		1.0	人	19,400	19,400
外注費	雑材工具等		1.0	日	500	500
経費	(法定福利費)		1.0	式	6,603	(6603)
	計					69,900
	1.0m³当り	69,900	÷	(160.0)	=	(437)

(b) 上記代価表から算出したバックホウ床掘単価をもとにした外注契約

工　　種	規　格	数　量	単位	単　価	金　額
バックホウ床掘	0.6m3	476.0	m³	(450)	214,200
クラムシェル床掘	0.6m3	231.0	m³	1,750	404,250
残土運搬工(普通土)	自由処分, 10km	707.0	m³	2,500	1,767,500
基礎砕石	敷均し, 転圧	100.0	m²	1,000	100,000
コンクリート打設		15.0	m³	5,500	82,500
(計)					2,568,450

代価で計算した
単価と協力業者
の見積りを検討
して¥450_と
決定した。

(b) 実際の施工実績を用いて代価表を再計算する

代価表－1'号(施工実績)

バックホウ床堀　(162) m³当り

要素	名　称	規　格	数量	単位	単　価	金　額
外注費	バックホウ運転	(平積0.6m³)	1.0	日	50,000	50,000
労務費	普通作業員		1.0	人	19,400	19,400
外注費	雑材工具等		1.0	日	500	500
経費	(法定福利費)		1.0	式	6,603	(6603)
	計					69,900
	1.0m³当り	69,900	÷	(162.0)	=	(431)

1日に27台のダンプトラックでの残土運搬が行えた。結果、6.0m3×27台・日＝162.0m3の実績となった。
その結果、1.0m3当りの単価は　¥69,900÷162.0m3＝¥431_／m3となった。

図 6.13　バックホウ床掘単価を施工実績にフィードバックした例

　図 6.13 は、予算書を基にして契約単価を組み込み、それを実施する過程を示している。

　予算ではバックホウの床掘単価を、473円/m³としていたが、外注契約においては協力業者の見積り額である450円/m³を契約単価とした。

　これに対し、1日当たりの実績はバックホウ床掘、ダンプトラックによる搬出は27台であり6m³/台×27台/日＝162m³/日であった。施工単価はバックホウ床掘りの1日当りの合計費用69,900円を162m³/日で除して431円/m³となる。これは予算単価の437円/m³を下回っている。

　このように実際の施工の結果として上がってきた情報を整理、保存しておくことは今後の元積りや予算の作成、外注契約などに活かせる等、原価管理を行っていくうえで非常に（大切or重要）であり役に立つものとなる。

第7章　設計変更と原価管理

7.1 設計変更

7.1.1　土木工事の特殊性

　土木工事における設計変更の問題を取り上げるにあたり、土木工事の特殊性を理解せずには語ることはできない。契約時に定めた種々の条件はこの特殊性により変化・変動し、設計変更・契約変更に至っているからである。

　土木工事の特殊性は前にも述べたように次のとおりである(**図 7.1** 参照)。

① 　屋外で工事が行われる

② 　気候、地質、地形、地下水、社会環境などの自然的、人為的な条件の影響を大きく受ける

③ 　全く同じ構造物でも、上記の条件の差異により、工事費が変動する

④ 　受注生産であるため、商品が完成する前に契約され価格が決定される

　そして、土木工事においては契約時に定めた条件が、施工完了まで全く差異が発生しないことは、現実的には極めてまれである。従って設計変更が必要となり、設計変更を正しく理解することが重要である。

〇土木工事では、個別に設計された極めて多岐にわたる目的物を、多種多様な現地の自然条件・環境条件の下で生産されるという特殊性を有している。

〇当初積算時に予見できない事態、例えば土質・湧水等の変化に備え、その**前提条件を明示して設計変更の円滑化を工夫する必要がある。**

図 7.1 土木請負工事の特性[2]

7.1.2　設計変更の主なケース

　土木工事は他の一般消費材の生産とは異なり、極めて複雑な施工条件の影響を受けながら実施され、かつ、これらの施工条件は絶えず変動するため、工事途中における工事内容の変更は回避できないという特徴がある。

　工事内容のうち、仮設・施工方法等には、指定と任意に分かれる。任意については、受注者が自らの責任で行うもので、仮設・施工方法等の選択は受注者に委ねられており、その変更があっても原則として設計変更の対象とはならない。ただし、設計図書に示された施工条件と実際の現場条件が一致しない場合は変更できる。

　設計変更は、受注時に結ぶ公共工事標準請負契約約款(例えば国土交通省工事請負契約書)に、その要件が記述されている。

第18条(条件変更等)1項

① 図面、仕様書、現場説明書および現場説明に対する質問回答書が一致しない

② 設計図書に誤謬、脱漏がある

③ 設計図書の表示が明確でない

④ 工事現場の形状、地質、湧水等の状態、施工上の制約等設計図書にしめされた自然的又は人為的な施工条件と実際の工事現場が一致しない

⑤ 設計図書で明示されていない施工条件について予期することのできない特別な状態が生じた

第19条(設計図書の変更)　発注者から設計図書の変更に係わる指示があったとき

第20条(工事の中止)　　受注者が工事を施工できないと認められるとき

上記(第18条1項)の例として、以下のようなものが考えられる。

・図面で示された床掘り土質は軟岩であるが、仕様書は硬岩であった

・掘削中に全く周知されていない埋蔵文化財、不発弾などが発見された

・図面では左右2つの床板の鉄筋重量は8.0tであるが、契約数量表には左側の4.0tだけ計上されている

・トンネルに湧水はないという条件なのに、実際には湧水があり排水ポンプなしには施工できない

・関連工事との調整により、工事用道路が使用できなくなり、3ヶ月間工事の一時中断が発生した

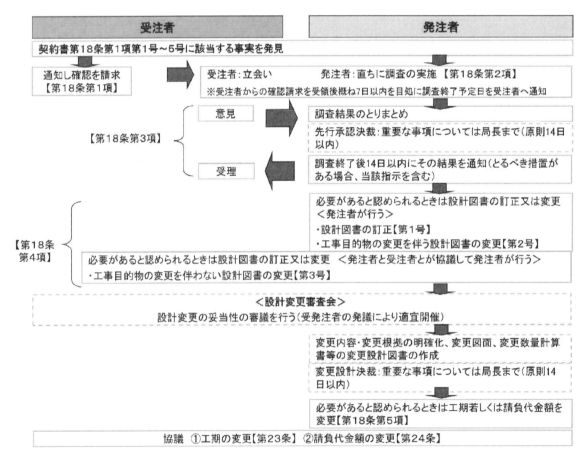

図 7.2 設計変更手続きフロー[2]

　受注者は、契約書第18条（条件変更等）1項に該当する事実を発見したときは、その旨を直ちに監督員に通知する。発注者は調査の結果、事実が確認された場合は、第18条第4項、第5項に基づき、必要に応じて設計図書を訂正・変更する。その後、発注者及び受注者は、契約書第23条（工期の変更方法）、第24条（請負代金額の変更方法等）に基づき、「協議」により工期及び請負代金を定める。設計図書の訂正または変更（設計変更）の流れを図示すると**図　7.2**のとおりとなる。

　手戻り、施工ミスなどにより施工者の施工計画の変更となる場合があるが、これらは設計変更の対象とはならない。

7.1.3　設計変更ガイドラインの概要

　平成 22 年に国土交通省より「工事請負契約における設計変更ガイドライン（案）」が発出され、各地方整備局や地方自治体、各高速道路株式会社、鉄道・運輸機構などから設計変更に関するガイドラインが発出されている。本項では一例として「工事請負契約における設計変更ガイドライン（総合版）関東地方整備局　平成30年3月」を基に記述する。

　設計変更に関するガイドラインとしては以下のようなものがある。

① 　工事請負契約における設計変更ガイドライン（総合版）関東地方整備局　平成 30 年 3 月

② 　土木工事請負契約における設計変更ガイドライン　東日本高速道路株式会社　平成 30 年 7 月

③ 　工事請負契約設計変更ガイドライン　鉄道・運輸機構　平成 30 年 12 月

④ 　円滑な設計変更のために　〜参考資料〜　土木工事編　農林水産省農村振興局　設計課施工企画調整室　平成 30 年 3 月

　次頁に一般社団法人日本建設業連合会「2019 年度　公共工事の諸課題に関する意見交換会　意見を交換するテーマ　参考資料」（抜粋）「設計変更/工事一時中止ガイドライン策定状況」を示す。

表 7.1 設計変更／工事一時中止ガイドラインの策定状況 [1]

＜国、高速道路会社、機構・事業団＞

	発注機関	設計変更ガイドライン		設計変更事例集	一時中止ガイドライン		条件明示手引き		設計照査ガイドライン	
		策定状況	概算費用記載		策定状況	概算費用記載	策定状況	チェックリスト	策定状況	チェックリスト
地方整備局等	北海道開発局	H27.9	あり	H31.3	H28.4	あり	H27.9	あり	H27.9	あり
	東北地方整備局	H30.10	あり	H30.10	H30.10	あり	H27.7	あり	H30.10	あり
	関東地方整備局	H30.3	あり	H30.3	H28.5	あり	H30.3	あり	H27.6	あり
	北陸地方整備局	H31.4	あり	H31.4	H29.10	なし	H29.10	あり	H27.5	あり
	中部地方整備局	H30.4	あり	H30.4	H30.4	あり	設変	あり	設変	あり
	近畿地方整備局	H29.11	あり	H29.11	H29.11	あり	設変	あり	H29.11	あり
	中国地方整備局	H29.10	あり	設変短	H28.3	あり	設変	通知	設変	なし
	四国地方整備局	H31.3	あり	H31.3	H27.6	あり	H31.3	あり	H21.3	あり
	九州地方整備局	H27.8	あり	設変	H28.6	あり	なし	なし	H19.4	あり
	沖縄総合事務局	H27.9	あり	H27.9	H28.3	あり	設変	通知	H20.4	あり
高速道路	NEXCO東日本	H30.7	なし	設変短	設変	あり	設変	通知	H29.7	あり
	NEXCO中日本	H30.7	なし	設変短	H29.7	あり	設変	通知	設変	項目のみ
	NEXCO西日本	H30.7	なし	設変短	H27.4	あり	設変	通知	設変	項目のみ
	首都高速	H29.5	あり	設変	H29.5	あり	なし	なし	設変	項目のみ
	阪神高速	H30.7	なし	設変	H28.6	あり	設変	あり	設変	あり
機構・事業団	鉄道運輸機構	H30.12	あり	H30.12	H28.3	あり	設変	通知	設変	なし
	都市再生機構	なし	なし	なし	なし	なし	なし	なし	未公開	なし
	水資源機構	H27.11	あり	H27.11	H27.11	あり	設変	通知	H27.11	項目のみ
	日本下水道事業団	なし	なし	なし	なし	なし	なし	なし	なし	なし

＜地方公共団体＞

	発注機関	設計変更ガイドライン		設計変更事例集	一時中止ガイドライン		条件明示手引き		設計照査ガイドライン	
		策定状況	概算費用記載		策定状況	概算費用記載	策定状況	チェックリスト	策定状況	チェックリスト
北海道・東北	北海道	H28.1	なし	設変	H28.4	あり	H28.4	あり	H28.3	あり
	青森県	H28.10	あり	H28.10	H28.10	あり	設変	通知	H28.10	あり
	岩手県	H29.4	あり	H29.4	H28.7	あり	設変	項目のみ	H29.4	あり
	宮城県	H29.10	あり	設変	準用	あり	なし	なし	設変	なし
	秋田県	H24.4	あり	設変短	設変手	なし	設変	通知	設変	なし
	山形県	H23.1	あり	H25.3	H30.3	なし	設変	通知	設変	なし
	福島県	H31.3	あり	設変	H28.3	なし	H28.3	あり	H28.3	あり
	札幌市	H30.4	あり	設変短	設変	あり	設変	通知	なし	なし
	仙台市	H28.4	あり	設変	H28.4	あり	準用	準用	H28.4	あり

発注機関		設計変更ガイドライン		設計変更事例集	一時中止ガイドライン		条件明示手引き		設計照査ガイドライン	
		策定状況	概算費用記載		策定状況	概算費用記載	策定状況	チェックリスト	策定状況	チェックリスト
関東・甲信	茨城県	H29.3	なし	設変	設変手	なし	設変	通知	設変	なし
	栃木県	H29.9	なし	設変	設変手	なし	設変	通知	設変	なし
	群馬県	H30.3	あり	設変	設変手	なし	H28.4	あり	設変	なし
	埼玉県	H30.11	あり	設変短	設変手	あり	設変	通知	設変	なし
	千葉県	H29.4	あり	設変	H29.4	あり	設変	通知	H29.4	あり
	神奈川県	H29.4	なし	設変短	なし	なし	設変	通知	設変	項目のみ
	東京都	H29.4	なし	設変短	設変	あり	設変	通知	設変	項目のみ
	山梨県	H29.4	あり	なし	設変手	なし	設変	通知	設変	なし
	長野県	H29.4	あり	H29.4	H29.4	あり	設変	通知	設変	なし
	さいたま市	H28.3	あり	設変短	H29.3	あり	なし	なし	設変	なし
	千葉市	H29.10	あり	設変短	設変	あり	設変	通知	設変	なし
	川崎市	H30.4	あり	設変	設変	あり	設変	なし	設変	なし
	横浜市	H29.4	あり	設変短	H29.4	あり	設変	通知	設変	なし
	相模原市	H30.4	なし	設変短	H30.10	あり	なし	なし	設変	なし
北陸	新潟県	H28.5	あり	設変短	H28.5	なし	H22.4	項目のみ	H30.3	あり
	富山県	H27.7	なし	準用	H27.7	なし	H27.7	あり	H27.7	あり
	石川県	H28.4	なし	準用	H28.4	なし	H28.4	あり	H28.4	あり
	新潟市	H29.4	なし	準用	H29.4	なし	なし	なし	H29.4	あり
中部	静岡県	H28.4	あり	設変	H28.7	あり	設変	通知	H24.1	あり
	愛知県	H28.3	あり	設変短	設変手	なし	設変	通知	設変	あり
	岐阜県	H28.4	なし	設変	H28.4	あり	設変	通知	設変	なし
	三重県	H29.7	あり	設変	H29.7	あり	設変	通知	設変	なし
	静岡市	H28.11	あり	設変	H28.11	あり	設変	通知	H28.11	あり
	浜松市	H28.4	あり	設変短	H28.4	あり	設変	通知	H26.4	あり
	名古屋市	H31.4	なし	設変短	H31.4	なし	なし	なし	設変	なし
近畿	滋賀県	H31.2	あり	H31.2	なし	なし	H31.2	通知	H31.2	あり
	京都府	H29.9	あり	設変短	設変手	なし	設変	通知	設変	なし
	大阪府	H31.4	あり	設変短	なし	なし	なし	なし	なし	なし
	兵庫県	H29.7	なし	設変	H29.7	あり	設変	通知	H29.7	あり
	奈良県	H29.4	あり	H29.4	H29.4	あり	H29.4	あり	H29.4	あり
	和歌山県	H30.4	あり	H30.4	H30.4	あり	設変	通知	設変	なし
	福井県	H28.4	あり	H28.4	H28.4	あり	設変	通知	設変	なし
	京都市	H26.8	なし	設変短	設変手	なし	設変	通知	設変	なし
	大阪市	H29.12	なし	設変短	H30.12	あり	なし	なし	なし	なし
	堺市	H30.10	なし	未公開	なし	なし	なし	なし	なし	なし
	神戸市	H29.4	あり	設変短	H30.4	あり	設変	通知	H21.5	あり
中国	鳥取県	H30.4	あり	H30.4	H30.4	なし	H30.4	あり	設変	なし
	島根県	H28.8	あり	設変短	H28.10	あり	なし	なし	設変	項目のみ
	岡山県	H28.4	あり	設変短	なし	なし	設変	通知	設変	なし
	広島県	H27.1	なし	設変短	H27.1	なし	設変	通知	設変	なし
	山口県	H28.6	あり	設変短	H27.10	あり	なし	なし	設変	項目のみ
	広島市	H29.8	なし	設変短	H29.8	あり	設変	通知	なし	なし
	岡山市	H28.5	なし	設変短	設変手	なし	設変	通知	設変	なし

発注機関		設計変更ガイドライン		設計変更事例集	一時中止ガイドライン		条件明示手引き		設計照査ガイドライン	
		策定状況	概算費用記載		策定状況	概算費用記載	策定状況	チェックリスト	策定状況	チェックリスト
四国	徳島県	H28.11	あり	設変短	H21.8	なし	なし	通知	設変	なし
	香川県	H28.3	なし	設変短	なし	なし	なし	なし	なし	なし
	愛媛県	H28.4	あり	設変短	なし	なし	設変	通知	設変	なし
	高知県	H28.4	あり	設変短	H30.7	あり	なし	なし	なし	なし
	高松市	H26.5	なし	設変短	設変手	なし	設変	通知	設変	なし
九州	福岡県	H29.3	なし	設変	H29.3	あり	設変	通知	設変	なし
	佐賀県	H28.2	なし	設変短	H29.2	あり	なし	なし	設変	なし
	長崎県	H29.6	あり	設変	H28.4	あり	なし	なし	H18.10	あり
	熊本県	H27.10	あり	設変短	H27.10	あり	あり	項目のみ	H24.4	なし
	大分県	H28.3	あり	設変	設変手	なし	なし	なし	設変	なし
	宮崎県	H28.4	なし	設変短	H28.4	なし	設変	通知	H28.4	あり
	鹿児島県	H28.3	あり	設変短	H28.4	あり	なし	通知	設変	なし
	沖縄県	H29.4	あり	設変	H29.4	なし	設変	通知	H21.4	あり
	北九州市	H30.10	あり	設変	設変	あり	なし	なし	設変	なし
	福岡市	H30.4	あり	設変	H30.4	あり	なし	なし	設変	なし
	熊本市	H29.4	あり	設変短	H29.11	あり	H29.4	あり	H29.4	あり

判定基準

設計変更ガイドライン：　ガイドライン策定の目的、設計変更が可能なケース・不可能なケース、設計変更手続きフロー、
　　　　　　　　　　　　設計変更に関わる資料の作成などの情報が記された資料を作成しているかどうか

　概算費用記載：　　　　先行指示書等に概算金額を記載する旨が設計変更ガイドラインに記されているかどうか

設計変更事例集：　　　　設計変更手続きの具体的事例が記された資料を作成しているかどうか

一時中止ガイドライン：　ガイドライン策定の目的、工事一時中止に係る基本フロー、発注者の中止指示義務、基本計画書／
　　　　　　　　　　　　工期短縮計画書の作成、請負代金額又は工期の変更、増加費用の考え方（範囲・算出・積算方法）
　　　　　　　　　　　　などの情報が記された資料を作成しているかどうか

　概算費用記載：　　　　基本計画書の記載項目の１つとして、工事一時中止に伴う増加費用及びその算定根拠を記載する旨
　　　　　　　　　　　　が一時中止ガイドラインに記されているかどうか

条件明示手引き：　　　　手引き策定の目的、手引きの活用方法などの情報が記された資料を作成しているかどうか

　チェックリスト：　　　条件明示の明示項目をチェックリスト様式で整理した資料を作成しているかどうか

設計照査ガイドライン：　ガイドライン策定の目的、設計図書の照査の基本的な考え方、設計図書の照査の範囲、設計図書の
　　　　　　　　　　　　照査項目及び内容などの情報が記載された資料を作成しているかどうか

　チェックリスト：　　　設計照査の照査項目をチェックリスト様式で整理した資料を作成しているかどうか

判定結果の凡例

　　＜数値＞　：　当該資料の策定年月

　　未公開　　：　資料が発注者のみ閲覧可能で受注者に公開されていない

　　設変　　　：　求められる内容が設計変更ガイドラインに含まれている

　　準用　　　：　他の発注機関の各種手引き／ガイドラインを準用することとしている

　　設変短　　：　設計変更ガイドラインに設計変更に係る短文の事例が記載されている

　　設変手　　：　設計変更ガイドラインに工事一時中止手続きの流れだけ記載されている

　　設変契　　：　設計変更ガイドラインに工事一時中止に係る契約書の条文だけ記載されている

　　通知　　　：　平成14年3月28日国官技第369号通知「条件明示について」の明示項目および明示事項が示されている

　　項目のみ　：　条件明示（設計照査）の明示（照査）項目が示されている（チェックリスト様式になっていない）

　　緑字　　　：　平成30年4月以降に改善が図られた事項

　　■　　　　：　各種手引き／ガイドラインの整備が求められる事項

　　▒　　　　：　各種手引き／ガイドラインの内容の充実が求められる事項

（一社）日本建設業連合会事務局調べ　＜平成31年4月時点＞

なお、本調査は平成31年4月時点の各発注機関のガイドラインの整備状況を日建連独自で調査したものであり、実際の整備
状況と異なる場合はご容赦ください。

7.1.4 設計変更が不可能なケース

下記のような場合においては、原則として設計変更できない。

① 設計図書に条件明示のない事項において、発注者と「協議」を行わず受注者が独自に判断して施工を実施した場合

② 発注者と「協議」をしているが、協議の回答がない時点で施工を実施した場合

③ 「承諾」で施工した場合

④ 工事請負契約書・土木工事共通仕様書(案)に定められている所定の手続きを経ていない場合(契約書第 18 条～24 条、共通仕様書 1-1-13～1-1-15)

⑤ 正式な書面によらない事項(口頭のみの指示・協議等)の場合

契約書第 26 条(臨機の措置)については別途考慮する。

　　　承諾 ： 受注者自らの都合により施工方法等について監督職員に同意を得るもの

　　　　　　⇒設計変更不可

　　　協議 ： 発注者と書面により対等な立場で合意して発注者の「指示」によるもの

　　　　　　⇒設計変更可能

7.1.5 設計変更が可能なケース

下記のような場合においては設計変更が可能である。

① 仮設(任意仮設を含む)において、条件明示の有無に係わらず当初発注時点で予期しえなかった土質条件や地下水位等が現地で確認された場合。

　　(ただし、所定の手続きが必要。)

② 当初発注時点で想定している工事着手時期に、受注者の責によらず、工事着手出来ない場合。

③ 所定の手続き(「協議等」)を行い、発注者の「指示」によるもの。

　　(「協議」の結果として、軽微なものは金額の変更を行わない場合もある。)

④ 受注者が行うべき「設計図書の照査」の範囲を超える作業を実施する場合。

⑤ 受注者の責によらない工期の延期・短縮を行う場合で協議により必要があると認められるとき。

設計変更にあたっては下記の事項に留意する。

① 当初設計の考え方や設計条件を再確認して、設計変更「協議」にあたる。

② 当該事業(工事)での変更の必要性を明確にし、設計変更は契約書第 19 条にもとづき書面で行う。

　　　　(規格の妥当性、変更対応の妥当性(別途発注ではないか)を明確にする。)

③ 設計変更に伴う契約変更の手続きは、その必要が生じた都度、遅滞なく行うものとする。

④ 指示書に概算金額が記載されるので、その内容を確認する。

7.1.6 設計変更と契約変更

設計変更と契約変更は同一の意味に扱われることがよくあるが、両者は全く違った定義であり、それらの違いを認識して工事管理をすることが現場管 8+96-*/理者にとっては必要不可欠なことである。

　国土交通省の直轄土木工事では設計変更及び契約変更は**表 7.2** のように定義されている。この定義から分かるように、設計変更とは請負金の変更協議は含まれておらず、設計変更が生じたのちに、契約変更として請負代金額の変更を協議して定めるとされている。(設計変更の結果として契約変更が行われる)。

　契約変更は、上述の設計変更あるいはその他の事由(例えば、スライド条項による請負代金額の変更、天候の不良による工期の変更など)により、工事請負契約書、設計図書などの契約書の内容変更が生じ、工期や請負代金額の変更行為を行うことである。

表 7.2 設計変更の定義(国土交通省)

○用語の定義
設計変更とは、工事の施工に当たり、設計図書の変更にかかるものをいう。
契約変更とは、設計変更により、工事請負契約書に規定する各条項に従って、工期や請負代金額の変更にかかるものをいう。
　(参考: 工事共通仕様書より)
設計図書とは、特記仕様書、図面、工事数量総括表、共通仕様書、現場説明書及び現場説明に対する質問回答書をいう。
契約図書とは、契約書及び設計図書をいう。

○設計変更に関する主な条項　　　公共工事標準請負契約約款(国土交通省工事請負契約書)による
　　第 8 条　特許権等の使用
　　第15 条　支給材及び貸与物件
　　第17 条　設計図書不適合の場合の改善義務、破壊検査等
　　第18 条　条件変更等
　　第19 条　設計図書の変更
　　第20 条　工事の中止
　　第21 条　受注者の請求による工期の延長
　　第22 条　発注者の請求による工期の短縮等
　　第23 条　工期の変更方法
　　第24 条　請負代金額の変更方法等
　　第25 条　賃金又は物価の変動に基づく請負代金額の変更
　　第26 条　臨機の措置
　　第27 条　一般的損害
　　第29 条　不可抗力による損害
　　第30 条　請負代金額の変更に代える設計図書の変更
　　第33 条　部分使用

　しかし、実際には「設計変更」と「契約変更」は厳密に使い分けられていない。受注者は「設計変更」と「契約変更」を同等の意味としてとらえ、同じ扱い方をしており、発注者は、プロセスの違いから「設計変更」と「契約変更」を別々のものとして取り扱っている。これら受注者と発注者の「設計変更」と「契約変更」に対するとらえかたを図示すると**図 7.3** のとおりである。

　発注者がとらえている「設計変更」≠「契約変更」の一例をあげると、賃金または物価の変動に基づく請負代金の変更である。この場合、契約書の請負金額変更(契約変更あり)は発生するが、設計図書の変更は生じない(設計変更なし)ケースで、その関係を明確に表している例である。

　契約変更に関し、公共約款上から契約変更対象項目と契約対象外項目に分類すると**図7.4**のようになる。

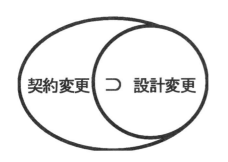

図 7.3 設計変更と契約変更のとらえかた

図 7.4 公共約款上の変更対象事項と対象外事項

7.1.7 設計変更の留意事項

設計図書に記載される施工条件等の「条件明示」の内容については、発注者および受注者がそれぞれの立場で適正な措置を講じなければならない[2]。

(1) 発注者の留意事項

請負工事は共通仕様書および特記仕様書等の設計図書に基づいて実施されることから、発注者は設計図書に品質や規格および施工条件等の必要な事項を明示し、適正な施工ができるように努めなければならない。

また、設計図書と現場の状況が異なるなど、設計変更の必要が生じた場合には、受注者に対し、書面にて、迅速且つ的確な指示を行わなければならない。

(2) 受注者の留意事項

受注者は、設計図書にしめされた工事目的物を完成できるよう適切に施工を行う義務があり、そのために設計図書や現場条件を事前に確認する必要がある。

　なお、設計図書と現場の状況が異なるなど、設計変更の必要が生じた場合には、速やかに、その旨を書面にて発注者に通知し、確認を請求しなければならない。

(3) その他の留意事項

　口頭でのやりとりは行わず、書面により協議することを原則とする。

　なお、緊急を要する場合は、ファクシミリ又はメールにより伝達できるものとするが、後日有効な書面と差し替えなければならない。

　また、設計変更の際、発注者および受注者は、設計変更しなくてはならない理由(妥当性)、施工方法等を十分確認しなければならない。

発注者は
　設計積算にあたって、平成14年3月28日付通達「条件明示について」に記載されている工事内容に関係する項目については、「6. 条件明示」を参考に条件明示するよう努めること。

書面でね

受注者は
　工事の着手にあたって設計図書を照査し、着手時点における疑義を明らかにするとともに、施工中に疑義が生じた場合には、発注者と「協議」し進めることが重要である。

　工事に必要な関係機関との調整、住民合意、用地確保、法定手続などの進捗状況を踏まえ、現場の実態に即した施工条件(自然条件を含む。)の明示等により、適切に設計図書を作成し、積算内容との整合を図るよう努める。『発注関係事務の運用に関する指針』P4抜粋

図 7.5 発注者・受注者の留意事項[2]

7.1.8　契約方式の種類と設計変更との関連

　土木工事の請負契約を工事価格に関連する契約形態で分類すると、総価契約方式と総価契約単価合意方式(国土交通省では、平成22年4月1日から導入)がある。設計変更におけるこれら契約方式との関連は次のとおりである。

　総価契約方式では、数量変更は発注者で算定され決定される。新工種は、発注者側で算定され受注者との協議の後、発注者側で決定される。その後、積算し直した全体額と当初の契約額との差額について再度入札の上、総価で請負代金変更が行われる。単価合意方式では、受注時に前もって協議し、合意しておくことにより数量変更による変更は、発注者、受注者共に明確に把握することが可能である。新工種は、発注者側で算定され受注者との協議の後、単価が決定される。総価契約に比べて設計変更金額が比較的明確にとらえやすい傾向がある反面、仕様書に示す工事範囲である限り、仮に内容の変更があっても単価の変更は原則として行わない契約である。

7.1.9　設計変更で発生する問題点とそれに対する対応

　工事の進捗に伴い、工事内容が当初の計画と大きく変化するために設計変更が生じるわけであるが、それと同時に色々な問題も並行して発生する。したがって工事管理を行う上で、それらの問題にどのように対応していくかが現場運営上では重要となってくる。

　設計変更事項に限定してみると、発注者は個々の設計変更ごとに契約変更を行わず、何件かの設計変更をまとめて契約変更を行うことが多い。これに対し受注者の側では設計変更すべき事項が確定次第、契約変更がないまま施工を行わなければならないため、原価管理上の問題が生じる。設計変更事項に対する工事は、発注者・受注者間でその都度協議し、工事内容、工事価格などを決め、変更契約締結後に施工することが理想であるが、発注者は正式な契約変更がなされる以前に施工を先行させるために、「指示書」あるいは「指示承諾書」と呼ばれる書類を監督職員と現場代理人の間で取り交わし、工事に着手させるのが普通である。そのため、総価契約では単価合意がなされていないため、場合によっては発注者の算定金額が受注者の工事原価を大きく下回り、受注者の原価管理の目的のひとつである「品質を満足させながら生産性の向上を図り、利益を上げること」が阻害されるおそれがある。これをなくすには、発注者・受注者間における請負代金変更額の目論見の差異縮小を図ることが両者にとって重要であり、その方法として工事受注時に請負代金内訳書あるいは工事費構成書の取り交わしが行われる場合もある。受注者は独自の努力によりこのような問題解決にあたることも必要である。例えば、契約変更時の発注者の積算手法を理解し、金額予想の精度向上に努力する。あるいは発注者の積算手法に関する理解を深め、設計変更に関する資料を遅延なく発注者に提供するなどである。

　また、発注者としては、増額設計変更は極力避けたいのが本心であるから、受注者としてはその考えを取り入れ、変更予算確保のため、VE提案等の提案努力も工事運営上必要である（図 7.6 参照）。

図7.6　VE で設計変更の提案

7.2　設計変更と原価管理

7.2.1　原価管理上の予算変更とは

　原価管理では当初算出した実行予算を管理していくが、この実行予算は種々の条件により見直しが必要となる。これが原価管理上でいう予算変更である。予算変更を発生要因により分類すると次の3種類に大別できる。

　①数量変更による設計変更で、予算の数量が変更となる予算変更

　②条件変更、新規工種による設計変更で、予算の工種項目、単価、金額が変更となる予算変更

　③設計変更に該当しないが、当初の予算を施工の進捗に応じて見直し、工種項目、単価、金額の過不足を調整する予算変更

7.2.2　予算変更と設計変更

　設計変更とならない予算変更では、契約上の請負金額が変更とならないため、予算の変更がそのまま損益の変更となる。この事象の例としては、当初予算の計上もれ、受注者の責によるトラブルの解決等があるが、本来、請負金額の変更がともなわない場合は予算も変更するべきではないため、この予算変更に当たっては事前に上席者（担当部長等）と相談をし、慎重に行わなくてはならない。

　設計変更により請負金額が変更となる場合の予算変更は、施工前に契約上の請負金額が明確となり当初予算と同様の予算管理下で行える場合と、契約変更前に施工を先行することにより請負金額が想定の状況下で予算管理を余儀なくされる場合に区別される。前者の場合は請負金額が確定しているため、損益は工事原価のみにより左右されるが、後者の場合は未確定の変更請負金額の元で原価管理を行うため、その変更請負金額を如何に予測するかにより損益が大きく左右され、これが原価管理上の重要な問題となる。以下はこの点に着目して述べる。

7.2.3　設計変更による予算変更の取扱い

　請負金額の変更にともなう予算変更では、直接工事費から間接工事費に至るまでの全ての項目が変更対象となる。変更請負金額が未確定の場合は、既契約の請負金額に対する原価（予算）とは取扱いを別にして考える必要がある。未確定の請負金額に対する予算を一般的に未契約予算と呼ぶ。

　未契約予算を作成する場合、既契約とは原価を分離して管理するのであるから、必然的に直接工事費から間接工事費に至るまでの全ての項目に対して予算を組み立てなければならない。直接工事費は、何に対する設計変更かがはっきり分かっているので詳細な検討を行うことが可能である。間接工事費についても、当初予算の内容を十分に精査しておき、新たに変更となる項目の数量と単価をもれなく積み上げることが肝要である。特に間接工事費は工期に依存する数量が多いため、設計変更により工期が変更となる場合は、仮設備等の損料期間、現場管理職員の配置期間等の数量を必ず見直さなければならない。

　実際に現場を運営管理する上で、現場管理者として必要なのは設計変更になるかならないかを見極める能力であり、実際にかかる費用を如何に取りこぼしのないように契約変更までもっていけるかということである。また、原価管理を行う上で契約変更金額の予測精度向上は、最終損益を予測する最も重要な鍵となる。

7.2.4　発注者の設計変更の考え方

　変更請負金額は想定金額であるため、原価管理を行ううえで、受注者である現場管理者は想定金額の精度向上（発注者の査定金額との差異縮小）のために努力が必要となる。つまり、発注者の積算手法を理解し、設計条件と実際の施工条件の差異に対する明確な理解と迅速な対応が不可欠であり、発注者、受注者の両者は実状を元にコミュニケーションを図ることが重要である。

　発注者の積算手法の理解に関しては次の3点が考えられる。

（1）設計変更のルールの理解

　公共工事標準請負契約約款に設計変更に関する各発注者共通のルールを明記しているが、その取扱いを基準化しているものは少ないのが実状である。基準化したものとしては「設計変更に伴う契約変更の取扱いについて」（建設大臣官房長から各地方建設局長宛通知）昭和44年3月31日　一部改正昭和62年6月29日がある。この通知のうち、「契約変更の範囲」として記述された部分は**表 7.3**のとおりである。

表7.3 契約変更の範囲 [3)]

① 　設計表示単位に満たない設計変更は、契約変更の対象としない。
　（注）　工事量の設計表示単位は、別に定める設計積算に関する基準において工事の内容、規
　　　　模などに応じ定める。
② 　一式工事については、請負者に図面、仕様書又は現場説明において設計条件又は施工方法
　　を明示したものにつき、当該設計条件又は施工方法を変更した場合のほか、原則として、契約
　　変更の対象としない。
③ 　変更見込金額が請負代金額の 30%を越える工事は、現に施工中の工事と分離して施工する
　　ことが著しく困難なものを除き、原則として別途の契約とする。

　上記③に対して、「工事請負契約における設計変更ガイドライン（総合版）　平成 30 年 3 月　国土交通省　関東地方整備局」には、変更見込金額が請負代金額の 30%を超える場合においても、一体施工の必要性から分離発注できないものについては、適切に設計図書の変更及びこれに伴い必要となる請負代金又は工期の変更を行うこととする、と明記されている。

(2) 間接工事費と一般管理費等の計算手法

　発注者における設計変更の積算手法は、基本的には当初設計と同じである。直接工事費および共通仮設費の積み上げ分の積算においては、それぞれの工種ごとに当初設計と同様の単価表などを用いて算出される。

　間接工事費の内、共通仮設費の率分、現場管理費、及び一般管理費等は、それぞれの対象額に基づき定められた率を対象額に乗じて求められる（「**6.1.3** 予定価格の推定」参照）。しかし、設計変更により直接工事費が増額になった場合、間接工事費は当初契約の比率どおりに増額となる訳ではない。基本的な考え方は、増額分を含む総額で間接工事費を算出し、現工事の間接工事費を差し引いたものが当該追加工事分の間接工事費となる。間接工事費の率分は、計算対象額が大きくなるほど小さくなるので、増額設計変更の場合、間接工事費も増額になるが、現工事の比率に比べて小さいものになってしまうことを理解しておかなくてはならない。

　　　　当該変更積算額の間接工事費計算の考え方

$$A = (B \times \alpha 1) - (C \times \alpha 2)$$

　　　　　A ： 当該変更工事の間接工事費（共通仮設費率分、現場管理費）、一般管理費等
　　　　　B ： 合算工事の対象額　　α1 ： Bに相当する間接工事費率、一般管理費等率
　　　　　C ： 既契約の対象額　　　α2 ： Cに相当する間接工事費率、一般管理費等率

（例）

　現工事（下水道工事）の直接工事費：100,000,000 円が、設計変更で 30,000,000 円増になった場合を例に、計算結果を下記に示す。計算方法の詳細は、「6.1.3 予定価格の推定」の共通仮設費と一般管理費の計算例を参照。

表7.4 設計変更（例）による金額比較

	現工事	設計変更後
直接工事費	100,000,000 円	130,000,000 円
共通仮設費 （率）	7,960,000 円 （7.96%）	9,763,000 円 （7.51%）
純工事費	107,960,000 円	139,763,000 円
現場管理費 （率）	31,092,000 円 （28.80%）	39,105,000 円 （27.98%）
工事原価	139,052,000 円	178,868,000 円
一般管理費等 （率）	20,565,000 円 （14.79%）	25,381,000 円 （14.19%）
工事価格	159,617,000 円	204,249,000 円

　国土交通省では 2010 年 3 月 9 日に「総価契約単価合意方式について」の通達が発出され、設計変更にともなう請負代金額の変更について、「単価個別合意方式における場合」と「単価包括合意方式における場合」それぞれの算出方法が新たに掲載された。そこでは、工事数量の増減における単価、新工種における単価の算出方法等が明確に記載されている。また、間接工事費の率分計算においては変更後の合算工事の対象額と対応する率、既契約工事の対象額と対応する率により補正を行う。

(3) 設計変更予定価格の理解 （発注者積算変更工事価格≠変更予定工事価格）

　設計変更の積算は基本的には当初設計と同じである。発注者はそれぞれの工種ごとに当初設計と同じ様式の単価表などを用いて算出される。設計変更予定価格を決定する段階で、官積算額に落札率を乗じ算出した額を設計変更予定価格としている。

（例）

　　当初発注者予定価格＝100,000,000 円、落札工事価格＝90,000,000 円で第1回発注者変更官積算額＝1,000,000 円の時の設計変更予定価格は、次のとおりとなる。

　　　落札率 ＝ 落札工事価格／当初発注者予定価格 ＝ 90,000,000／100,000,000＝90%

　　　第 1 回設計変更予定価格 ＝第1回発注者積算変更工事価格×落札率×(1+消費税率)

　　　　　　　　　　　　　　＝1,000,000×90%

　　　　　　　　　　　　　　＝990,000 円

発注者、特に国土交通省の設計変更に対する考え方、方法などを理解する規範として、

① 　工事請負契約における設計変更ガイドライン（総合版）関東地方整備局　平成30年3月

② 　「平成31年度　国土交通省土木工事・業務の積算基準等の改定」国土交通省

③ 　「公共土木工事設計変更事例集」建設大臣官房技術調査室監修、（財）日本建設情報総合センター編著、㈱山海堂発行

④ 　「土木工事積算基準マニュアル、平成30年度版」一般財団法人　建設物価調査会発行

がある。現場管理者はこれら手引書を理解した上で、設計変更に対する原価管理を行なうのも方策のひとつである。

（4）設計変更の工事価格の算出例

① 　設計額

　　設計変更の際、当初設計及び変更設計の種別、細別等の金額はすべて発注者積算額とする。

② 　設計変更の要領

　　設計変更の積算は、次の方法により行う。

第1回設計変更予定価格

$$\text{設計変更予定価格（落札率を乗じた額）} = \frac{\text{当初落札工事価格}}{\text{当初発注者予定価格}} \times \text{第1回変更官積算額}$$

第2回設計変更予定価格

$$\text{設計変更予定価格（落札率を乗じた額）} = \frac{\text{第1回変更工事価格}}{\text{第1回設計変更予定価格}} \times \text{第2回変更官積算額}$$

第3回設計変更予定価格

$$\text{設計変更予定価格（落札率を乗じた額）} = \frac{\text{第2回変更工事価格}}{\text{第2回設計変更予定価格}} \times \text{第3回変更官積算額}$$

（注）　1）　第4回変更以降の変更は同様な計算で行う。

　　　　2）　落札率は、総価契約単価合意方式実施要領で定義された「請負代金比率＝落札工事価格÷工事価格」と同義である。変更額の算出にあたっては、この落札率を乗じて求めることから、変更後の入札時には、特に注意を要する。

（例）　当初発注者予定価格　200,000 千円　　　当初落札工事価格　196,000 千円

第1回変更官積算額　230,000 千円

$$\text{第1回設計変更予定価格（落札率を乗じた額）} = \frac{196{,}000 \text{ 千円}}{200{,}000 \text{ 千円}} \times 230{,}000 \text{ 千円} = 225{,}400 \text{ 千円}$$

第2回変更官積算額　210,000 千円　　　第1回変更工事価格　220,000 千円

$$\text{第2回設計変更予定価格（落札率を乗じた額）} = \frac{220{,}000 \text{ 千円}}{230{,}000 \text{ 千円}} \times 210{,}000 \text{ 千円} \fallingdotseq 200{,}860 \text{ 千円}$$

第3回変更官積算額　220,000 千円　　　第2回変更工事価格　198,000 千円

$$\text{第3回設計変更予定価格（落札率を乗じた額）} = \frac{198{,}000 \text{ 千円}}{210{,}000 \text{ 千円}} \times 220{,}000 \text{ 千円} \fallingdotseq 207{,}420 \text{ 千円}$$

（注）　1）　変更官積算額とは、発注者単価、発注者経費をもとに当初官積算と同一方法により積算する。

参考文献

1）　一般社団法人日本建設業連合会「2019年度　公共工事の諸課題に関する意見交換会　意見を交換するテーマ　参考資料」

2）　工事請負契約における設計変更ガイドライン（総合版）関東地方整備局　平成30年3月

3）　一般財団法人建設物価調査会：土木工事積算基準マニュアル　平成30年度版

索　引

跋

今回の「土木技術者のための原価管理 2020 年改訂版」が比較的容易に刊行できたことは、19 年前の「初版」、9 年前の「2011 年改訂版」の基盤に負うところが極めて大きいものです。ここに、旧版に関係された方々の芳名を記録し、深甚なる敬意と感謝を表します。

2020年1月

初版（2001 年）

氏　名	勤　務　先	氏　名	勤　務　先	氏　名	勤　務　先
足立 千次	㈱大林組	佐藤 彰彦	㈱奥村組	服部 悦治	前田建設工業㈱
渥美 隆夫	前田建設工業㈱	関口 佳司	関口佳司景観研究所	福田 至	東京都
有浦 幸夫	佐藤工業㈱	武安 音三	㈱大林組	堀田 未知男	㈱ビーイング
井上 英司	大成建設㈱	田中 豊明	佐藤工業㈱	前田 憲一	前田建設工業㈱
江坂 久義	㈱大林組	田中 雄一	㈱フジタ	槇田 昭夫	西武建設㈱
太田原 孝一	佐藤工業㈱	豊福 俊泰	九州産業大学	水野 勇一	㈱奥村組
神山 守	国土交通省(建設省)	中嶋 修作	㈱熊谷組	森川 英憲	大日本土木㈱
国見 一夫	西松建設㈱	楢島 好正	㈱ニュージェック	盛 丈夫	日東大都工業㈱
久保田 政宏	㈱竹中土木	西島 洋幸	㈱熊谷組	安田 吾郎	国土交通省(建設省)
小松 敏彦	前田建設工業㈱	西松 好郎	西松建設㈱	山本 勝美	㈱竹中土木
斉藤 茂男	西武建設㈱	西村 大司	国土交通省(運輸省)	渡辺 茂	清水建設㈱

2011 年改訂版

氏　名	勤　務　先	氏　名	勤　務　先	氏　名	勤　務　先
松岡 数憲 ◎	㈱フジタ	小山 浩史	㈱大林組	畑 和宏	㈱竹中土木
野中 信吾 ○	西武建設㈱	関口 佳司	関口佳司景観研究所	平岡 久弥	前田建設工業㈱
稲葉 清美	みらい建設工業㈱	瀬戸 康平	㈱奥村組	船田 誠	国土交通省 国土技術政策総合研究所
井上 英司	大成建設㈱	曽我 典仁	㈱奥村組	平間 宏	佐藤工業㈱
井深 晃一	大成建設㈱	武安 音三	㈱大林組	正木 智也	㈱大林組
月東 久宜	前田建設工業㈱	豊福 俊泰	九州産業大学		

◎：委員長、○：副委員長

建設マネジメント委員会の本

書名	発行年月	版型：頁数	本体価格
土木技術者のための原価管理	平成13年11月	A4：210	
土木技術者のための原価管理　問題と解説	平成20年3月	A4：125	
※技術公務員の役割と責務－今問われる自治体土木職員の市場価値－	平成22年11月	A5：96	1,400
土木技術者のための原価管理　2011年改訂版	平成24年2月	A4：265	
※未来は土木がつくる。これが僕らの土木スタイル！	平成27年3月	A5：217	1,200
※2014年制定　公共土木設計施工標準請負契約約款の解説	平成27年6月	A4：196	1,700
※2016年制定　監理業務標準委託契約約款・監理業務共通仕様書の解説	平成29年3月	A4：182	1,600
※土木設計競技ガイドライン・同解説＋資料集	平成30年10月	A4：121	3,000
※土木技術者のための原価管理　2020年改訂版	令和2年3月	A4：230	2,300

建設マネジメントシリーズ一覧

号数	書名	発行年月	版型：頁数	本体価格
1	建設マネジメントシンポジウム　公共調達制度を考えるシリーズ①	平成20年5月	A4：228	
2	土壌・地下水汚染対策事業におけるリスクマネジメント　－失敗事例から学び、マネジメントの本質に迫る－	平成20年5月	A4：136	
3	建設マネジメントシンポジウム　公共調達制度を考えるシリーズ②	平成20年9月	A4：216	
4	インフラ事業における民間資金導入への挑戦	平成20年10月	A4：246	
※5	建設マネジメントシンポジウム　公共調達制度を考えるシリーズ③	平成20年12月	A4：218	2,500
※6	公共調達制度を考える　－総合評価・復興事業・維持管理－	平成27年3月	A4：140	2,600

※は，土木学会および丸善出版にて販売中です．価格には別途消費税が加算されます．

定価 2,530 円（本体 2,300 円＋税 10%）

土木技術者のための原価管理　2020 年改訂版

令和 2 年 3 月 31 日　第 1 版・第 1 刷発行

編集者……公益社団法人　土木学会　建設マネジメント委員会
　　　　　原価管理研究小委員会
　　　　　委員長　曽我　典仁
発行者……公益社団法人　土木学会　専務理事　塚田　幸広

発行所……公益社団法人　土木学会
　　　　　〒160-0004　東京都新宿区四谷 1 丁目（外濠公園内）
　　　　　TEL　03-3355-3444　FAX　03-5379-2769
　　　　　http://www.jsce.or.jp/
発売所……丸善出版株式会社
　　　　　〒101-0051　東京都千代田区神田神保町 2-17　神田神保町ビル
　　　　　TEL　03-3512-3256　FAX　03-3512-3270

写真：（左）　白子川地下調整池　［平成 29 年度土木学会賞受賞（技術賞 I グループ）］
　　　（右上）京奈和自動車道 紀北西道路 和歌山ジャンクション
　　　　　　　　　　　　　　　　　　　［平成 29 年度土木学会賞受賞（技術賞 I グループ）］
　　　（右下）提供　Mt223N/ PIXTA（ピクスタ）

©JSCE2020／Construction Management Committee
ISBN978-4-8106-0918-9
印刷・製本：キョウワジャパン（株）　用紙：（株）吉本洋紙店